“十二五”职业教育国家规划教材
经全国职业教育教材审定委员会审定

GONGCHENG LIXUE

工程力学

（第四版）

主编 全沅生 周家泽

华中科技大学出版社
中国·武汉

内容简介

本书根据高等职业技术院校机械类及近机械类专业工程力学教学改革的实际情况而编写。

本书内容包括静力学基础、平面力系(含摩擦)、空间力系、拉伸与压缩及压杆的稳定校核、剪切与挤压、扭转、弯曲、组合变形的强度计算以及构件的运动等。每章后附有丰富的习题和综合训练题,便于教师教学及学生自学。

本书适合作为机械类与近机械类高等职业技术院校、高等专科学校(包括成人高校、重点中等专业学校)工程力学课程的教学用书,也可供初、中级工程技术人员学习参考之用。

本书配有ppt教学课件,任课教师若需要,可与责任编辑联系(Tel:027-87548431,Email:xuzhengda@163.com)。

图书在版编目(CIP)数据

工程力学/全沅生,周家泽主编. —4版. —武汉:华中科技大学出版社,2014.10(2025.1重印)
ISBN 978-7-5680-0355-1

Ⅰ.①工… Ⅱ.①全… ②周… Ⅲ.①工程力学-高等职业教育-教材 Ⅳ.①TB12

中国版本图书馆CIP数据核字(2014)第191857号

工程力学(第四版) 全沅生 周家泽 主编

责任编辑:徐正达
封面设计:刘 卉
责任校对:张 琳
责任监印:张正林
出版发行:华中科技大学出版社(中国·武汉) 电话:(027)81321913
武汉市东湖新技术开发区华工科技园 邮编:430223
录 排:武汉市洪山区佳年华文印部
印 刷:武汉邮科印务有限公司
开 本:787mm×1092mm 1/16
印 张:12.25
字 数:314千字
版 次:2009年5月第3版 2025年1月第4版第8次印刷
定 价:38.00元

再版前言

本教材自2002年出版以来，历时十余载，三次再版，多次印刷。本教材第一版问世时，中国科学院院士杨叔子为包括本教材在内的“实用机电工程系列教材”作序，对我们在高等职业教育及教材建设方面的探索研究和实践给予了充分肯定。经过多年的努力，第三版入选普通高等教育“十一五”国家级规划教材。这次出版的是第四版，第四版经全国职业教育教材审定委员会审定，又荣幸地被批准为“十二五”职业教育国家级规划教材。我们始终秉承以尽可能适应高职高专教育改革及教学实际需要为前提，力求内容上适合学生接受，给学生以最基本的力学知识，并为后继课程打下基础。

这些年来数控加工、工业机器人、遥控技术大量采用，编者长期在教学一线，深感教材面对以上变化必须跟进。因此本教材第四版有如下变化：精简弯曲一章中的部分内容及讲述方法，同时增加了第三篇构件的运动，但所增加的内容也力求易教、易学、易懂、有用。

所思所行是否符合当前高等职业教育的要求，还有待检验。我们仍然殷切希望听到广大师生及相关专业的工程技术人员的意见和建议，谨预致谢忱。

本教材由武汉职业技术学院全沅生、周家泽主编。这次修订的分工如下：全沅生负责绪论、第2章、第7章、第9章，周家泽负责第1章、第5章、第6章，广西机电职业技术学院李旭负责第3章、第4章、第8章，武汉职业技术学院奚旗文负责第10章、第11章、第12章；全沅生负责对全书进行统稿；李旭和奚旗文负责多媒体课件的制作。

编　者

2014年5月

目　　录

第3篇　构件的运动

绪　论

1. 工程力学的任务和内容

在工农业生产、国防装备、航空航天等领域中，广泛地使用着各种机器、机械与工程结构，如发动机、机床、交通工具、建筑机械、港口机械以及厂房、桥梁、火箭发射塔等。

组成这些机器、机械和工程结构的基本单元称为构件，如轴、杆、绳等。在实际工作中，构件都会受到力的作用。工程力学就是以构件为研究对象、运用力学的一般规律分析和求解构件的受力情况及平衡问题、建立构件安全工作的力学条件的一门学科。如起重机起吊重物时钢丝绳要承受多大的力，钢丝绳需要用什么材料制造，需要采用多大的直径等，都是需要用工程力学知识解决的问题。因此，本课程的任务是为工程中简单构件的设计计算提供力学的基本理论及计算方法。

本教材的主要内容包括构件（物体）平衡时的受力分析，未知力的求解以及构件安全可靠性的计算，构件的基本运动规律等。

2. 工程力学的学习方法

工程力学的理论性和应用性都很强，许多基本概念、基本原理都是在对工程实际进行抽象，再加上数学演绎的基础上建立的。学习工程力学，必须学会从形象思维到抽象思维的转变，并在这一过程中注意抓住问题的本质，即抓住对客观事物起决定作用的因素而撇开偶然或次要的因素。例如，忽略物体的形状及大小，建立“点”或“质点”的模型；忽略物体受力时的变形，建立“刚体”的模型；忽略物体表面的粗糙不平，建立无摩擦作用的光滑面的模型；等等。这样既能使所研究的问题大大简化，又能反映事物的本质，并达到足够的计算精度，满足工程实际的需要。

另一方面，由于工程力学的基本概念、基本原理对实践有指导作用，能解决工程实际问题，因此，在学习工程力学中还要特别注意联系实际，善于观察、思考各种力学现象，并认真对待工程计算问题，在解题过程中学会分析、判断、综合以及数据处理等，提高分析与解决实际问题的能力。

工程力学课程各部分内容之间有紧密的内在联系，在学习过程中要注意问题的提出、这些问题与已学过的知识的关系、解决这些问题的方法以及得出的结论及其适用情况等，尤其要学习基本的分析方法，掌握力学的基本理论和规律，以培养自己工程力学方面的素养，适应未来的工作。

3. 学习工程力学的目的

工程力学在工科类各专业的学习中起着重要作用。学习本课程的目的是：

① 把工程力学的理论、规律及计算方法直接用于工程实际，解决工程中的力学问题，为社会、生产服务。

② 为有关的后继课程和工程实践打下必要的基础。

③ 培养学生的观察力、想象力及辩证思维能力，这对提高学生分析和解决问题的能力以及培养学生的创新能力具有重要作用。

第 1 篇　构件的受力分析及静力平衡计算

构件在工作时总会受到力的作用，研究构件静平衡（简称平衡）时的受力情况，称为静力分析。研究物体作用下的平衡规律的学科称为静力学。静力，指缓慢作用于物体并保持其大小不变的力。

本篇的主要内容是讨论物体上多个力的合成，即力系的简化，以及物体处于平衡时的条件，并求解未知力。

第 1 章　静力学的基本概念与受力图

本章主要讨论力、刚体及平衡的概念，力的基本性质——静力学公理，约束、约束分类及约束反作用力，物体的受力分析及受力图的画法等。

1.1　静力学的基本概念

1. 力

力的概念产生于人们的生产及生活实践。例如，推车前进时，人就要用"推力"；挑起重物时，人就会感到弯曲的扁担压在肩上的"压力"。

在力学中，用"力"来表示物体之间的相互机械作用。所谓力系，指的是作用于物体上的一群力。

力对物体的作用会产生两种效应：一种是外效应，指物体的运动状态发生变化，如由静止到运动、由快到慢、由直线运动到曲线运动等；一种是内效应，指物体的外形和尺寸发生改变。本章讨论的是力对物体的外效应的特殊情况——静止时的情况。

1）力的三要素

由实践可知，当力的大小、方向和力作用于物体上的位置发生改变时，力对物体的外效应就会发生变化，即表现的效果不同。因此，称力的大小、方向和作用点为力的三要素。

2）力的表示方法

力是一个既有大小又有方向的量，工程上称这种既有大小又有方向的量为矢量，如速度、加速度等都是矢量。只有大小而没有方向的量称为标量，如长度、时间、体积等都是标量。

力矢量可以用一个具有方向的线段——有向线段表示，如图 1-1 所示，有向线段$\overrightarrow{AB}$是一个力矢量，其长度按一定比例表示力的大小，如图所示的力 $F=60$ N；其箭头所指的方向表示力的方向，图中力 $\boldsymbol{F}$ 的方向与水平线的夹角为θ；$\boldsymbol{F}$ 的始端 A 表示力的作用点。

本书用黑体字母表示矢量,用普通字母表示矢量的大小。矢量的大小称为矢量的模。

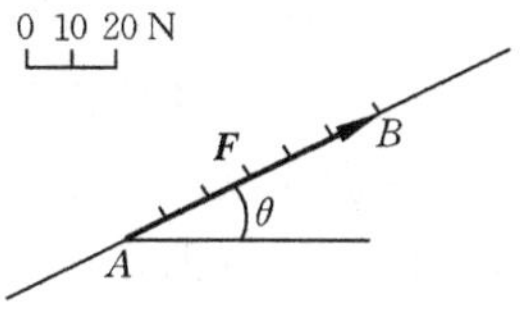

图 1-1

3) 力的单位

按照国际单位制的规定,力的单位为牛[顿],符号为 N。

2. 刚体

在自然界及工程结构中,任何物体(构件)受力后都会产生变形,如吊车的横梁,在载荷作用下,允许竖直向下的变形量不超过横梁跨度的 1/700～1/400。但在平衡计算时,微小的变形对平衡不起主要作用,为使问题简化,可把横梁看成不变形的构件。这种方法称为科学的抽象。这样便抓住了主要因素,并保证分析计算的结果达到足够的精确度。

在静力学中,称受力后不变形的物体为刚体。

3. 平衡

物体相对于地球静止或作匀速直线运动的状态称为平衡,如桌子放在地面上,电灯悬挂在天花板上,火车在平直的铁轨上匀速行驶等。平衡是相对的、有条件的、暂时的,是物体运动的一种特殊形式。

刚体在一个力系作用下处于平衡状态时,此力系就称为平衡力系。平衡力系中的各力互为平衡力。

1.2　力的基本性质

性质 1(二力平衡公理)　作用于同一刚体上的两个力使刚体处于平衡状态的充分必要条件是,这两个力大小相等、方向相反,且作用在同一直线上(见图 1-2)。

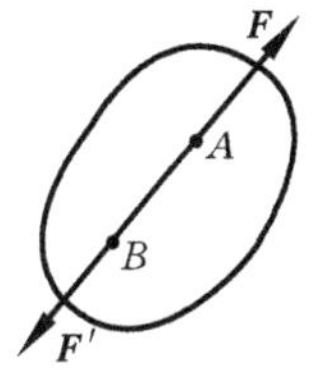

图 1-2

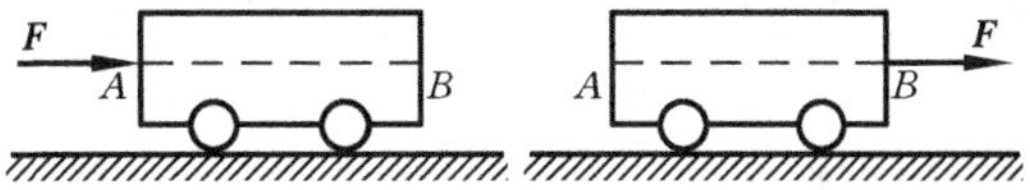

(a)　(b)

图 1-3

当一刚体仅受两个等值、反向、共线的力作用时,此刚体必然处于平衡状态。符合二力平衡条件的刚体称为二力构件或二力杆。

性质 2(加减平衡力系公理)　在已知力系上,加上或减去任一平衡力系,不会改变原力系对刚体的作用效果。

推论 1(力的可传性原理)　作用于刚体上的力,可沿其作用线在刚体内滑动而不改变此力对刚体的作用效果。图 1-3(a)、(b)所示分别为推车和拉车的情形,由实践可感受到,在 A 处以力 $\boldsymbol{F}$ 推车与在 B 处以等力 $\boldsymbol{F}$ 拉车,其效果相同。

通过力的作用点、按力的方向所画的直线称为力的作用线。因此,按力的可传性原理,在力的三要素中,力的作用点可以改成力的作用线。作用于刚体上的力的三要素是:力的大小、方向和作用线的位置。

必须注意,加上或减去平衡力系,或力沿其作用线滑移,都不会改变力对物体的外效应,但会改变力对物体的内效应。

性质3(力的平行四边形公理)　作用于刚体上某点的两个力,可以用一个合力来代替。合力的作用点即在该点,合力的大小和方向由以这两个共点力为邻边所作的平行四边形的对角线来确定(见图1-4(a))。

注意,合力 $\boldsymbol{F}_R$ 的终点是与这两力交点对应的顶点。

在图1-4(a)中,$\boldsymbol{F}_1=\overrightarrow{AB}$, $\boldsymbol{F}_2=\overrightarrow{AD}$, 则 $\boldsymbol{F}_R=\overrightarrow{AC}$。

这种求合力的方法称为矢量加法,合力 $\boldsymbol{F}_R$ 等于原来两力矢量之和。矢量式为

$$\boldsymbol{F}_R=\boldsymbol{F}_1+\boldsymbol{F}_2$$

称□$ABCD$ 为力的平行四边形,称 $\boldsymbol{F}_1$、$\boldsymbol{F}_2$ 为合力 $\boldsymbol{F}_R$ 的分力。

也可以用力的三角形法求合力。其方法是,先作其中一力(如 $\boldsymbol{F}_1$)矢量$\overrightarrow{AB}$,过点 B 作与另一力(如 $\boldsymbol{F}_2$)矢量$\overrightarrow{BC}$($\overrightarrow{BC}$与 $\boldsymbol{F}_2$ 大小相等,方向相同),$\overrightarrow{AC}$即是$\overrightarrow{AB}$、$\overrightarrow{BC}$的矢量和。此时,合力 $\boldsymbol{F}_R=\overrightarrow{AC}$,方向与$\overrightarrow{AC}$相同,如图1-4(b)所示。$\triangle ABC$ 称为力的三角形。

利用$\triangle ADC$ 也可以求得合力 $\boldsymbol{F}_R$,$\triangle ADC$ 也称为力的三角形。

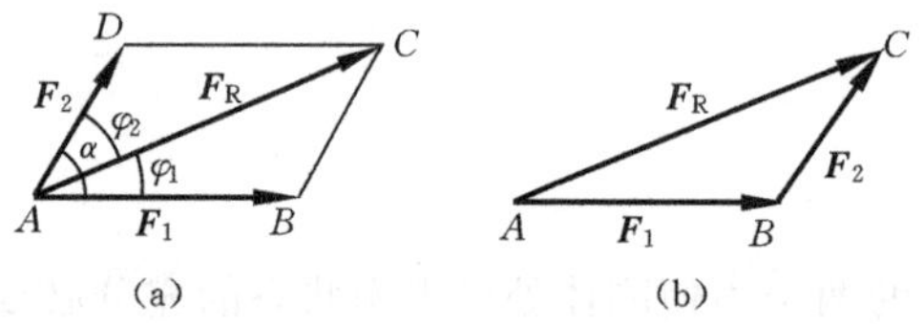

图1-4

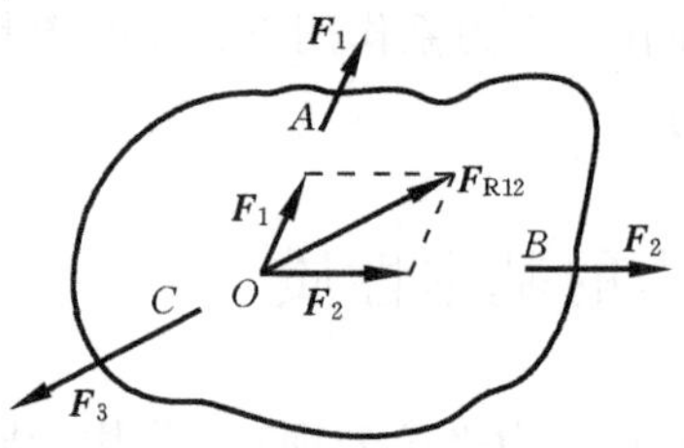

图1-5

注意,力的三角形、力的平行四边形都是由矢量构成的。

推论2(三力平衡汇交定理)　当刚体受同一平面内互相不平行的三个力作用而平衡时,此三力的作用线必交于一点。

证明　在图1-5中,设刚体上 A、B、C 三点处分别作用着三个力 $\boldsymbol{F}_1$、$\boldsymbol{F}_2$、$\boldsymbol{F}_3$。它们的作用线都在图示平面内,三个力互不平行,但三个力组成平衡力系(即刚体处于平衡状态)。

令 $\boldsymbol{F}_1$、$\boldsymbol{F}_2$ 沿其作用线滑移,设两力的作用线交于点 O。以滑移后的两力 $\boldsymbol{F}_1$、$\boldsymbol{F}_2$ 为两邻边,以交点 O 为一顶点,作力的平行四边形,然后求出合力 $\boldsymbol{F}_{R12}$。此时,刚体在 $\boldsymbol{F}_{R12}$ 与 $\boldsymbol{F}_3$ 的作用下平衡。由二力平衡公理可知,此两力必在一直线上,故 $\boldsymbol{F}_3$ 的作用线必经过 $\boldsymbol{F}_{R12}$的作用点 O,即三力交于一点。

性质4(作用与反作用定律)　两个物体之间的作用力与反作用力,总是大小相等、方向相反、沿同一直线而分别作用在这两个物体上。

力是物体间的相互机械作用。当甲物体对乙物体施以作用力时,乙物体必然同时给甲物体以反作用力,它们必然同时出现、同时消失。如手拉弹簧秤时,手对弹簧秤有拉力,弹簧秤显示出力的大小,同时手也感到了弹簧秤的拉力,即弹簧秤给手以反作用力。

注意,作用力与反作用力不能互相抵消。它们不是一对平衡力,因为它们分别作用在两个物体上。

1.3　约束与约束反作用力

在机械及工程结构中，各构件都以一定的方式互相连接，形成一个承受外力的整体。如图 1-6 所示的悬臂吊车，横梁 AB 被铰链 A 和拉杆 BC 固定，拉杆 BC 由销钉 B 与铰链 C 固定，小车只能沿横梁 AB 运动。它们之间互相连接的方式不同，相互间的作用力也不同。

如果一个物体在空间不与任何其他物体接触，则这个物体可以在空间任意运动而不受限制，这个物体称为自由体，如飞行中的鸟等。但在自然界与工程中，大量的物体并不是孤立存在的，而总是和周围物体互相联系与相互制约的。对其中任一物体而言，它在某些方向的运动若受到周围物体的限制，就不能沿这些方向运动，这种阻碍物体运动的周围物体称为约束。

约束限制物体的某些运动，也改变了物体的运动状态，因此，必然对被约束的物体有作用力，这种力称为约束对物体的反作用力，简称约束反力或反力。约束反力的方向总与物体的运动趋势相反。

物体间的约束形式多种多样。在工程上，把一些常见的约束进行简化、分类，使之成为力学模型。下面介绍三种约束及其反力的确定。

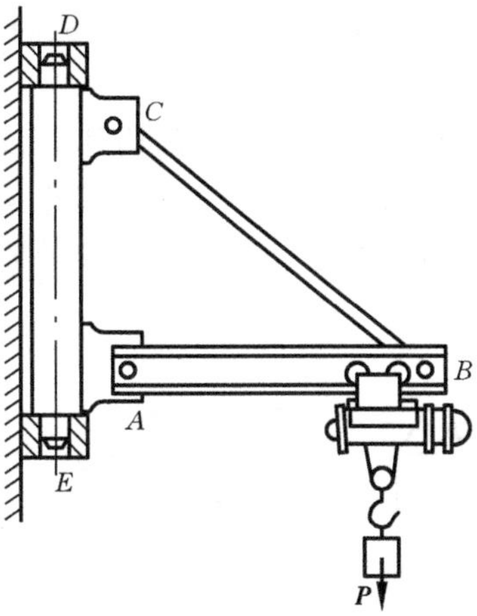

图 1-6

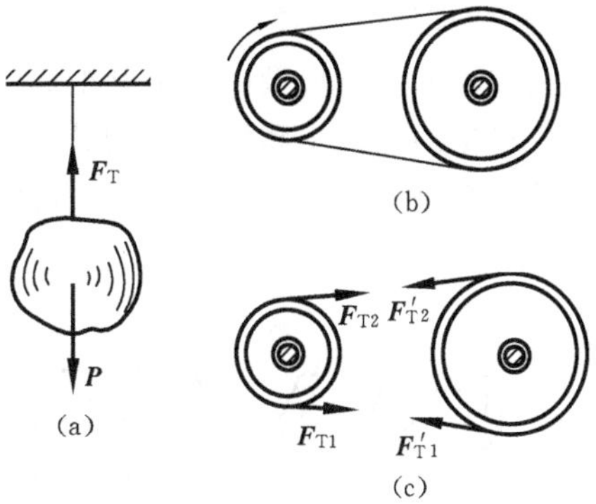

图 1-7

1. 柔性约束

属于柔性约束的有绳、带、链等，这类约束只能承受拉力。

由图 1-7(a)可见，柔性约束对物体的反力只能是拉力，其作用点在约束与被约束物体的接触处，约束反力的方向沿约束中心线背离被约束物体。约束反力用 $\boldsymbol{F}_T$ 表示。图 1-7(b)所示为带传动，带对两个带轮的约束反力都是拉力，沿带与轮缘的切线方向，背离带轮(见图 1-7(c))。

2. 光滑接触面约束

光滑接触面约束常见于车轮与铁轨间的接触、齿轮间的啮合、轴承中滚珠与滚道间的接触等等。不计摩擦、接触表面光滑或润滑良好的约束，均属这类约束。图 1-8(a)、(b)、(c)所示的是光滑接触面约束的几种力学模型。

以图 1-8(a)所示的为例，当轮子在重力作用下有向下运动趋势时，支承面即有阻止其运动的反力 $\boldsymbol{F}_n$，此力沿支承面的公法线方向向上，指向物体的重心。

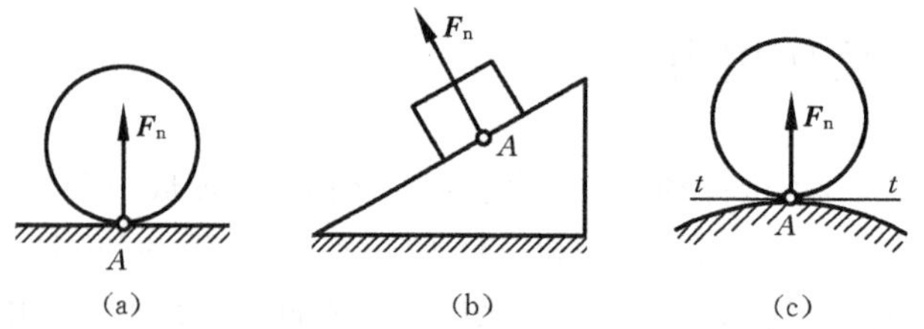

图 1-8

如支承面倾斜,重物会沿支承面向下滑动,但支承面仍然阻止车轮作垂直于支承面的运动,因此仍然有反力 $\boldsymbol{F}_n$ 作用,如图 1-8(b)所示。

因此,不论是平面还是曲面,这种约束都不能限制物体沿接触面的公切线(如图 1-8(c)中的 $t-t$)方向运动,而只能限制物体沿接触面的公法线方向向支承面运动。因此,光滑面的约束反力是沿接触处的法线方向并指向被约束物体的。这种反力通常称为法向反力,用 $\boldsymbol{F}_n$ 表示。约束反力也用字母 $\boldsymbol{F}$ 加上表示力的作用点和方向的下标字母表示,例如,$\boldsymbol{F}_{Ax}$ 表示在点 A 处 x 方向上的反力。

3. 光滑铰链约束

光滑铰链约束的实际应用如门窗上的活页、悬臂起重机的某些部位(如图 1-6(a)中的 A、B、C 等处)的连接、桥梁的支座等。

这类约束的力学模型由三部分组成(见图 1-9(a)):销钉、开有销钉孔的构件 1 和构件 2。销钉插入对接的构件 1 和构件 2 的孔中,形成这类约束(见图 1-9(b))。此时,两个构件间的相对运动只能是绕销钉轴线的转动,它们之间没有其他的相对运动。铰链连接的简图如图 1-9(c)所示。

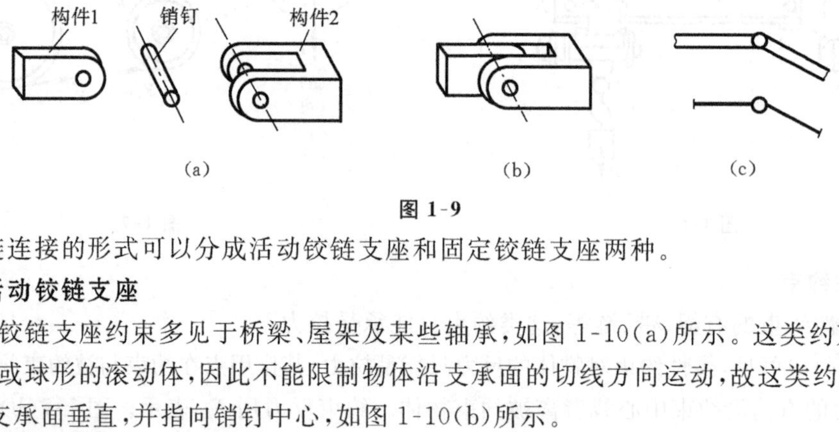

图 1-9

铰链连接的形式可以分成活动铰链支座和固定铰链支座两种。

1) 活动铰链支座

活动铰链支座约束多见于桥梁、屋架及某些轴承,如图 1-10(a)所示。这类约束支座有数个圆柱形或球形的滚动体,因此不能限制物体沿支承面的切线方向运动,故这类约束的约束反力 $\boldsymbol{F}_n$ 与支承面垂直,并指向销钉中心,如图 1-10(b)所示。

2) 固定铰链支座

固定铰链支座约束的支座是固定不动的,其构造如图 1-11(a)所示,图(b)所示的为其连接简图。销钉把支座和构件连接起来,构件可绕销钉转动,但不能在垂直于销钉轴线的平面内移动。由于圆孔与销钉是光滑接触,因此只要能确定接触点或接触线,就可以根据光滑面约束的性质,确定约束反力的方向。

随着构件受力情况的不同,接触点或接触线可以在圆周上的任何一处,因此,约束反力的方向不能预先确定。但不管接触点在何处,固定铰链支座的约束反力必垂直于销钉轴线,并通

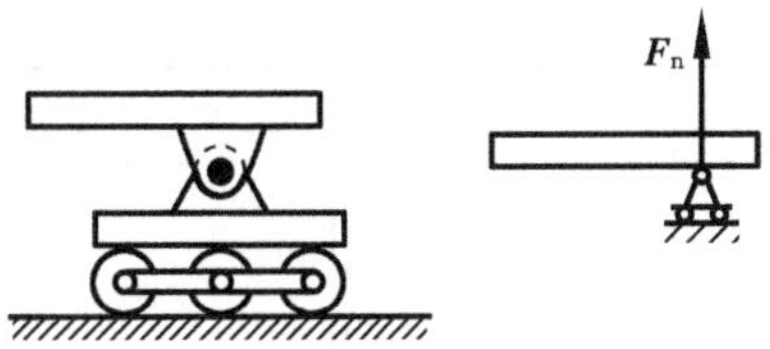

(a)　　(b)

图 1-10

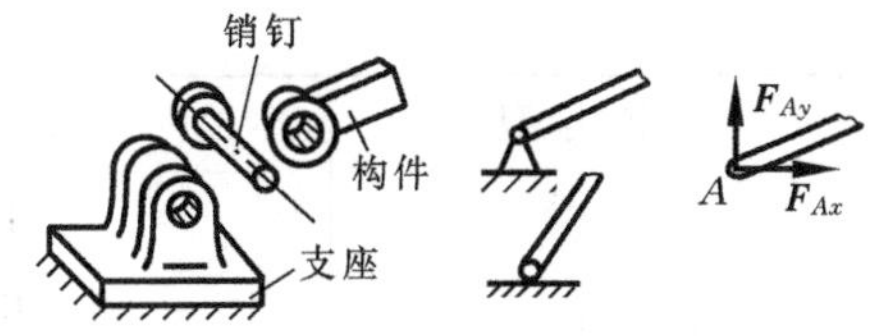

(a)　　(b)　　(c)

图 1-11

过铰链中心。对于大小和方向都不能预先确定的反力，常用两个互相垂直的分力 $\boldsymbol{F}_{Ax}$、$\boldsymbol{F}_{Ay}$ 来表示。固定铰链支座约束的简图及约束反力的表示方法如图 1-11(c)所示。

常见的约束及约束反力如表 1-1 所示。

表 1-1　常见的约束及约束反力

约束类型	简　　图	约束反力
柔性约束	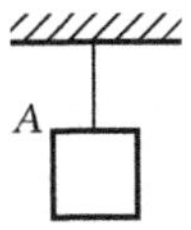	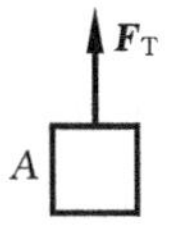
光滑接触面约束	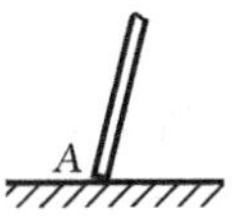	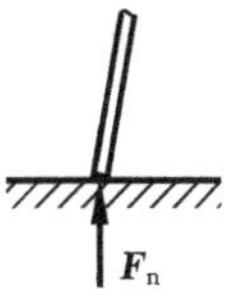
活动铰链支座、链杆	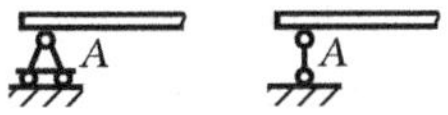	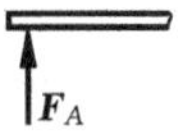
圆柱铰链、固定铰链支座	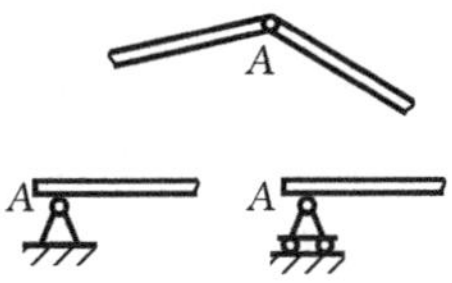	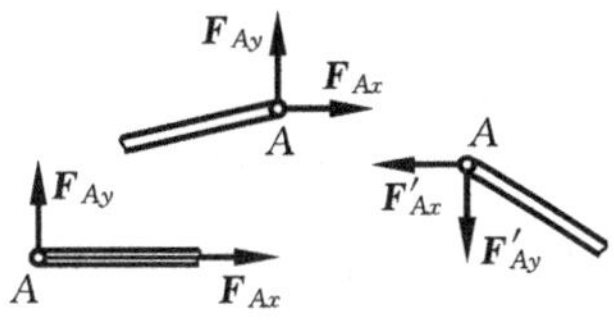
固定端约束	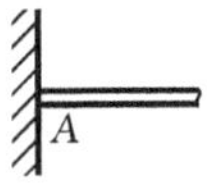	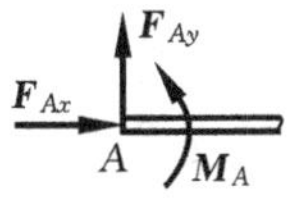
向心轴承	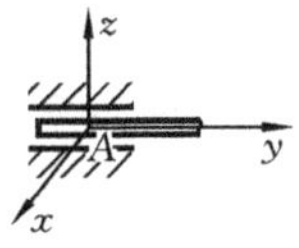	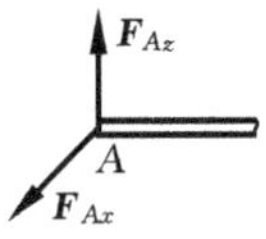

续表

约束类型	简　图	约束反力
推力轴承	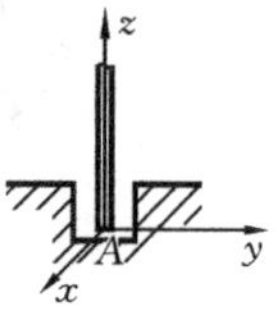	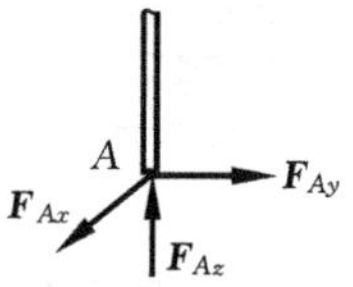
球形铰链	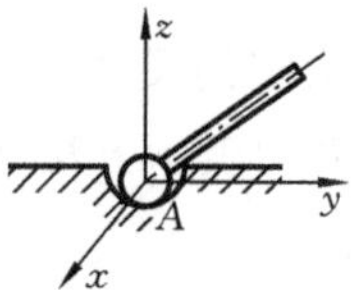	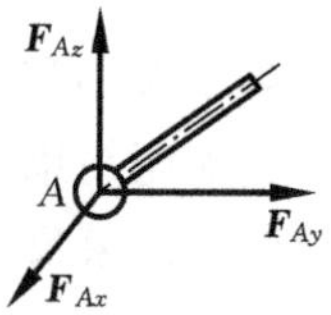

1.4　物体的受力分析及受力图

要对工程构件进行受力平衡计算，首先要对所确定的构件——研究对象进行受力分析。进行受力分析时，必须分析研究对象所受的主动力及与周围物体的联系——约束，然后另外画出研究对象的基本轮廓(这个过程称为取分离体)，再在分离体上画出主动力及相应部位上的约束反力。这种图形便称为受力图。

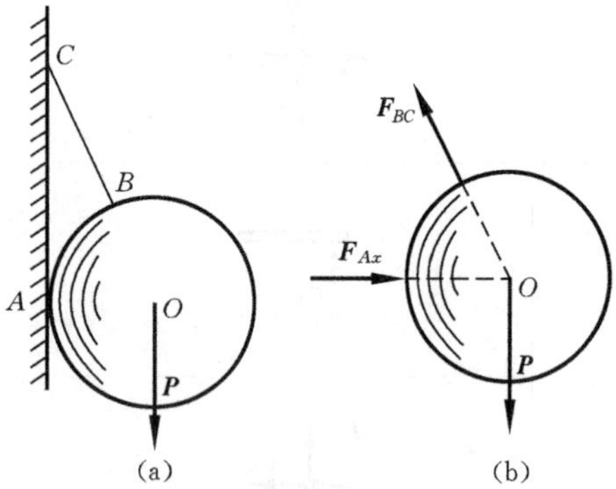

图 1-12

例 1-1　如图 1-12(a)所示，在墙上用绳 BC 连接一小球，小球靠在光滑的墙面上。画出球的受力图。

解　以球为研究对象。球所受的重力 $\boldsymbol{P}$ 竖直向下，使球有向下运动的趋势，这个力称为主动力。分析球所受的约束：绳 BC 为柔性约束、墙面对球为光滑面约束。取球为分离体，在球面上点 B 画出绳对球的约束反力 $\boldsymbol{F}_{BC}$，它沿绳索背离球心 O；在球面上点 A 画出墙面对球的反力 $\boldsymbol{F}_{Ax}$。按照三力平衡汇交定理，此三力必交于球心 O(见图 1-12(b))。

例 1-2　如图 1-13(a)所示，水平梁 AB 在 C 处受力 $\boldsymbol{F}$ 的作用，A 处为固定铰链支座，B 处为活动铰链支座。画出梁 AB 的受力图。

解　以梁 AB 为研究对象。分析梁的受力情况：受主动力 $\boldsymbol{F}$ 作用，梁有向下运动的趋势；A 处为固定铰链支座，可假设有两个垂直相交的反力 $\boldsymbol{F}_{Ax}$、$\boldsymbol{F}_{Ay}$；B 处为活动铰链支座，有一个反力 $\boldsymbol{F}_B$，垂直于支承面向上(见图 1-13(b))。

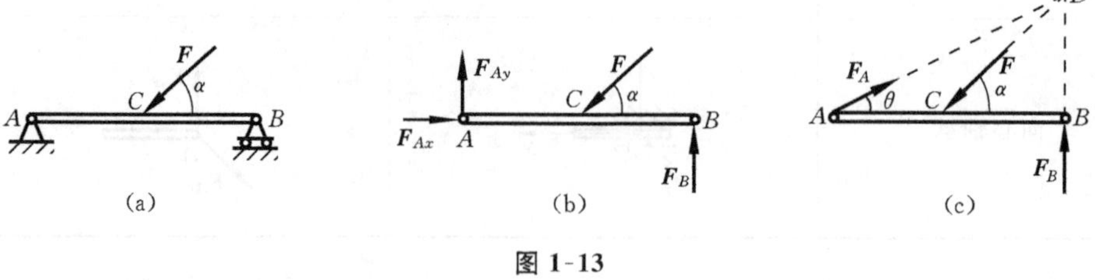

图 1-13

又因为 $\boldsymbol{F}_{Ax}$、$\boldsymbol{F}_{Ay}$ 可以用合力表示，梁 AB 即处在三力作用下而平衡。$\boldsymbol{F}$ 与 $\boldsymbol{F}_B$ 两力的作用线已知，分别延长后交于点 D，则反力 $\boldsymbol{F}_A$ 的作用线必过点 D，其方向为右上方(见图1-13(c))。

例 1-3　在图 1-14(a)所示的三角支架中，A、C 处为固定铰链，销钉 B 上挂有重量为 P 的重物。画出销钉 B 的受力图。

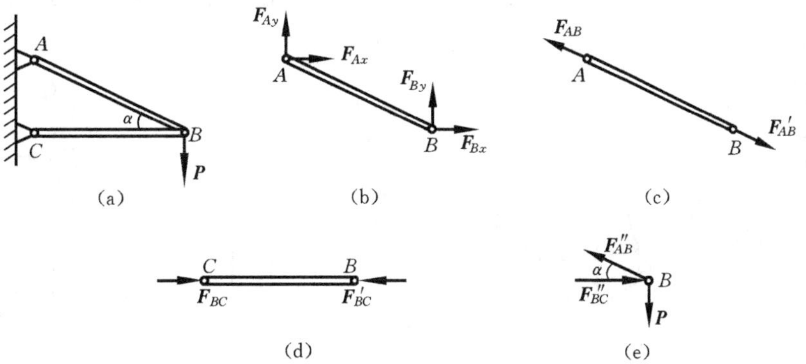

图 1-14

解　分析杆 AB 和杆 BC。杆 AB 在 A、B 两处受铰链约束，可假设在 A、B 处均分别有两个反力：$\boldsymbol{F}_{Ax}$、$\boldsymbol{F}_{Ay}$，$\boldsymbol{F}_{Bx}$、$\boldsymbol{F}_{By}$，如图 1-14(b)所示。但杆 AB 处于平衡，即 A、B 两点的反力应该大小相等、方向相反，且处在同一条直线即杆的轴线上(见图 1-14(c))。由此分析，杆 AB 为二力杆。同样，杆 BC 也是二力杆(见图 1-14(d))。

考察销钉 B，其上挂有重物，再根据约束反力的方向应与物体运动趋势相反的规律，可画出销钉 B 的受力图(见图 1-14(e))。

这种由约束将两个构件组成一个整体的工程结构称为物体系统，简称物系。物系由两个以上的构件组成，构件间由约束联系，组成一个能承受外力的构件系统。

例 1-4　三铰拱桥如图 1-15(a)所示，由左、右两半拱铰接而成。在半拱 AC 上作用有力 $\boldsymbol{F}$。画出半拱 AC、BC 的受力图(不计半拱自重)。

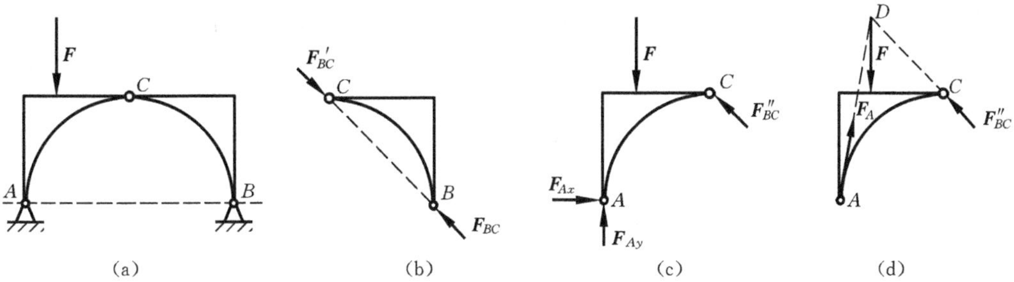

图 1-15

解　整体观察拱桥，两半拱 AC、BC 由铰链 C 连接，组成物系。支座 A、B 为外部约束。

先以右半拱 BC 为研究对象。半拱 BC 仅在 B、C 两处受到铰链的约束反力，它为二力构件，反力方向可以任意假设。其受力图如图 1-15(b)所示。

再以左半拱 AC 为研究对象，画出其分离体及主动力 $\boldsymbol{F}$。C 处有右半拱的反作用力 $\boldsymbol{F}''_{BC}$，它与 $\boldsymbol{F}'_{BC}$ 等值、反向、共线，A 处按约束性质可画出两正交反力 $\boldsymbol{F}_{Ax}$、$\boldsymbol{F}_{Ay}$，如图 1-15(c)所示。

进一步分析，此时左半拱 AC 在 $\boldsymbol{F}''_{BC}$、$\boldsymbol{F}$ 及支座 A 的反力 $\boldsymbol{F}_A$ 的共同作用下处于平衡，故三力应相交于一点。由 $\boldsymbol{F}$ 和 $\boldsymbol{F}''_{BC}$ 的作用线可确定交点 D，故支座 A 的反力(即 $\boldsymbol{F}_{Ax}$、$\boldsymbol{F}_{Ay}$ 的合力)的作用线必过点 D，连接 AD，即为支座 A 的反力的作用线。由左半拱在力 $\boldsymbol{F}$ 作用下的运动趋势，可画出反力 $\boldsymbol{F}_A$ 的方向，如图 1-15(d)所示。

例 1-5　图 1-16(a)所示为压榨机简图。它由杠杆 ABC、连杆 CD 和滑块 D 组成。不计各构件的自重及各处摩擦，试画出各构件的受力图。

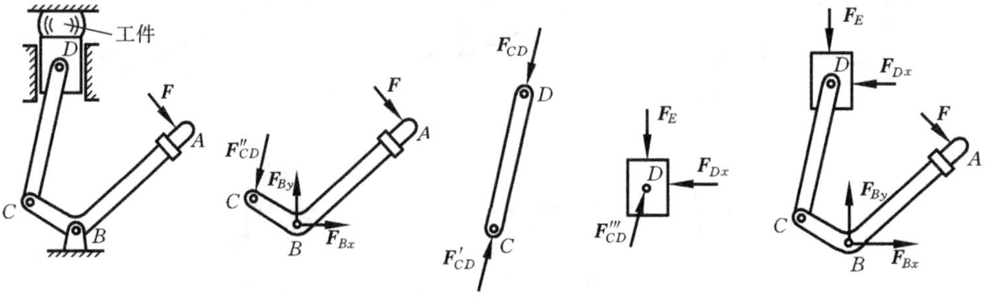

图 1-16

解　分析压榨机的工作原理：当杠杆的手柄 A 处受力 $\boldsymbol{F}$ 作用时，杠杆可绕点 B 转动，推动连杆 CD 压紧工件。该机构受主动力 $\boldsymbol{F}$ 作用；B 处为固定铰链支座；C、D 均为销钉，故连杆 CD 为二力杆；滑块 D 与滑槽、滑块 D 与工件之间均为光滑接触。

以杠杆 ABC 为研究对象，解除杆 CD 及支座 B 对它的约束，画上主动力 $\boldsymbol{F}$、约束反力 $\boldsymbol{F}_{Bx}$、$\boldsymbol{F}_{By}$ 及杆 CD 的反力 $\boldsymbol{F}''_{CD}$，如图 1-16(b)所示(此杠杆在三力作用下平衡，请读者画出三力汇交情形)。

连杆 CD 为二力杆，可画出其受力情形，如图 1-16(c)所示。滑块 D 在连杆 CD 的作用力、滑槽及工件的反力作用下平衡，其受力图如图 1-16(d)所示。

在对物体系统进行受力分析时，系统以外的物体对物体系统的作用力称为外力，如图 1-16(e)中的力 $\boldsymbol{F}$、$\boldsymbol{F}_{Bx}$、$\boldsymbol{F}_{By}$、$\boldsymbol{F}_E$、$\boldsymbol{F}_{Dx}$ 等。系统内各物体间的相互作用力称为内力。画系统的受力图时，只画所受的外力，不画内力，如图 1-16(e)所示。但当研究对象不同时，外力与内力的含义会有所变化。如果把系统拆开分析，则对某一部分或某一物体来说，原来的内力就成为外力了，如图 1-16 所示的力 $\boldsymbol{F}''_{CD}$、$\boldsymbol{F}'_{CD}$。

根据以上各例题，可归纳出对物体进行受力分析和画受力图的步骤及注意事项如下：

① 对研究对象所受的约束进行分析，确定其所受约束的性质。

② 去掉相应约束，画出研究对象，得到分离体。分离体的形状和方位应与研究对象一致。

③ 在分离体上，画上主动力，并按原来约束的位置及性质，画出约束反力。

④ 约束反力的方向应根据约束性质画出，不能凭主观想象画，不能多画，也不能漏画。

⑤ 画物系受力图时，物体系统内各物体的相互作用力(即内力)不必画出。画单个物体受力图时，注意各物体间的作用力与反作用力应等值、反向、共线，用相同力的符号再加上撇号表示。

习　题　1

在下列各题中，凡未标出自重的物体，自重不计。各接触处均为光滑接触。

1-1　画出图 1-17 中球的受力图。

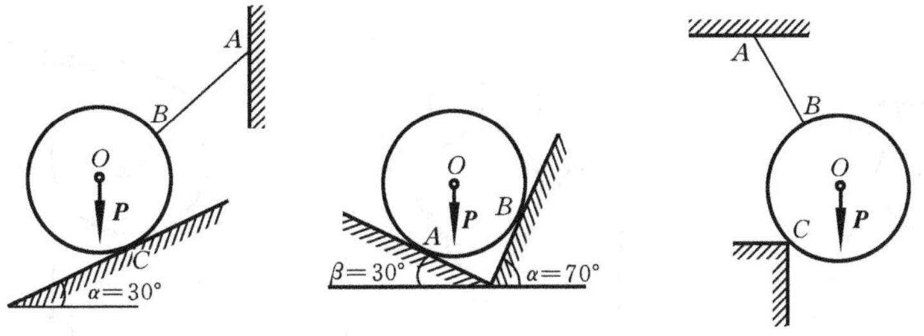

(a)　(b)　(c)

图 1-17

1-2　画出图 1-18 中杆 AB 的受力图。

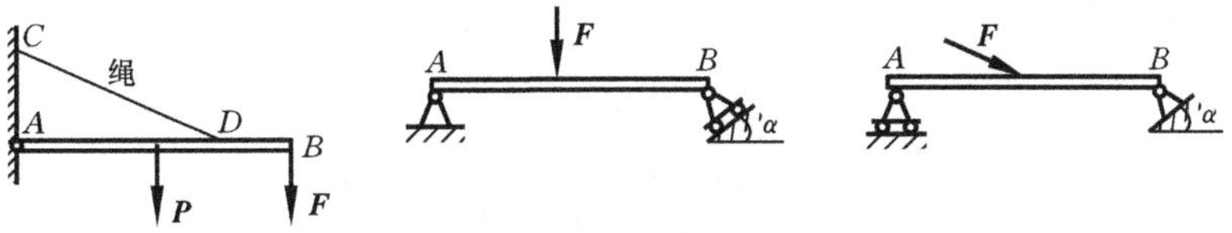

(a)　(b)　(c)

图 1-18

1-3　画出图 1-19 中构件 AB 的受力图。

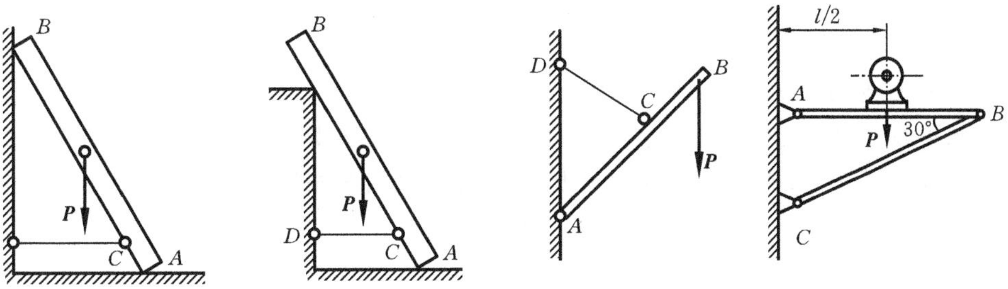

(a)　(b)　(c)　(d)

图 1-19

1-4　画出图 1-20 中指定构件的受力图。

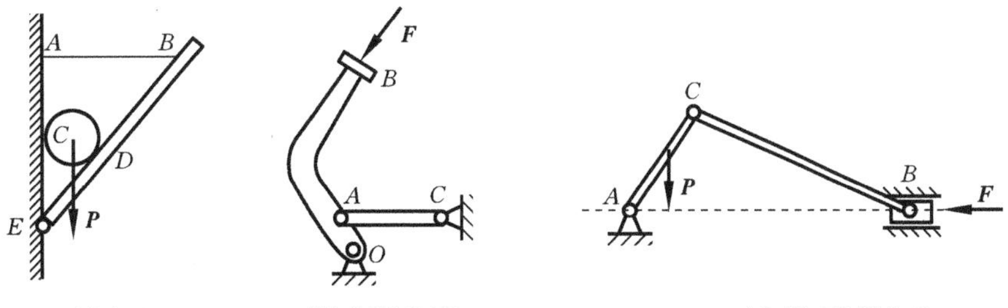

(a) 杆 BE　(b) 杠杆 OAB　(c) 杆 AC、滑块 B

图 1-20

1-5 画出图 1-21 中构件的受力图。

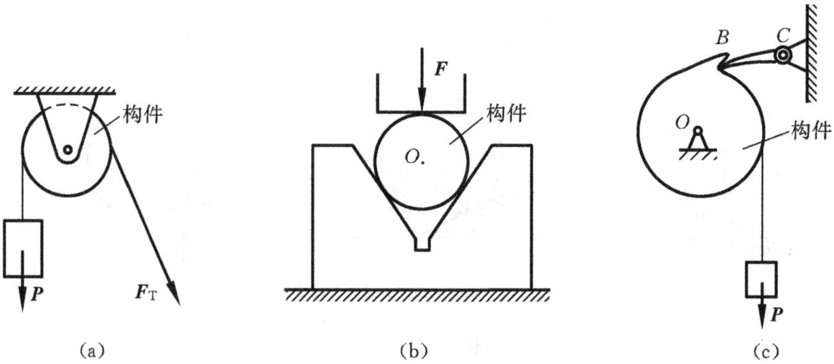

图 1-21

1-6 夹紧装置如图 1-22 所示，画出滚子及杠杆的受力图。

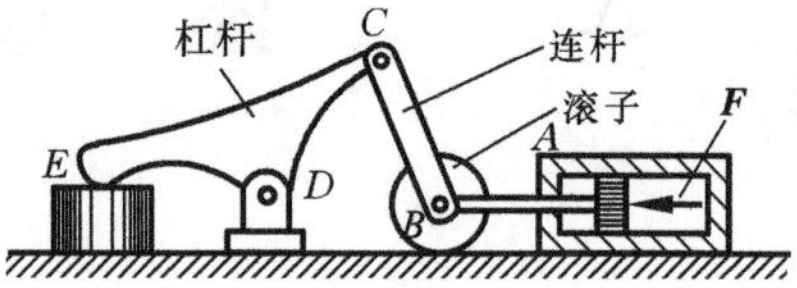

图 1-22

综合训练 1

有一不计自重的 T 形杆 ABC(见图 1-23)。

(1) 能否在 A、B 两点，或在 B、C 两点，或在 A、C 两点各加一力，使杆处于平衡状态?

(2) 能否分别在 A、B、C 三点各加一力，使杆处于平衡状态? 要求作图分析。

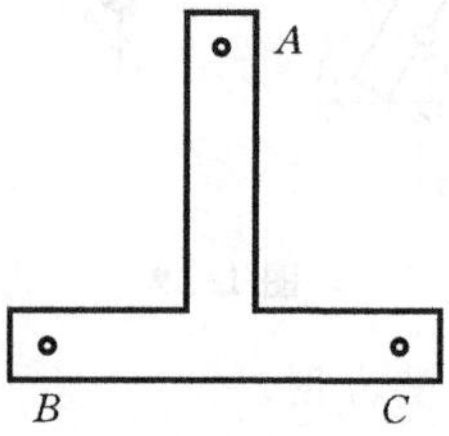

图 1-23

第 2 章　平面力系的平衡

本章主要讨论物体在力系作用下的平衡问题。按物体受力情况的不同，力系可分为平面力系和空间力系。空间力系是力系中的一般形式，平面力系是空间力系的特殊情形。在平面力系中，主要讨论平面任意力系的平衡问题，其中包括平面任意力系平衡问题的特例：平面汇交力系、平面力偶系、平面平行力系的平衡问题；在空间力系中，主要讨论轮轴零件平衡问题的平面解法。本章为工程力学的重点内容之一。

2.1　平面汇交力系的合成与平衡

在力系中，如果作用在刚体上各力的作用线均在同一平面内，则这种力系称为平面力系。如果平面力系中各力的作用线汇交于一点，则该平面力系称为平面汇交力系，这是平面力系中的一种特殊情形。如图 2-1 所示的螺栓环的受力，图 2-2 所示的桥梁桁架杆汇交节点上的受力，都是平面汇交力系的实例。

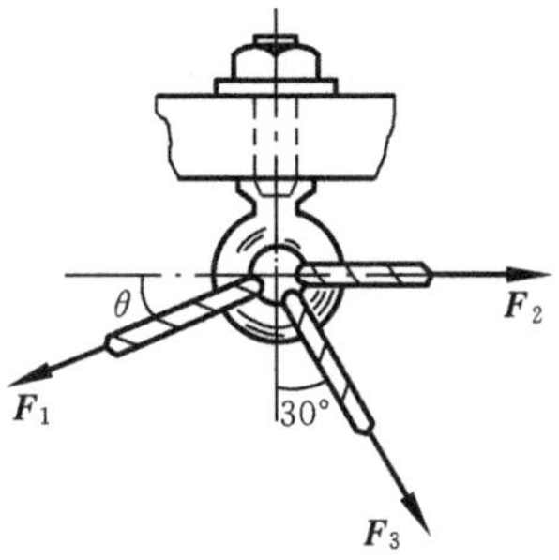

图 2-1

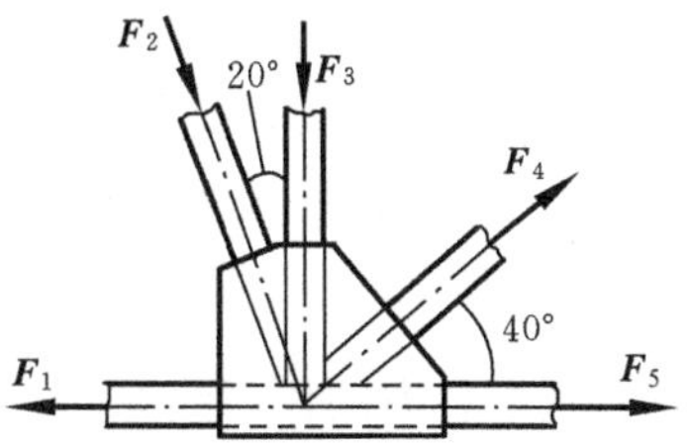

图 2-2

平衡是指物体相对于地球（或固连于地球上的其他物体）保持静止或作匀速直线运动的状态。如果刚体受力系作用而平衡，则该力系必须满足一定的条件，这个条件就称为平衡条件。本节将分别用几何法和解析法讨论平面汇交力系的合成与平衡问题。

2.1.1　平面汇交力系合成的几何法

设在刚体上点 O 处作用着平面汇交力系 $\boldsymbol{F}_1$、$\boldsymbol{F}_2$、$\boldsymbol{F}_3$、$\boldsymbol{F}_4$（见图 2-3(a)），根据力的平行四边形法则，可将这些力顺次两两合成。例如，先求得 $\boldsymbol{F}_1$、$\boldsymbol{F}_2$ 的合力 $\boldsymbol{F}_{R12}$，再求得 $\boldsymbol{F}_{R12}$ 与 $\boldsymbol{F}_3$ 的合力 $\boldsymbol{F}_{R123}$，最后求得 $\boldsymbol{F}_{R123}$ 与 $\boldsymbol{F}_4$ 的合力 $\boldsymbol{F}_R$。$\boldsymbol{F}_R$ 即为力系的总合力（见图 2-3(b)）。

求平面汇交力系的合力也可采用作力矢量的多边形的方法。如图 2-3(c)所示，作力矢量多边形 $ABCDE$，令各边矢量$\overrightarrow{AB}$、$\overrightarrow{BC}$、$\overrightarrow{CD}$、$\overrightarrow{DE}$分别与力 $\boldsymbol{F}_1$、$\boldsymbol{F}_2$、$\boldsymbol{F}_3$、$\boldsymbol{F}_4$ 平行，且各边矢量的长度等于各力矢量的模。可以看出，矢量$\overrightarrow{AC}$为 $\boldsymbol{F}_1$、$\boldsymbol{F}_2$ 的合力 $\boldsymbol{F}_{R12}$，矢量$\overrightarrow{AD}$为 $\boldsymbol{F}_{R12}$ 与 $\boldsymbol{F}_3$ 的合力 $\boldsymbol{F}_{R123}$，封闭边矢量$\overrightarrow{AE}$则为力系合力 $\boldsymbol{F}_R$。这种用力的多边形求合力的方法称为力的多边形法

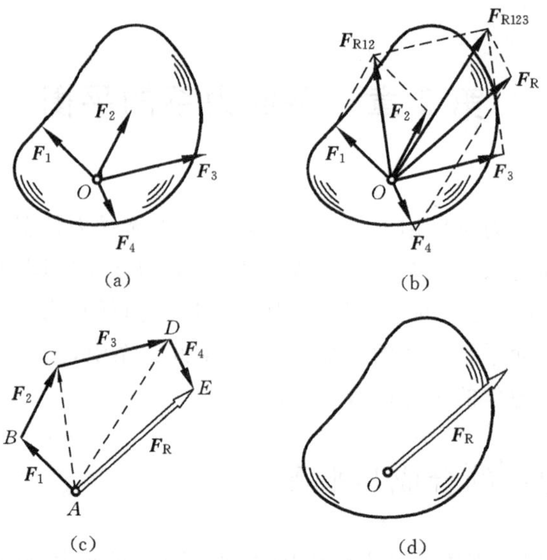

图 2-3

则。显然,作图时改变各力的顺序,力的多边形的形状也要改变,但封闭边不变,即所求得的合力 $\boldsymbol{F}_R$ 不变。

推广到由任意多个力 $\boldsymbol{F}_1,\boldsymbol{F}_2,\cdots,\boldsymbol{F}_n$ 组成的平面汇交力系,可得结论:平面汇交力系的合力等于各力的矢量和(几何和),合力的作用线通过各力的汇交点。写成矢量等式,则有

$$\boldsymbol{F}_R = \boldsymbol{F}_1 + \boldsymbol{F}_2 + \cdots + \boldsymbol{F}_n = \sum_{i=1}^{n}\boldsymbol{F}_i$$

为了书写方便,常将求和符号的附标 i、n 去掉,因而上式可写成

$$\boldsymbol{F}_R = \sum \boldsymbol{F} \tag{2-1}$$

如果力系中各力的作用线在同一直线上,则此力系称为共线力系。这是平面汇交力系中的特殊情形,它的力多边形的各边都在同一直线上。此时采用代数法更为方便。把各力看成代数量,即将指向某一个方向的力取正值,指向反方向的力取负值,则合力的代数值等于共线力系中各力的代数和,即有

$$F_R = F_1 + F_2 + \cdots + F_n = \sum F \tag{2-2}$$

其中 $F_1,F_2,\cdots,F_n$——力系中各力的代数值。

若 $F_R>0$,则合力 $\boldsymbol{F}_R$ 指向正的一边;若 $F_R<0$,则合力 $\boldsymbol{F}_R$ 指向负的一边。

2.1.2 平面汇交力系平衡的几何条件

平面汇交力系合成的结果是一个力,可以用此合力来代替力系对刚体的作用。如果此合力等于零,则刚体保持平衡。因此,平面汇交力系平衡的充分必要条件是:力系的合力等于零。在力的多边形中,合力指的是连接第一个力矢量的起点与最后一个力矢量的终点所形成的那个矢量。合力不等于零时,如果不这么连接,多边形是不封闭的;如果平面汇交力系的合力等于零,也就是说,在力的多边形中,第一个力矢量的起点与最后一个力矢量的终点相重合,此时称力的多边形自行封闭。因此,平面汇交力系平衡的几何条件是:力系中各力的矢量和等于零,即力的多边形自行封闭。用矢量式表达,则上述平衡条件可写成

$$\sum \boldsymbol{F} = \boldsymbol{0} \tag{2-3}$$

求解平面汇交力系平衡问题的几何法是：按比例先画出封闭的力的多边形，然后用直尺和量角器在图上量得所要求的未知量，也可根据图形的几何关系，用三角函数公式计算出所求未知量。

下面举例说明几何法的应用。

例 2-1　起重机吊起一重量 $P=300$ N 的减速机箱盖，如图 2-4(a)所示。求钢丝绳 AB 和 AC 的拉力。

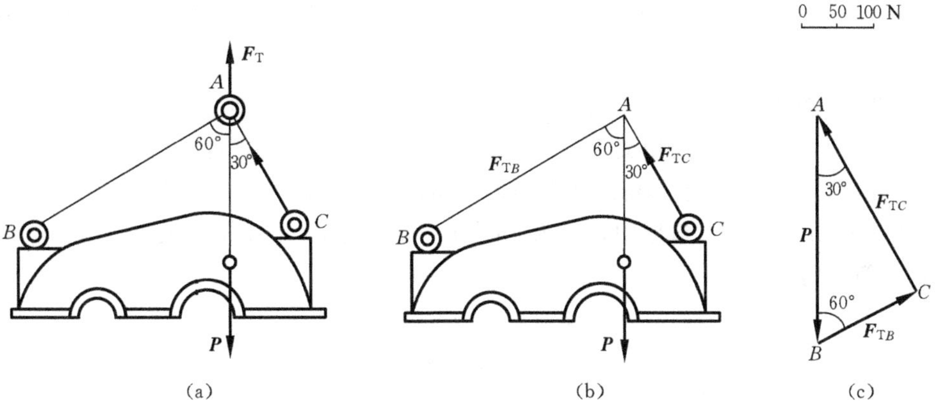

图 2-4

解　以箱盖为研究对象，其受的力有：重力 $\boldsymbol{P}$、钢丝绳的拉力 $\boldsymbol{F}_{TB}$ 和 $\boldsymbol{F}_{TC}$，根据三力平衡汇交定理，三力的作用线汇交于点 A，组成一平面汇交力系，如图 2-4(b)所示。

根据平面汇交力系平衡的几何条件，这三个力 $\boldsymbol{P}$、$\boldsymbol{F}_{TB}$、$\boldsymbol{F}_{TC}$ 应组成一个封闭的力的三角形。作力的三角形的步骤如下：选取适当的比例尺，先作 $\overrightarrow{AB}$ 代表力矢量 $\boldsymbol{P}$，再从点 B 和点 A 起分别作力矢量 $\boldsymbol{F}_{TB}$、$\boldsymbol{F}_{TC}$ 的平行线 BC 和 AC，它们相交于点 C。于是 BC 和 AC 两线段的长度分别表示力矢量 $\boldsymbol{F}_{TB}$ 和 $\boldsymbol{F}_{TC}$ 的模。根据力的三角形封闭时首尾相接的规则，可由已知力 $\boldsymbol{P}$ 的方向定出 $\boldsymbol{F}_{TB}$ 和 $\boldsymbol{F}_{TC}$ 的指向。图 2-4(c)所示即为封闭的力的三角形。

应用三角函数公式可算出

$$F_{TB} = P\cos 60° = 150 \text{ N}$$
$$F_{TC} = P\cos 30° \approx 260 \text{ N}$$

也可按所选的比例尺量得

$$F_{TB} = BC = 150 \text{ N}$$
$$F_{TC} = AC = 260 \text{ N}$$

当几何关系较为复杂时，运用三角函数关系计算较为麻烦，可采用图解法直接求解。

例 2-2　在图 2-5(a)所示的支架中，已知载荷 $F=10$ kN，$AC=CB$，杆 CD 与水平线成 45° 角，梁和杆的自重不计。求铰链 A 的约束反力和杆 CD 所受的力。

解　以梁 AB 为研究对象，其受力状况是：在 B 处受载荷 $\boldsymbol{F}$ 的作用；在 C 处受二力杆 CD 的约束反力 $\boldsymbol{F}''_{CD}$ 的作用，方向沿 DC 指向 C；在 A 处受约束反力 $\boldsymbol{F}_A$ 的作用。$\boldsymbol{F}_A$ 的作用线可根据三力平衡汇交定理确定，即通过 $\boldsymbol{F}''_{CD}$ 和 $\boldsymbol{F}$ 的交点 E，如图 2-5(b)所示。

根据平面汇交力系平衡的几何条件，这三个力应组成一个封闭的力的三角形。本题的作

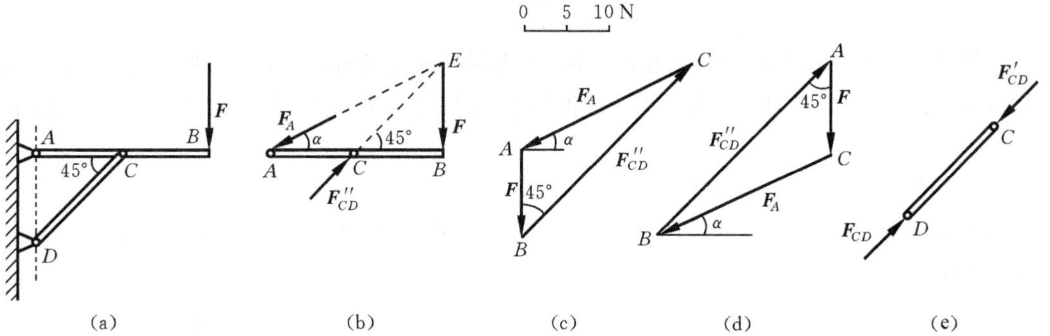

图 2-5

图方法同例 2-1。选取比例尺,画出已知力矢量$\overrightarrow{AB}=\boldsymbol{F}$,再由点 A 作直线平行于 AE,由点 B 作直线平行于 CE,这两条直线相交于点 C。由于力的三角形必须自行封闭,所以可由 $\boldsymbol{F}$ 的方向确定出 $\boldsymbol{F}''_{CD}$ 和 $\boldsymbol{F}_A$ 的指向,于是得封闭的力的三角形 ABC,如图 2-5(c)所示。

在图 2-5(c)所示力的三角形中,CA 和 BC 分别表示力 $\boldsymbol{F}_A$ 和 $\boldsymbol{F}''_{CD}$ 的大小。量出它们的长度,按比例换算可得

$$F''_{CD}=28.3\ \text{kN}$$

$$F_A=22.4\ \text{kN}$$

也可以由点 A 作直线平行于 CE,再由点 B 作直线平行于 AE,得力的三角形(见图 2-5(d)),同样可求得力 $\boldsymbol{F}''_{CD}$ 和 $\boldsymbol{F}_A$,且结果相同。

根据作用力与反作用力的关系,作用于杆 CD 的 C 端的力 $\boldsymbol{F}'_{CD}$ 与 $\boldsymbol{F}''_{CD}$ 大小相等、方向相反。由此可知杆 CD 受压力,如图 2-5(e)所示。

通过以上例题,可总结用几何法解题的主要步骤如下:

① 选取研究对象,并画出其简图。

② 分析受力情况。在简图上画出研究对象所受到的全部已知力和未知力(包括约束反力)。当物体仅受三力作用而平衡时,可根据三力平衡汇交定理确定其中未知力的作用线。

③ 作出力的三角形或多边形。选取适当比例尺,作出该力系的封闭三角形或多边形。作图时先从已知力开始,根据力矢量首尾相接的规则和封闭特点就可确定未知力的指向。

④ 求出未知量。用比例尺和量角器在图上量取未知量,或根据三角函数公式算出未知量。

用几何法求力系的合力虽然较为简便,但对作图要求较高,否则会引起较大误差,影响结果的精度。当力系中的力很多时,用三角函数公式计算就非常麻烦。鉴于此,工程中应用较多的是解析法。下面先介绍解析法的基础知识——力在直角坐标轴上的投影。

2.1.3 平面汇交力系合成的解析法

1. 力在直角坐标轴上的投影

如图 2-6 所示,设在 Oxy 直角坐标系内有一作用于点 A 的力 $\boldsymbol{F}$,从力矢量 $\boldsymbol{F}$ 的起点 A 和终点 B 向 x 轴作垂线,分别交 x 轴于点 a_1、点 b_1,则线段 a_1b_1 称为力矢量 $\boldsymbol{F}$ 在 x 轴上的投影,用 F_x 表示。同样,从力矢量 $\boldsymbol{F}$ 的起点 A 和终点 B 向 y 轴作垂线,分别交 y 轴于点 a_2、点 b_2,则线段 a_2b_2 称为力矢量 $\boldsymbol{F}$ 在 y 轴上的投影,用 F_y 表示。

若已知力矢量与 x 轴所夹锐角为 α，则投影计算公式为

$$F_x = \pm F\cos\alpha, \quad F_y = \pm F\sin\alpha$$

投影的正负规则是：若投影的始端至末端的取向与坐标轴正向一致，则投影为正，否则为负。因此，力在坐标轴上的投影为代数量。

如果已知力 $\boldsymbol{F}$ 在 x 轴、y 轴上的投影分别为 F_x、F_y，则该力的大小和方向为

$$\left.\begin{aligned} F &= \sqrt{F_x^2 + F_y^2} \\ \alpha &= \arctan\left|\frac{F_y}{F_x}\right| \end{aligned}\right\} \tag{2-4}$$

将力 $\boldsymbol{F}$ 沿 x 轴、y 轴分解，得到两个分力 $\boldsymbol{F}_x$、$\boldsymbol{F}_y$，其大小等于力 $\boldsymbol{F}$ 在同一坐标轴上投影的绝对值。分力 $\boldsymbol{F}_x$、$\boldsymbol{F}_y$ 是由两个作用点确定的矢量，而投影 F_x、F_y 是代数量。

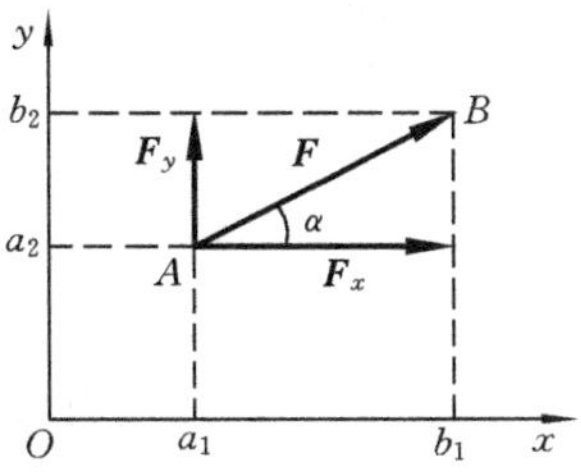

图 2-6

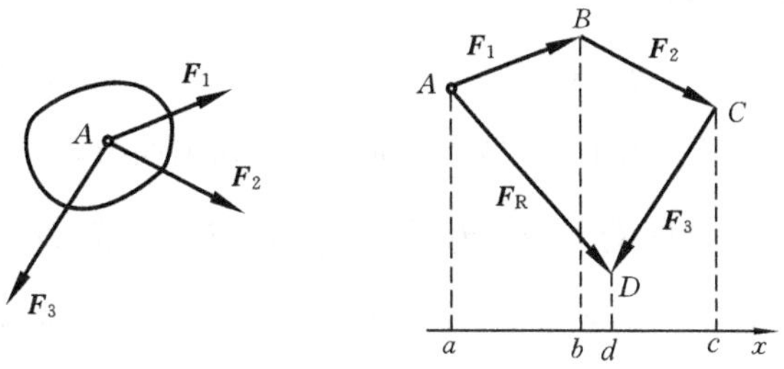

(a)　(b)

图 2-7

2. 合力投影定理

设有共点力 $\boldsymbol{F}_1$、$\boldsymbol{F}_2$、$\boldsymbol{F}_3$，其合力 $\boldsymbol{F}_{\mathrm{R}}$ 可由力的多边形求出，如图 2-7 所示。各力在 x 轴上的投影分别为

$$F_{1x} = ab, \quad F_{2x} = bc, \quad F_{3x} = -cd$$

$$F_{\mathrm{R}x} = ad$$

由图可以看出

$$ad = ab + bc + (-cd)$$

所以

$$F_{\mathrm{R}x} = F_{1x} + F_{2x} + F_{3x}$$

显然，上述关系可以推广到由任意多个力组成的共点力系中，并得出相同的结论，即有

$$F_{\mathrm{R}x} = F_{1x} + F_{2x} + \cdots + F_{nx} = \sum F_x \tag{2-5a}$$

如果同时在 y 轴上投影，则有

$$F_{\mathrm{R}y} = F_{1y} + F_{2y} + \cdots + F_{ny} = \sum F_y \tag{2-5b}$$

于是可得结论：合力在任一轴上的投影等于各分力在同一轴上的投影的代数和。这就是合力投影定理。

合力的大小和方向为

$$\left.\begin{aligned} F_{\mathrm{R}} &= \sqrt{F_{\mathrm{R}x}^2 + F_{\mathrm{R}y}^2} = \sqrt{\left(\sum F_x\right)^2 + \left(\sum F_y\right)^2} \\ \alpha &= \arctan\left|\frac{\sum F_y}{\sum F_x}\right| \end{aligned}\right\} \tag{2-6}$$

其中　α——合力 $\boldsymbol{F}_R$ 与 x 轴所夹的锐角。

例 2-3　如图 2-8 所示的共点力系中，$F_1=200$ N，$F_2=400$ N，$F_3=240$ N，$F_4=800$ N。求四个力的合力。

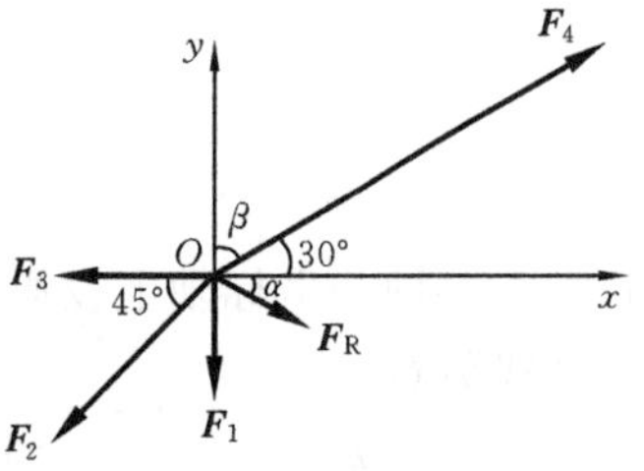

图 2-8

解　用式(2-5a)、式(2-5b)和式(2-6)计算，得

$$F_{Rx}=\sum F_x=0-F_2\cos 45°-F_3+F_4\cos 30°$$
$$=(-400\cos 45°-240+800\cos 30°)\ \text{N}=170\ \text{N}$$
$$F_{Ry}=\sum F_y=-F_1-F_2\sin 45°+0+F_4\sin 30°$$
$$=(-200-400\sin 45°+800\sin 30°)\ \text{N}=-82.8\ \text{N}$$

合力的大小和方向为

$$F_R=\sqrt{F_{Rx}^2+F_{Ry}^2}=\sqrt{170^2+(-82.8)^2}\ \text{N}=189.1\ \text{N}$$
$$\alpha=\arctan\left|\frac{F_{Ry}}{F_{Rx}}\right|=\arctan\left|\frac{-82.8}{170}\right|=26°$$

因为 F_{Rx} 为正、F_{Ry} 为负，所以合力在第四象限。

2.1.4　平面汇交力系平衡的解析条件

平面汇交力系平衡的充分必要条件是该力系各力的矢量和等于零。根据合力投影定理，有

$$F_R=\sqrt{\left(\sum F_x\right)^2+\left(\sum F_y\right)^2}=0$$

由此可得

$$\left.\begin{aligned}\sum F_x=0\\ \sum F_y=0\end{aligned}\right\}\tag{2-7}$$

这一组方程称为平面汇交力系的平衡方程。式(2-7)说明平面汇交力系平衡解析的充分必要条件为：力系中各力在力系平面内两个相交轴上的投影的代数和分别等于零。式(2-7)是两个独立的方程，可以解出两个未知量。

用平衡方程求解平面汇交力系的一般步骤是：

① 确定研究对象，画出受力图。

② 建立平面直角坐标系于受力图上。

③ 将力系中的各力向坐标轴投影，列出平衡方程求解。

例 2-4　平面刚架在点 B 受一水平力 $\boldsymbol{F}$ 作用，如图 2-9(a)所示。设 $F=10$ kN，不计刚架自重。求固定铰链支座 A 和活动铰链 D 处的约束反力。

解　以刚架为研究对象，作受力图如图 2-9(b)所示，建立坐标系于受力图上。由图可知

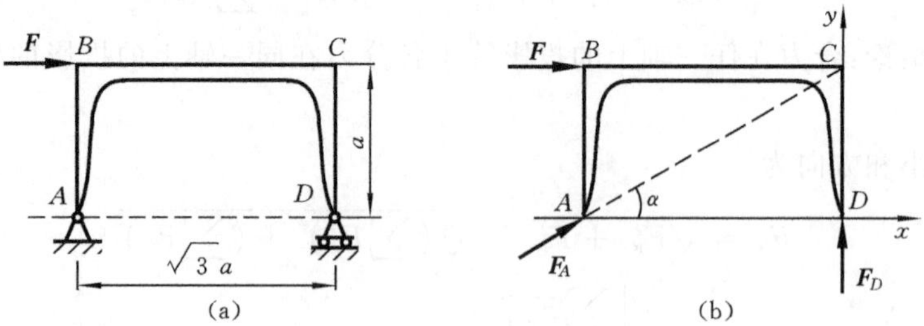

图 2-9

$\alpha=\arctan\dfrac{a}{\sqrt{3}a}=30°$。建立如下平衡方程：

$$\sum F_x = 0,\quad F + F_A\cos\alpha = 0$$

$$\sum F_y = 0,\quad F_D + F_A\sin\alpha = 0$$

解得

$$F_A = -\frac{F}{\cos\alpha} = -\frac{2F}{\sqrt{3}} = -11.55\ \text{kN}$$

$$F_D = -F_A\sin\alpha = -(-11.55)\times\frac{1}{2}\ \text{kN} = 5.75\ \text{kN}$$

F_A 为负值，说明其实际方向与图中假设的方向相反。

例 2-5　图 2-10(a)所示三角支架，在销钉 B 处挂有重量 $P=1\ 000$ N 的物体，铰链 A、C 与墙连接，杆 AB、BC 铰接，两杆自重不计。求杆 AB、BC 所受的力。

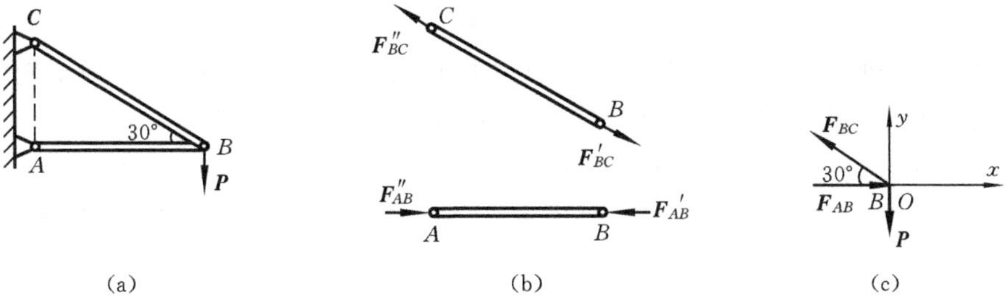

图 2-10

解　由该结构可知，杆 AB、杆 BC 均为二力杆。设杆 BC 受拉，杆 AB 受压，则两杆受力状况如图2-10(b)所示。

由于已知力和两杆对销钉 B 的反作用力均作用于销钉 B，因此取销钉 B 为研究对象，画出其受力图，并取坐标如图 2-10(c)所示。

为避免求解联立方程，先对各力在 y 轴上的投影进行计算。建立如下平衡方程：

$$\sum F_y = 0,\quad F_{BC}\sin 30° - P = 0$$

解得

$$F_{BC} = \frac{P}{\sin 30°} = 2P = 2\ 000\ \text{N}$$

再对 x 轴上的投影进行计算，建立如下平衡方程：

$$\sum F_x = 0,\quad -F_{BC}\cos 30° + F_{AB} = 0$$

解得

$$F_{AB} = F_{BC}\cos 30° = 2P\frac{\sqrt{3}}{2} = 1\ 000\times\sqrt{3}\ \text{N} = 1\ 732\ \text{N}$$

两杆对销钉 B 的约束反力均为正值，故原假设两杆的反力方向正确。因此杆 BC 受拉，杆 AB 受压。

例 2-6　如图 2-11(a)所示，重物重量 $P=10$ kN，用钢丝绳挂在支架的滑轮 B 上，钢丝绳的另一端缠绕在绞车 D 上。杆 AB 与杆 BC 铰接，并以铰链 A、C 与墙连接。两杆和滑轮的自重不计，并忽略摩擦力和滑轮的大小。求平衡时杆 AB 和杆 BC 所受的力。

解　(1) 杆 AB 和 BC 都是二力杆，假设杆 AB 受拉，杆 BC 受压，如图 2-11(b)所示。两个未知力可通过求两杆对滑轮的约束反力求出。因此取滑轮 B 为研究对象。

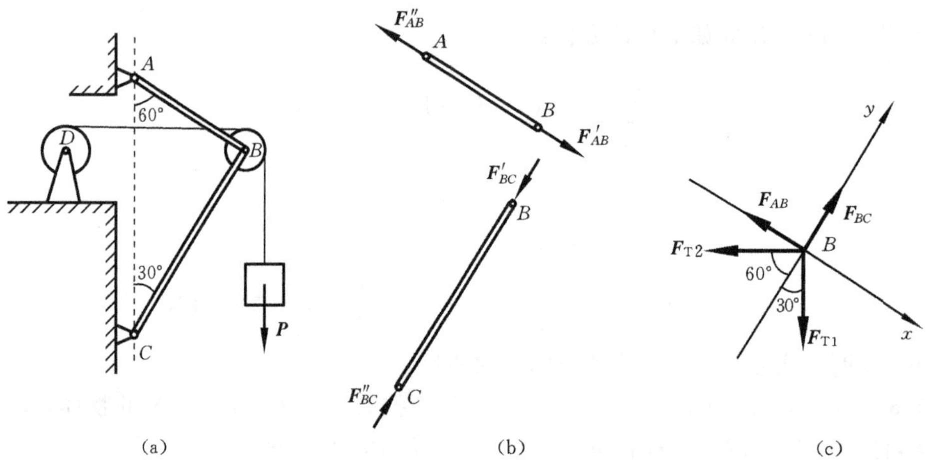

图 2-11

(2) 滑轮 B 受到四个力的作用:钢丝绳的拉力 $\boldsymbol{F}_{T1}$、$\boldsymbol{F}_{T2}$,杆 AB 与杆 BC 对滑轮的约束反力 $\boldsymbol{F}_{AB}$ 和 $\boldsymbol{F}_{BC}$。由于滑轮的大小可忽略,所以此力系可看成汇交力系。

(3) 建立坐标系于滑轮受力图上,如图 2-11(c)所示。为使每个未知力只在一个坐标轴上有投影,在另一个坐标轴上的投影为零,其中一个坐标轴的方向应尽量与未知力作用线垂直。可见,$F_{T1}=F_{T2}=P$。

(4) 建立如下平衡方程:

$$\sum F_x = 0, \quad -F_{AB} + F_{T1}\cos 60^\circ - F_{T2}\cos 30^\circ = 0$$

$$\sum F_y = 0, \quad F_{BC} - F_{T1}\cos 30^\circ - F_{T2}\cos 60^\circ = 0$$

(5) 解方程得

$$F_{AB}=F_{T1}\cos 60^\circ - F_{T2}\cos 30^\circ = \frac{1-\sqrt{3}}{2}P = -0.366P = -3.66\ \text{kN}$$

$$F_{BC}=F_{T1}\cos 30^\circ + F_{T2}\cos 60^\circ = \frac{\sqrt{3}+1}{2}P = 1.366P = 13.66\ \text{kN}$$

F_{BC} 为正值,说明假设方向与实际方向一致;F_{AB} 为负值,说明假设方向与实际方向相反。

2.2　力矩、力偶及平面力偶系的平衡

2.2.1　力矩及合力矩定理

1. 力矩的概念

以扳手旋动螺母来说明力矩的概念。如图 2-12 所示,作用在扳手上的力 $\boldsymbol{F}$ 带动螺母一起绕点 O(即绕通过点 O 并垂直于图面的轴)转动。经验告诉我们,力 $\boldsymbol{F}$ 的值越大,(右旋螺纹)螺母拧得越紧(反向拧则螺母越容易松动);力 $\boldsymbol{F}$ 的作用线到点 O(力矩中心,简称矩心)的垂直距离越大,就越省力。由此可得出这样的结论:平面内力 $\boldsymbol{F}$ 使物体绕点 O 转动的效应,与力 $\boldsymbol{F}$ 的大小和力 $\boldsymbol{F}$ 的作用线到点 O 的垂直距离 d 有关。用带正负号(表示力使物体转动的方向)的乘积式 $\pm Fd$ 来度量力 $\boldsymbol{F}$ 对物体绕点 O 的转动效应,用符号 $\boldsymbol{M}_O(\boldsymbol{F})$ 表示力矩,且

$$M_O(\boldsymbol{F}) = \pm Fd$$

其中　d——力 $\boldsymbol{F}$ 的力臂。

一般规定：力使物体绕矩心 O 逆时针转动时取正号，顺时针转动时取负号。因此在平面问题中，力矩可以看成代数量，力矩的单位是 N·m。

根据图 2-12，若以力 $\boldsymbol{F}$ 为底边、矩心为顶点组成一个三角形（图中阴影部分），则乘积 Fd 正好等于这个三角形面积 $A_{\triangle}$ 的两倍，即有

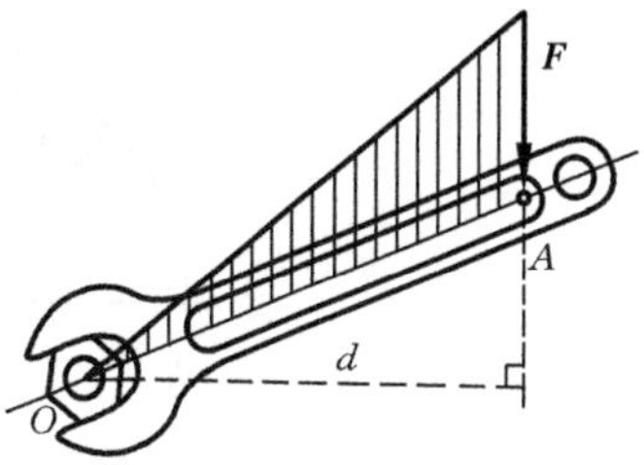

图 2-12

$$M_O(\boldsymbol{F}) = \pm 2A_{\triangle}$$

以上由扳手引出的力矩概念及其表达式适用于任何物体，矩心可以是转动点或固定点，而且可以是物体上或物体外的任意一点。

由力矩定义可知：

① 当力通过矩心时，此力对于该矩心的力矩等于零；

② 当力沿作用线移动时不改变力对任一点的矩；

③ 等值、反向、共线的两力对任一点的矩的代数和为零。

2. 合力矩定理

如图 2-13 所示，在点 A 作用一平面汇交力系 $\boldsymbol{F}_1, \boldsymbol{F}_2, \cdots, \boldsymbol{F}_n$，$\boldsymbol{F}_R$ 为力系的合力。任选一点 O 为矩心，过点 O 作 y 轴垂直于 OA。$Ob_1, Ob_2, \cdots, Ob_n$ 和 Ob_R 分别为力 $\boldsymbol{F}_1, \boldsymbol{F}_2, \cdots, \boldsymbol{F}_n$ 和 $\boldsymbol{F}_R$ 在 y 轴上的投影 $F_{1y}, F_{2y}, \cdots, F_{ny}$ 和 F_{Ry}。分别求力 $\boldsymbol{F}_1, \boldsymbol{F}_2, \cdots, \boldsymbol{F}_n$ 和 $\boldsymbol{F}_R$ 对点 O 的力矩，从图 2-13 可以看出

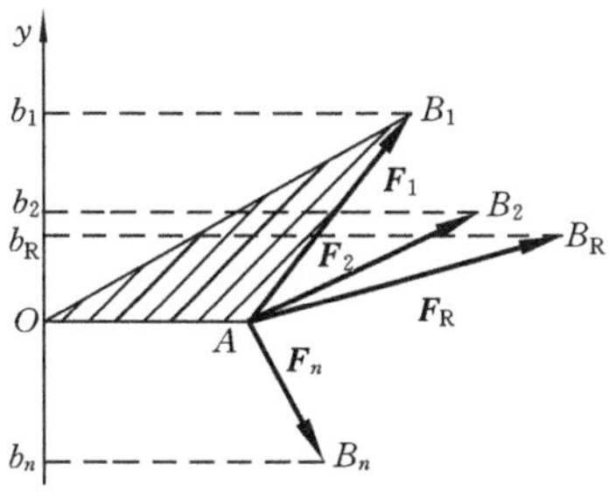

图 2-13

$$M_O(\boldsymbol{F}_1) = 2A_{\triangle OAB_1} = Ob_1 \cdot OA = F_{1y} \cdot OA$$

$$M_O(\boldsymbol{F}_2) = Ob_2 \cdot OA = F_{2y} \cdot OA$$

$$\vdots$$

$$M_O(\boldsymbol{F}_n) = Ob_n \cdot OA = F_{ny} \cdot OA$$

将上述等式两边分别相加，得

$$\begin{aligned} & M_O(\boldsymbol{F}_1) + M_O(\boldsymbol{F}_2) + \cdots + M_O(\boldsymbol{F}_n) \\ &= (F_{1y} + F_{2y} + \cdots + F_{ny}) \cdot OA \\ &= F_{Ry} \cdot OA \end{aligned}$$

$$M_O(\boldsymbol{F}_R) = Ob_R \cdot OA = F_{Ry} \cdot OA$$

所以

$$M_O(\boldsymbol{F}_R) = M_O(\boldsymbol{F}_1) + M_O(\boldsymbol{F}_2) + \cdots + M_O(\boldsymbol{F}_n) \tag{2-8}$$

式(2-8)表明：平面汇交力系的合力对平面内任一点的矩，等于各个分力对同一点之矩的代数和。这就是合力矩定理，对其他力系也适用。

例 2-7　直齿圆柱齿轮的齿面受到 $F_n = 800$ N 的法向力作用，作用点在节圆上，其半径 $r = 70$ mm，已知齿轮的压力角 $\alpha = 20°$，如图 2-14(a)所示。计算力 $\boldsymbol{F}_n$ 对齿轮中心 O 的力矩。

解　(1) 直接按力矩定义求解，即

$$M_O(\boldsymbol{F}_R) = F_R d$$

其中，力臂 $d = r\cos\alpha$，所以

$$M_O(\boldsymbol{F}_n) = F_n r\cos\alpha = 800 \times \frac{70}{1\,000} \times \cos 20° \text{ N·m} = 52.62 \text{ N·m}$$

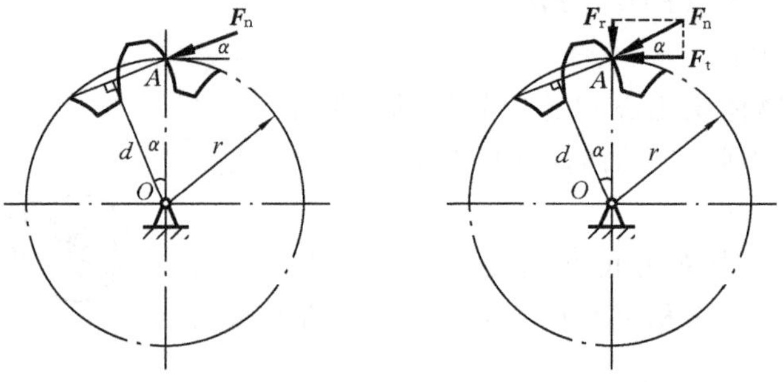

图 2-14

(2) 按合力矩定理求解。将力 $\boldsymbol{F}_n$ 分解成周向力 $\boldsymbol{F}_t$ 和径向力 $\boldsymbol{F}_r$，则

$$M_O(\boldsymbol{F}_n) = M_O(\boldsymbol{F}_t) + M_O(\boldsymbol{F}_r) = F_R r\cos\alpha + 0 = 52.62\ \text{N}\cdot\text{m}$$

可见，以上两种方法的计算结果相同。

例 2-8　如图 2-15 所示，水平梁受均匀分布载荷 q(也称为载荷集度，单位为 N/m)的作用，梁长为 l，求均布载荷的合力作用位置。

解　在梁上距支座 A 为 x 处取微段 dx，则该微段上载荷大小为 qdx。

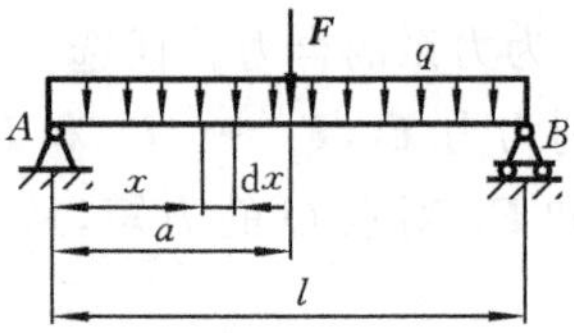

图 2-15

求得全梁上载荷的合力 $\boldsymbol{F}$ 的大小为

$$F = \int_0^l q\mathrm{d}x = qx\Big|_0^l = ql$$

设 $\boldsymbol{F}$ 作用的位置到 A 的距离为 a，则由合力矩定理有

$$Fa = \int_0^l q\mathrm{d}x\cdot x = \frac{1}{2}qx^2\Big|_0^l = \frac{1}{2}ql^2$$

将 $F=ql$ 代入上式，得

$$qla = \frac{1}{2}ql^2$$

则

$$a = \frac{1}{2}l$$

即，均布载荷的合力作用线位于分布长度的中央，其大小为 $F=ql$。

2.2.2　力偶、平面力偶系的合成与平衡

1. 力偶、力偶矩、等效力偶

大小相等、方向相反、作用线平行但不在同一直线上的两个力组成的力系称为力偶。物体上有两个或两个以上力偶作用时，这些力偶组成力偶系。工程中，物体受力偶或力偶系作用的情形是常见的。例如，汽车司机双手加在方向盘上的两个力(见图 2-16(a))，钳工用双手攻螺纹时加在铰杠上的两个力(见图 2-16(b))，用两个手指拧动钥匙施加在其上的两个力，都构成力偶。

力偶用符号$(\boldsymbol{F},\boldsymbol{F}')$表示。力偶中的两个力作用线所确定的平面称为力偶作用面。两个力作用线之间的垂直距离称为力偶臂，用符号 d 表示。由上述例子可知，力偶能使物体转动。

现在来研究力偶对物体的转动效应。力偶对物体的转动效应取决于组成力偶的两个力对物体作用的结果，因此，力偶对物体的转动效应应等于组成力偶的两个力对物体的转动效应之和。现假设一力偶$(\boldsymbol{F},\boldsymbol{F}')$，力偶臂为 d，如图 2-17 所示。在其作用面内任取一点 O 作为矩

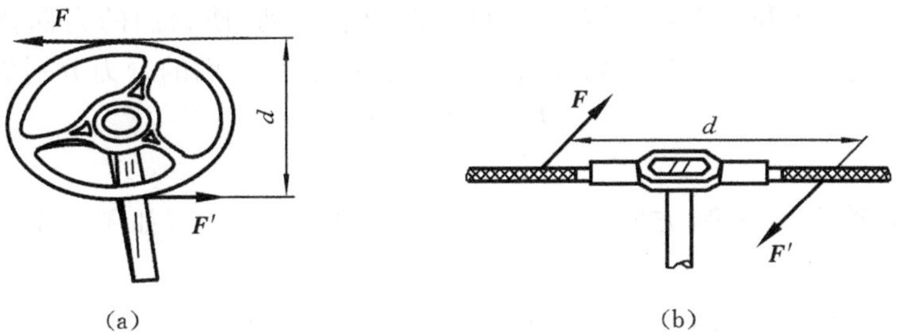

图 2-16

心。设点 O 到 $\boldsymbol{F}$、$\boldsymbol{F}'$ 的垂直距离分别为 $d+x$ 和 x，则组成力偶的两个力对点 O 的矩之和为

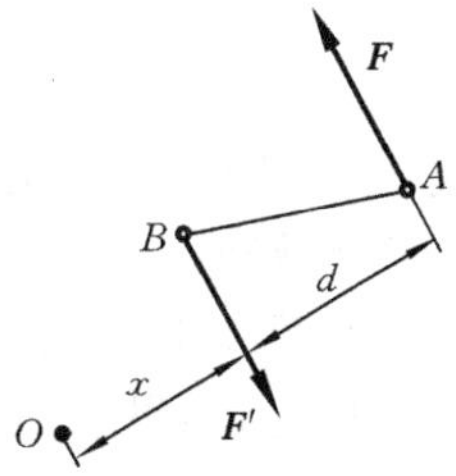

图 2-17

$$M_O(\boldsymbol{F})+M_O(\boldsymbol{F}')=F(d+x)-Fx=Fd$$

由于所取矩心是任意的，因此力偶对力偶面内任一点的矩只与力偶中力的大小、力偶臂有关，而与矩心无关。考虑力偶的转向，用带有正负号的乘积 $\pm Fd$ 来度量平面力偶对物体的转动效应，称其为力偶矩，记为

$$M(\boldsymbol{F},\boldsymbol{F}')=\pm Fd$$

或

$$M=\pm Fd$$

规定：力偶使物体逆时针转动时，力偶矩为正，反之为负。力偶的简化表示为：顺时针力偶 M ↷，逆时针力偶 M ↶。力偶矩的单位与力矩的单位相同，均为N · m。

如果作用在同一平面内的两个力偶，它们的力偶矩大小相等、转向相同，则称此两力偶为等效力偶。

根据以上讨论，可以得出如下结论：

① 力偶在其作用面内任一坐标轴上投影的代数和等于零，因而力偶没有合力。

② 力偶可以在其作用面内任意移动和转动，而不改变它对物体的作用效应。

③ 只要保持力偶矩的大小和转向不变，就可以同时改变力偶中力的大小和力偶臂的长短，而不会改变力偶对刚体的作用效应。

2. 力偶系的合成与平衡

设在同一平面内有两个力偶($\boldsymbol{F}_1$，$\boldsymbol{F}_1'$)、($\boldsymbol{F}_2$，$\boldsymbol{F}_2'$)，它们的力偶臂分别为 d_1、d_2，如图2-18(a)所示。相应的力偶矩分别为 $M_1=F_1d_1$、$M_2=-F_2d_2$，在保持它们的力偶矩不变的情况下，同时改变这两个力偶中力的大小和力偶臂的长短，使它们具有相同的力偶臂 d，于是新的等效力偶为($\boldsymbol{F}_3$，$\boldsymbol{F}_3'$)、($\boldsymbol{F}_4$，$\boldsymbol{F}_4'$)。其中

$$F_3=\frac{F_1d_1}{d},\quad F_4=\frac{F_2d_2}{d}$$

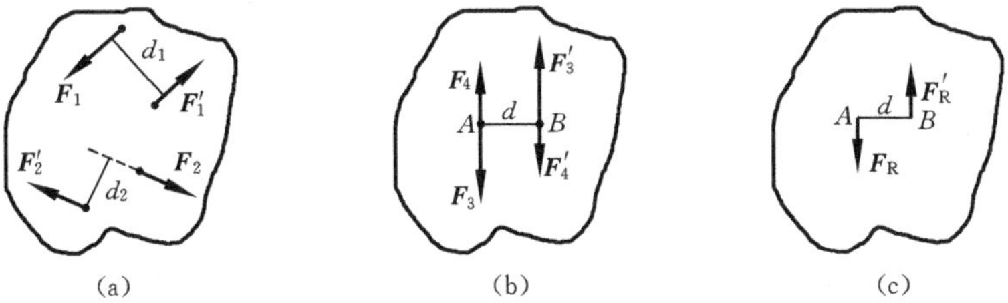

图 2-18

$\boldsymbol{F}_3$、$\boldsymbol{F}_4$ 分别作用于点 A 和点 B，且 $AB=d$，再将两力偶转动，使它们的力偶臂与 AB 重合，如图2-18(b)所示。这样得到作用于 A、B 两点的两对共点力，它们的合力分别为

$$\boldsymbol{F}_R = \boldsymbol{F}_3 - \boldsymbol{F}_4$$
$$\boldsymbol{F}'_R = \boldsymbol{F}'_3 - \boldsymbol{F}'_4$$

可见，$\boldsymbol{F}_R$ 与 $\boldsymbol{F}'_R$ 大小相等、方向相反，构成了合力偶($\boldsymbol{F}_R$，$\boldsymbol{F}'_R$)，如图 2-18(c)所示。以 $\boldsymbol{M}_O$ 表示合力偶矩，得

$$M_O = F_R d = (F_3 - F_4)d = F_1 d_1 - F_2 d_2 = M_1 + M_2$$

当在同一平面内有 n 个力偶作用时，以上分析仍然成立。将上式改写成一般表达式，即

$$M_O = \sum_{i=1}^{n} M_i = \sum M \tag{2-9}$$

式(2-9)表明，平面力偶系中的各个力偶可以合成为一个力偶，其力偶矩的大小等于各个力偶矩的代数和。

在图 2-18 所示的平面力偶系中，若 $F_R=0$，$F'_R=0$，则该力偶系平衡，此时合力偶等于零。反之，如果已知合力偶等于零，则无论是 $F_R=0$ 或是 $d=0$($\boldsymbol{F}_R$ 与 $\boldsymbol{F}'_R$ 共线)，该力偶系都平衡。

上述分析可以推广到由 n 个力偶组成的平面力偶系的一般情形。所以平面力偶系平衡的充分必要条件是：力偶系中各力偶矩的代数和等于零，即

$$\sum M = 0 \tag{2-10}$$

例 2-9　用多轴钻床在工件的水平面上钻孔，如图 2-19 所示，每个钻头作用于工件的力在水平面内分别构成一力偶。已知三个孔所受的力偶矩分别为 $M_1=M_2=15\ \mathrm{N\cdot m}$，$M_3=20\ \mathrm{N\cdot m}$，固定螺栓 A 和 B 之间的距离 $l=0.2\ \mathrm{m}$。求两个螺栓所受到的水平力。

解　以工件为研究对象，工件在水平面内受到三个力偶和两个螺栓的水平力的作用，它们处于平衡状态。根据力偶系平衡条件，两个螺栓对工件的约束反力必定组成力偶才能与三个力偶相平衡。约束反力 $\boldsymbol{F}_A$、$\boldsymbol{F}_B$ 的方向如图所示，建立如下平衡方程：

$$\sum M = 0,\quad F_A l - M_1 - M_2 - M_3 = 0$$

解得

$$F_A = \frac{M_1 + M_2 + M_3}{l} = \frac{15+15+20}{0.2}\ \mathrm{N} = 250\ \mathrm{N}$$

因为 F_A 为正值，故假设方向正确。

同理可得，$\boldsymbol{F}_B$ 的大小为 250 N，方向与 $\boldsymbol{F}_A$ 相反。

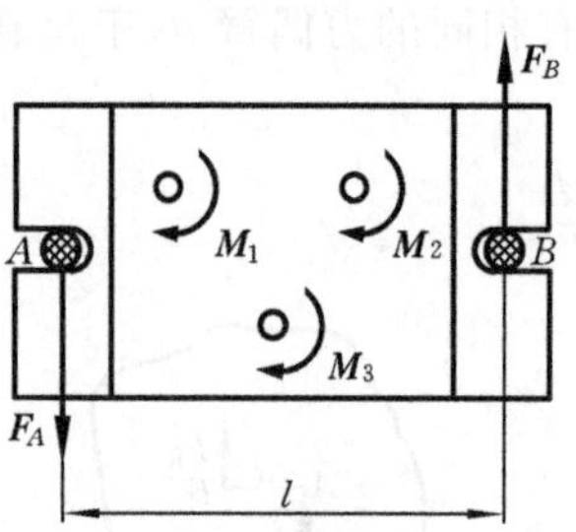

图 2-19

图 2-20

例 2-10　电动机轴通过联轴器与工作轴相连，联轴器法兰上四个螺栓孔 A、B、C、D 均布在 $\phi150$ mm 的圆周上(见图 2-20)，电动机轴传给联轴器的力偶矩 $M=2.5\ \mathrm{kN\cdot m}$。求每个

螺栓所受的力。

解　以联轴器法兰为研究对象，联轴器法兰受电动机传给它的力偶 M 及四个螺栓的约束反力的作用。由于四个螺栓均布，假设四个约束反力 $F_1=F_2=F_3=F_4=F$，则 F_1 与 F_3、F_2 与 F_4 组成力偶。建立如下平衡方程：

$$\sum M=0,\quad M-F\cdot AC-F\cdot BD=0$$

解得

$$F=\frac{M}{2\cdot AC}=\frac{2.5}{2\times 0.15}\ \text{kN}=8.33\ \text{kN}$$

2.2.3　力的平移定理

设在刚体上某点 A 作用着力 $\boldsymbol{F}$。为了使这个力作用到刚体内任意给定的一点 O 上(见图 2-21(a))而不改变原力对刚体的作用效应，可作如下变换：在点 O 添加一对与原力 $\boldsymbol{F}$ 平行的平衡力 $\boldsymbol{F}'$、$\boldsymbol{F}''$，且令力 $\boldsymbol{F}'=-\boldsymbol{F}''=\boldsymbol{F}$，如图 2-21(b)所示。根据加减平衡力系公理可知，力 $\boldsymbol{F}$、$\boldsymbol{F}'$和 $\boldsymbol{F}''$对刚体的作用效果与原力对刚体的作用效果相同。此时可认为刚体受一个力 $\boldsymbol{F}'$和一个力偶($\boldsymbol{F}$,$\boldsymbol{F}''$)的作用，这样，原来作用于点 A 的力 $\boldsymbol{F}$ 便被力 $\boldsymbol{F}'$和力偶($\boldsymbol{F}$,$\boldsymbol{F}''$)等效代换了。由此可见，可以把作用在点 A 的力 $\boldsymbol{F}$ 平移到点 O，但必须同时加上一个相应的力偶，如图 2-21(c)所示，这个力偶称为附加力偶。此附加力偶的矩为

$$M=M_O(\boldsymbol{F})=Fd$$

由此可以得到力的平移定理：作用在刚体上的力可以平移到刚体内任一指定点，但必须同时附加一个力偶，此附加力偶的矩等于原力对指定点的矩，其转向与原力对点 O 的转向相同。

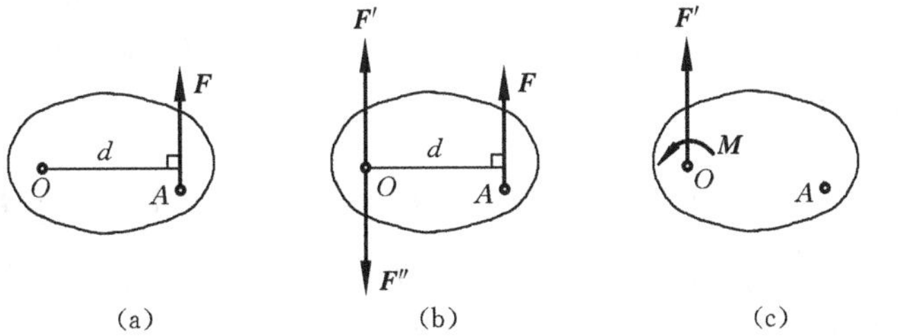

图 2-21

力的平移定理还可以理解为：作用于刚体上点 A 的力 $\boldsymbol{F}$，可以分解为作用在同一平面内任一点 O 的一个力和力偶，力偶矩的大小和正负号随点 O 的位置不同而不同，而力 $\boldsymbol{F}'$与所选的位置无关。

力的平移定理可以说明这样的现象：钳工攻螺纹时必须用两只手同时动作，一推一拉、均匀用力，由此产生一力偶。如果只用一只手施力(见图 2-22(a))，则作用铰杠一端 B 的力 $\boldsymbol{F}$ 相当于一个作用在中点 O 的力 $\boldsymbol{F}'$和一个附加力偶(见图 2-22(b))。这个附加力偶固然能起攻螺纹的作用，但作用在中点 O 的力 $\boldsymbol{F}'$却可能使丝锥折断。

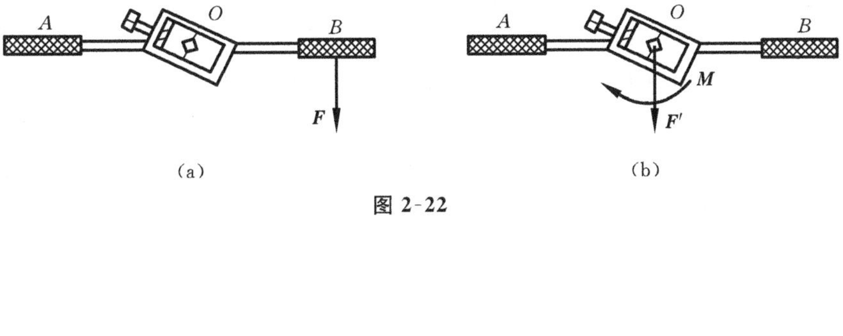

图 2-22

2.3 平面任意力系的平衡

2.3.1 平面任意力系向平面内一点简化

如果平面内各力的作用线既不汇交于一点又不都平行,则称这样的力系为平面任意力系。

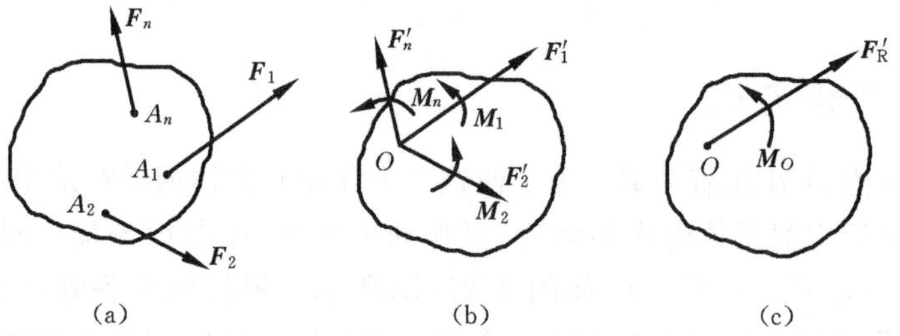

图 2-23

设刚体上作用着平面任意力系 $\boldsymbol{F}_1,\boldsymbol{F}_2,\cdots,\boldsymbol{F}_n$(见图 2-23(a)),力的作用点分别为 $A_1,A_2,\cdots,A_n$,在力系平面内任取一点 O(简化中心),如图 2-23(b)所示。根据力的平移定理,把各力都平移至点 O,且添入各个附加力偶,于是原力系等效于一个作用在点 O 的平面共点力系 $\boldsymbol{F}_1',\boldsymbol{F}_2',\cdots,\boldsymbol{F}_n'$和一个附加平面力偶系 $\boldsymbol{M}_1,\boldsymbol{M}_2,\cdots,\boldsymbol{M}_n$。其中

$$F_1'=F_1,\quad F_2'=F_2,\quad \cdots,\quad F_n'=F_n$$

$$M_1=M_O(\boldsymbol{F}_1),\quad M_2=M_O(\boldsymbol{F}_2),\quad \cdots,\quad M_n=M_O(\boldsymbol{F}_n)$$

共点力系 $\boldsymbol{F}_1',\boldsymbol{F}_2',\cdots,\boldsymbol{F}_n'$可合成为一个作用于点 O 的力 $\boldsymbol{F}_R'$(见图 2-23(c)),力 $\boldsymbol{F}_R'$等于力 $\boldsymbol{F}_1,\boldsymbol{F}_2,\cdots,\boldsymbol{F}_n$ 的矢量和,即

$$\boldsymbol{F}_R'=\boldsymbol{F}_1'+\boldsymbol{F}_2'+\cdots+\boldsymbol{F}_n'=\boldsymbol{F}_1+\boldsymbol{F}_2+\cdots+\boldsymbol{F}_n=\sum_{i=1}^{n}\boldsymbol{F}_i \tag{2-11}$$

力系中各力的矢量和称为力系的主矢量(简称主矢),它与简化中心的位置无关。

主矢量的大小和方向可以用力的多边形来求,也可以按式(2-5)和式(2-6)来求。

附加的平面力偶系可以合成为一个合力偶,用符号 $\boldsymbol{M}_O$ 表示,它等于各附加力偶矩 $\boldsymbol{M}_1,\boldsymbol{M}_2,\cdots,\boldsymbol{M}_n$ 的代数和,因而也等于原力系中各力对简化中心 O 的矩 $M_O(\boldsymbol{F}_1),M_O(\boldsymbol{F}_2),\cdots,M_O(\boldsymbol{F}_n)$的代数和,写成表达式为

$$M_O=M_O(\boldsymbol{F}_1)+M_O(\boldsymbol{F}_2)+\cdots+M_O(\boldsymbol{F}_n)=\sum M_O(\boldsymbol{F}) \tag{2-12}$$

称 $\boldsymbol{M}_O$ 为平面任意力系对于简化中心 O 的主矩,显然,主矩与简化中心 O 的位置有关。

综上所述,可得如下结论:平面任意力系向平面内任一点简化后可以得到一个力和一个力偶,这个力等于力系中各力的矢量和,称为原力系的主矢量;这个力偶的矩等于原力系中各力对简化中心之矩的代数和,称为原力系的主矩。

平面任意力系向指定点 O 简化后,可能出现以下几种情况:

① $F_R'\neq 0,M_O=0$,即原力系可简化为一个力,这个力就是原力系的合力,作用于简化中心 O。

② $F_R'=0,M_O\neq 0$,即原力系可以简化为一个力偶,这个力偶就是原力系的合力偶。显然,如果把这个力系向不同的点简化,则所得到的都是这个力偶。因为它等效于原力系,所以它的

力偶矩不随简化中心的不同而改变。

③ $F'_{R}=0, M_{O}=0$，这时力系平衡，这种情况将在后面讨论。

④ $F'_{R}\neq 0, M_{O}\neq 0$，如图 2-24(a)所示，根据已学过的知识，可将 $\boldsymbol{F}'_{R}$ 和 $\boldsymbol{M}_{O}$ 进一步合成。为了求出合力，只需把力偶矩等于 M_{O} 的力偶变换成($\boldsymbol{F}_{R}, \boldsymbol{F}''_{R}$)，且作用在图2-24(b)所示的位置，同时使 $\boldsymbol{F}_{R}=\boldsymbol{F}'_{R}$、$\boldsymbol{F}''_{R}=-\boldsymbol{F}'_{R}$，这样根据加减平衡力系公理，去掉 $\boldsymbol{F}'_{R}$、$\boldsymbol{F}''_{R}$，力系上只剩下作用于点 A 的力 $\boldsymbol{F}_{R}$，它就是所求合力(见图 2-24(c))。合力 $\boldsymbol{F}_{R}$ 的大小及方向与 $\boldsymbol{F}'_{R}$ 相同，即

$$\boldsymbol{F}_{R}=\boldsymbol{F}'_{R}=\sum \boldsymbol{F}$$

合力 $\boldsymbol{F}_{R}$ 的作用线至简化中心 O 的垂直距离为

$$d=\frac{|M_{O}|}{F'_{R}} \tag{2-13}$$

从图 2-24(c)中可以看出，合力对简化中心的矩为

$$M_{O}(\boldsymbol{F}_{R})=F_{R}d$$

利用式(2-12)和式(2-13)，最后得到

$$M_{O}(\boldsymbol{F}_{R})=F_{R}d=\sum M_{O}(\boldsymbol{F})$$

上式再一次验证了合力矩定理：在平面任意力系中，合力对平面内任一点的力矩等于所有分力对同一点的力矩的代数和。

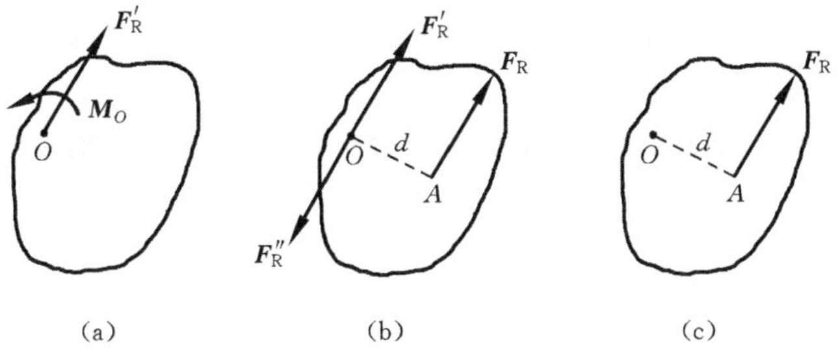

图 2-24

2.3.2　固定端约束

固定端约束常见于工程实际中，例如，车床刀架对车刀的约束(见图 2-25(a))，三爪卡盘对其夹持工件的约束(见图 2-25(b))，房屋阳台、雨挑所受的约束(见图 2-25(c))，都是固定端约束。

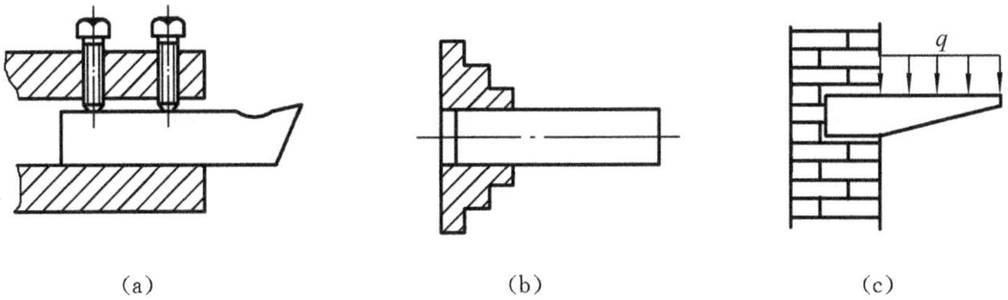

图 2-25

图 2-26(a)所示的是固定端约束的简图。这种约束不允许被约束的物体有任何的运动，

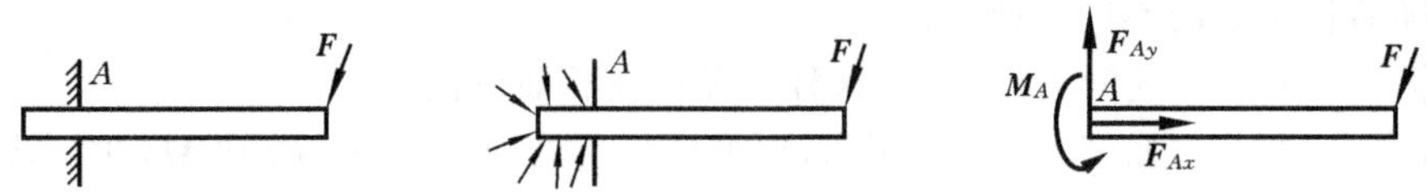

(a) (b) (c)

图 2-26

即构件在约束处完全固定。

固定端约束处的实际受力比较复杂,如图 2-26(b)所示。当主动力为平面任意力系时,这些约束反力亦为平面任意力系。应用平面任意力系简化理论,将它们向固定端点 A 简化,得到一个力和一个力偶。这个力可用一对水平和竖直方向的分力 $\boldsymbol{F}_{Ax}$、$\boldsymbol{F}_{Ay}$ 来代替,这个力偶可用 $\boldsymbol{M}_A$ 表示,分别称为约束反力和约束反力偶,如图2-26(c)所示。

2.3.3 平面任意力系的平衡

将平面任意力系向任意点简化,得到一个主矢 $\boldsymbol{F}'_R$ 和主矩 $\boldsymbol{M}_O$,如果 $\boldsymbol{F}'_R$ 和 $\boldsymbol{M}_O$ 不同时为零,则力系合成的结果是一个力或一个力偶,这时的刚体不能保持平衡。

因此,当刚体在平面任意力系作用下保持平衡时,力系的主矢和对任意点的主矩必定同时为零。此即为平面任意力系平衡的必要条件。

若平面任意力系的主矢和对任意点的主矩同时为零,则该力系一定平衡。前者为零,保证简化后所得的平面汇交力系是平衡的;后者为零,保证所得的平面力偶系也是平衡的,于是平面任意力系也是平衡的。

根据以上分析可知,平面任意力系平衡的充分必要条件是:力系的主矢和对任意点的主矩同时为零,即

$$\left.\begin{aligned} F'_R &= 0 \\ M_O &= 0 \end{aligned}\right\} \tag{2-14}$$

显然,主矢的大小为零,则力系中各力在 x 轴和 y 轴上投影的代数和必须同时为零,即 $\sum F_x=0$,$\sum F_y=0$;主矩 M_O 是力系中各力对简化中心 O 的矩之和,主矩的大小为零就是 $\sum M_O(\boldsymbol{F})=0$。所以式(2-14)又可以写成

$$\left.\begin{aligned} \sum F_x &= 0 \\ \sum F_y &= 0 \\ \sum M_O(\boldsymbol{F}) &= 0 \end{aligned}\right\} \tag{2-15}$$

式(2-15)就是平面任意力系的平衡方程。它以解析的方式表达了平面任意力系平衡的充分必要条件:力系中各力在其作用面内的直角坐标轴上投影的代数和为零,各力对作用面内任意一点的矩的代数和也同时为零。

式(2-14)还可写成

$$\left.\begin{aligned} \sum F_x &= 0 \\ \sum M_A(\boldsymbol{F}) &= 0 \\ \sum M_B(\boldsymbol{F}) &= 0 \end{aligned}\right\} \tag{2-16}$$

式(2-16)为二矩式，条件是 A、B 两点连线不能与投影轴 x 轴垂直。

可以证明，当式(2-16)条件满足时，由 $\sum M_A(\boldsymbol{F})=0$、$\sum M_B(\boldsymbol{F})=0$ 可知，力系不能合成为一力偶，只可能简化为通过 A、B 两点的一合力 $\boldsymbol{F}_R$，如图 2-27 所示。若再满足 $\sum F_x=0$，且 A、B 两点连线不垂直于 x 轴，则这合力 $\boldsymbol{F}_R$ 的大小为零，这表明原力系的主矢和对任意一点的主矩均为零，即平衡条件式(2-14)得到满足。

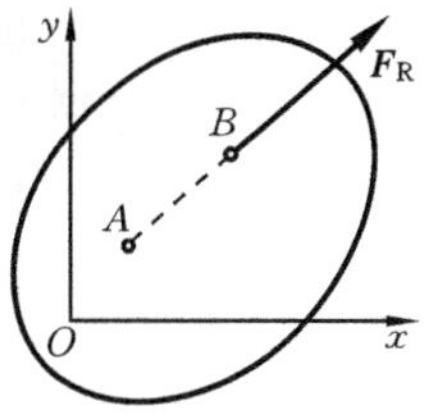

图 2-27

式(2-14)还可写成三矩式，即

$$\left.\begin{aligned}\sum M_A(\boldsymbol{F})&=0\\ \sum M_B(\boldsymbol{F})&=0\\ \sum M_C(\boldsymbol{F})&=0\end{aligned}\right\}\qquad(2\text{-}17)$$

条件是 A、B、C 三点不在同一直线上。

式(2-17)表明力系不可能合成一个力偶，若力系有合力，则这合力必须同时通过 A、B、C 三点，但三点不共线，所以此合力也不会存在，平衡条件式(2-14)也得到满足。

以上结论可用于平面平行力系的情况。所谓平面平行力系，是指平面力系中各力作用线互相平行的力系，它是平面任意力系的一个特例，它的平衡方程更为简单。如果令 x 轴垂直于平行力系中的各力，则式(2-15)中的第一个等式变为恒等式，可以舍弃，那么平衡方程可写为

$$\left.\begin{aligned}\sum F_y&=0\\ \sum M_O(\boldsymbol{F})&=0\end{aligned}\right\}\qquad(2\text{-}18)$$

即平面平行力系平衡的充分必要条件是：力系中各力的代数和为零，而且对于任意一点的矩的代数和也为零。

式(2-18)也可写成二矩式，即

$$\left.\begin{aligned}\sum M_A(\boldsymbol{F})&=0\\ \sum M_B(\boldsymbol{F})&=0\end{aligned}\right\}\qquad(2\text{-}19)$$

其中，A、B 两点连线不能与各力作用线平行。

例 2-11　一悬臂吊车如图 2-28(a)所示，横梁 AB 长度 $l=4$ m，$\alpha=30°$，自重 $P_1=2.5$ kN，横梁上的电动葫芦连同起吊物的重量 $P_2=8$ kN，拉杆 BC 自重不计。当电动葫芦与铰链支座 A 的距离 $a=3$ m时，求拉杆的拉力和铰链支座 A 的约束反力。

解　以横梁 AB 为研究对象。杆 BC 为二力杆，横梁的受力为：杆 BC 对横梁的拉力 $\boldsymbol{F}_B$，梁的 A 端为固定铰链，受到 $\boldsymbol{F}_{Ax}$、$\boldsymbol{F}_{Ay}$ 正交约束反力的作用；还受到自身重力 $\boldsymbol{P}_1$ 以及起吊载荷 $\boldsymbol{P}_2$ 的作用。画受力图如图 2-28(b)所示，建立如下平衡方程：

$$\sum F_x=0,\quad F_{Ax}-F_B\cos\alpha=0$$

$$\sum F_y=0,\quad F_{Ay}-P_1-P_2+F_B\sin\alpha=0$$

$$\sum M_A(\boldsymbol{F})=0,\quad F_B\sin\alpha\cdot l-P_1\frac{l}{2}-P_2a=0$$

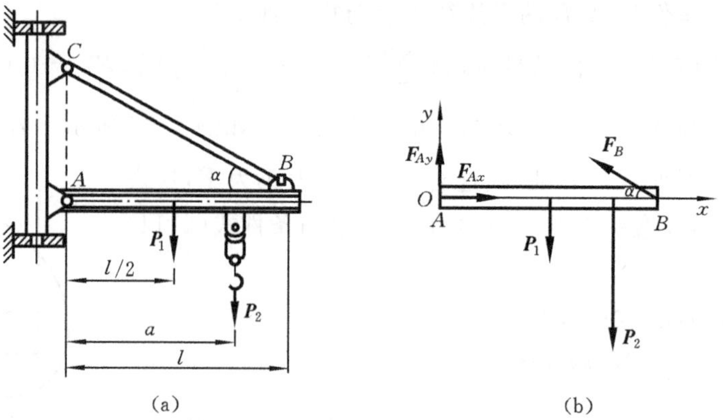

图 2-28

解得
$$F_B=\frac{1}{l\sin\alpha}\left(P_1\frac{l}{2}+P_2a\right)=\frac{1}{4\sin30^\circ}\left(2.5\times\frac{4}{2}+8\times3\right)\ \text{kN}=14.5\ \text{kN}$$

$$F_{Ax}=F_B\cos\alpha=14.5\cos30^\circ\ \text{kN}=12.56\ \text{kN}$$

$$F_{Ay}=P_1+P_2-F_B\sin\alpha=(2.5+8-14.5\sin30^\circ)\text{kN}=3.25\ \text{kN}$$

本例也可以用二矩式或三矩式求解，请读者自己完成。

例 2-12　一水平横梁受力状况如图 2-29(a)所示，已知 $M=120\ \text{N}\cdot\text{m}$，$F=700\ \text{N}$，$a=0.6\ \text{m}$。求支座 A、B 的反力。

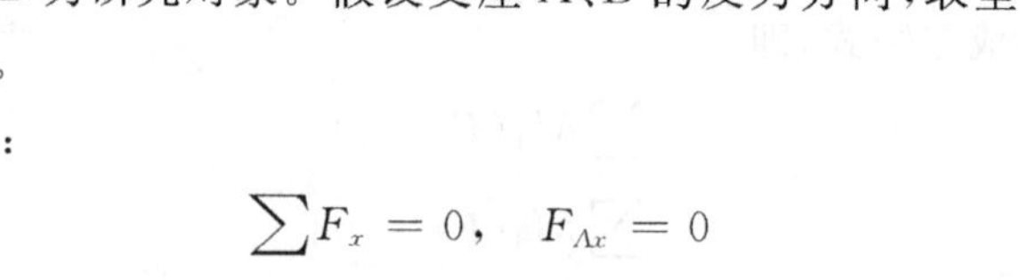

图 2-29

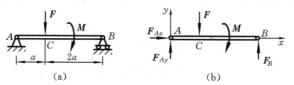

解　取水平横梁 AB 为研究对象。假设支座 A、B 的反力方向，取坐标系 Axy，绘制其受力图如图 2-29(b)所示。

建立如下平衡方程：

$$\sum F_x=0,\quad F_{Ax}=0$$

$$\sum F_y=0,\quad F_{Ay}+F_B-F=0$$

$$\sum M_A(\boldsymbol{F})=0,\quad F_B\times3a-M-Fa=0$$

解得
$$F_B=\frac{M+Fa}{3a}=\frac{120+700\times0.6}{3\times0.6}\ \text{N}=300\ \text{N}$$

$$F_{Ay}=F-F_B=(700-300)\ \text{N}=400\ \text{N}$$

F_B、F_{Ay} 均为正值，可见两支座反力假设的方向正确。

例 2-13　如图 2-30(a)所示，高炉加料小车在 $\alpha=60^\circ$ 的斜面上匀速上升，小车和炉料的重量 $P=220\ \text{kN}$，重心在点 C。已知 $a=1\ \text{m}$，$b=1.4\ \text{m}$，$d=1.4\ \text{m}$，$e=1\ \text{m}$。求钢索的拉力 F_T 以及轨道对车轮 A 和 B 的法向反力(不计摩擦力)。

解　以小车为研究对象，小车在 A、B 处受到轨道的约束反力 $\boldsymbol{F}_A$、$\boldsymbol{F}_B$ 作用，还受到重力 $\boldsymbol{P}$ 及钢索的拉力 $\boldsymbol{F}'_T$ 作用。小车沿轨道匀速上升，所以小车处于平衡状态。画受力图，取坐标系

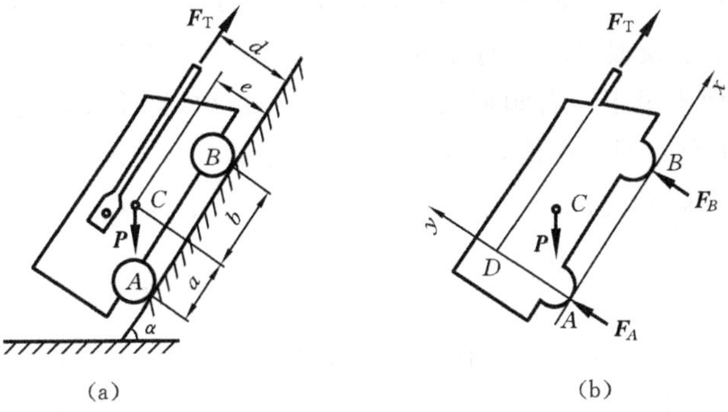

图 2-30

Axy 如图2-30(b)所示。建立如下平衡方程：

$$\sum F_x = 0,\quad F_T - P\sin\alpha = 0$$

$$\sum F_y = 0,\quad F_A + F_B - P\cos\alpha = 0$$

$$\sum M_A(\boldsymbol{F}) = 0,\quad F_B(a+b) - F_T d + P\sin\alpha \cdot e - P\cos\alpha \cdot a = 0$$

代入已知数据，解得

$$F_T = P\sin\alpha = 220\sin 60^\circ\ \text{kN} = 190.53\ \text{kN}$$

$$F_B = \frac{F_T d + Pa\cos\alpha - Pe\sin\alpha}{a+b}$$

$$= \frac{190.53\times1.4 + 220\times1\cos 60^\circ - 220\times1\sin 60^\circ}{1+1.4}\ \text{kN} = 77.59\ \text{kN}$$

$$F_A = P\cos\alpha - F_B = (220\cos 60^\circ - 77.59)\ \text{kN} = 32.41\ \text{kN}$$

为了避免求解联立方程，常常希望一个方程中只含一个未知数。本例中如果以 $\boldsymbol{F}_A$ 和 $\boldsymbol{F}_T$ 的交点 D 为矩心，则力矩平衡方程为

$$\sum M_D(\boldsymbol{F}) = 0,\quad F_B(a+b) - P\cos\alpha \cdot a - P\sin\alpha \cdot (d-e) = 0$$

从而有

$$F_B = \frac{P[a\cos\alpha + (d-e)\sin\alpha]}{a+b} = \frac{220\times[1\cos 60^\circ + (1.4-1)\sin 60^\circ]}{1+1.4}\ \text{kN}$$

$$= 77.59\ \text{kN}$$

例 2-14　图 2-31 所示为塔式起重机。已知机身重量 $P_1 = 500$ kN，其作用线至右轨的距离 $e = 1.5$ m，起重机最大起吊重量 $P_2 = 250$ kN，其作用线至右轨的距离 $l = 10$ m，平衡配重 $\boldsymbol{P}_3$ 的作用线至左轨的距离 $a = 6$ m，轨道间距 $b = 3$ m。

(1) 欲使起重机满载和空载时均不至于倾覆，平衡配重 P_3 应为多少？

(2) 当 $P_3 = 370$ kN 而起重机满载时，轨道对起重机的约束反力为多少？

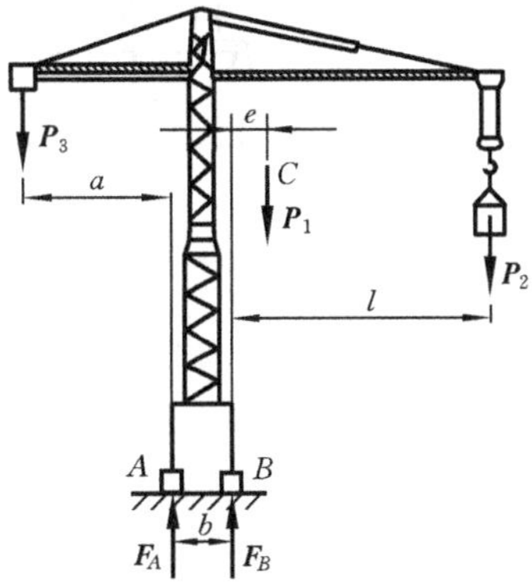

图 2-31

解　以起重机为研究对象，起重机在起吊重物时的受力

为机身自重 $\boldsymbol{P}_1$、载荷 $\boldsymbol{P}_2$、平衡配重 $\boldsymbol{P}_3$ 和轨道的约束反力 $\boldsymbol{F}_A$、$\boldsymbol{F}_B$，这些力组成平面平行力系。

(1) 求起重机不至于倾覆时的平衡配重 P_3。先考虑满载($P_2=250$ kN)时的情况。要保证满载时起重机平衡而不至于向右倾覆，其平衡的临界情况(即将要倾覆而尚未倾覆)是 $F_A=0$，此时求出的 P_3 是所允许的最小值，用 $P_{3\min}$ 表示。建立如下平衡方程：

$$\sum M_B(\boldsymbol{F})=0,\quad P_{3\min}(a+b)-P_1e-P_2l=0$$

解得
$$P_{3\min}=\frac{P_1e+P_2l}{a+b}=\frac{500\times1.5+250\times10}{6+3}\ \text{kN}=361\ \text{kN}$$

再考虑空载($P_2=0$)时的情况。要保证空载时起重机不至于向左倾覆，其平衡的临界情况是 $F_B=0$，此时求出的 P_3 是所允许的最大值，用 $P_{3\max}$ 表示。建立如下平衡方程：

$$\sum M_A(\boldsymbol{F})=0,\quad P_{3\max}\cdot a-P_1(e+b)=0$$

解得
$$P_{3\max}=\frac{P_1(e+b)}{a}=\frac{500\times(1.5+3)}{6}\ \text{kN}=375\ \text{kN}$$

因此，要保证起重机不至于倾覆，配重 P_3 必须满足 361 kN$<P_3<$375 kN。

(2) 求当 $P_3=370$ kN，且起重机满载($P_2=250$ kN)时轨道的约束反力 F_A、F_B。建立如下平衡方程：

$$\sum F_y=0,\quad F_A+F_B-P_2-P_3-P_1=0$$

$$\sum M_B(\boldsymbol{F})=0,\quad P_3(a+b)-F_Ab-P_1e-P_2l=0$$

解得
$$F_A=\frac{1}{b}[P_3(a+b)-P_1e-P_2l]$$
$$=\frac{1}{3}\times[370\times(6+3)-500\times1.5-250\times10]\ \text{kN}=26.67\ \text{kN}$$
$$F_B=P_2+P_3+P_1-F_A$$
$$=(250+370+500-26.67)\ \text{kN}=1\,093.33\ \text{kN}$$

例 2-15　如图 2-32(a)所示，梁 AB 上受到一个均布载荷和一个力偶的作用。已知均布载荷 $q=120$ N/m，力偶矩 $M=560$ N·m，长度 $AD=2$ m，$DB=1$ m。求活动铰链支座 D 和固定铰链支座 A 的反力。

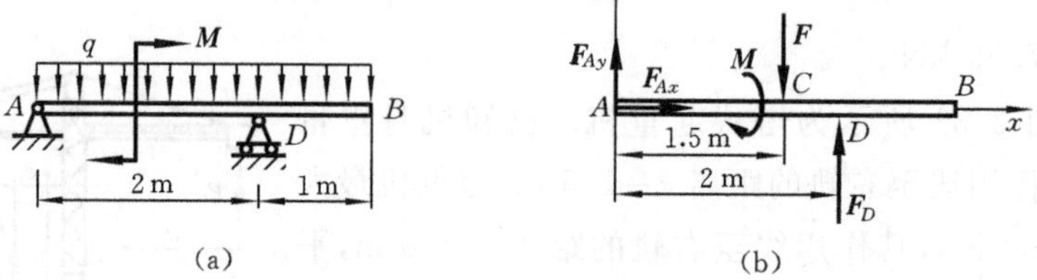

图 2-32

解　先把分布力化为集中力 $\boldsymbol{F}$，其大小 $F=120\times(2+1)$ N$=360$ N，作用于 AB 上的点 C。活动铰链 D 的约束反力 $\boldsymbol{F}_D$ 竖直向上，固定铰链 A 的约束反力用 $\boldsymbol{F}_{Ax}$、$\boldsymbol{F}_{Ay}$ 表示，如图 2-32(b)所示。建立如下平衡方程：

$$\sum F_x=0,\quad F_{Ax}=0$$

$$\sum F_y=0,\quad F_{Ay}+F_D-F=0$$

$$\sum M_A(\boldsymbol{F}) = 0, \quad 2F_D - 1.5F - M = 0$$

将 F、M 的值代入，解得

$$F_{Ay} = -190\ \text{N}$$

$$F_D = 550\ \text{N}$$

F_{Ay} 为负值，表示实际方向与假设方向相反，即实际方向竖直向下。

例 2-16　一水平梁受力如图 2-33(a)所示。A 为固定端，在 B 端受力 $F=2$ kN 的作用，同时梁上有力偶 $M=1$ kN·m，求固定端 A 的约束反力。

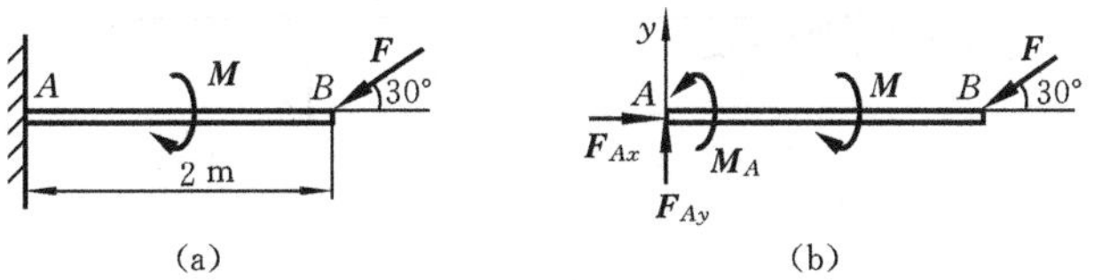

图 2-33

解　固定端约束反力一般应有三个：两个反力和一个反力偶。

取横梁 AB 为研究对象，假设两个反力 $\boldsymbol{F}_{Ay}$、$\boldsymbol{F}_{Ax}$ 及反力偶 $\boldsymbol{M}_A$ 的方向为正方向，画受力图并取坐标系 Axy 如图 2-33(b)所示。建立如下平衡方程：

$$\sum F_x = 0, \quad F_{Ax} - F\cos 30^\circ = 0$$

$$\sum F_y = 0, \quad F_{Ay} - F\sin 30^\circ = 0$$

$$\sum M_A(\boldsymbol{F}) = 0, \quad M_A - F\sin 30^\circ \times 2 - M = 0$$

解得

$$F_{Ax} = F\cos 30^\circ = 2 \times \frac{\sqrt{3}}{2}\ \text{kN} = 1.732\ \text{kN}$$

$$F_{Ay} = F\sin 30^\circ = 2 \times \frac{1}{2}\ \text{kN} = 1\ \text{kN}$$

$$M_A = F\sin 30^\circ \times 2 = \left(2 \times \frac{1}{2} \times 2 + 1\right)\ \text{kN}\cdot\text{m} = 3\ \text{kN}\cdot\text{m}$$

可见所假设的固定端的两个约束反力及一个反力偶的方向正确。

例 2-17　压紧工件的装置如图 2-34(a)所示，A 为固定铰链，B 为一般铰链，C 处压块与杆 BC 铰接，在铰链 B 处作用有竖直外力 $F=1\,000$ N，$\alpha=8^\circ$。各杆自重不计，忽略接触处摩擦力。求工件所受到的压紧力。

解　工件受到的压紧力应等于工件给压块的约束反力，这个力可通过求解杆 BC 上的力来求得。杆 BC、杆 AB 均为二力杆，它们的反力与力 $\boldsymbol{F}$ 在 B 处形成汇交力系。所以，销钉 B 的受力如图2-34(b)所示。建立如下平衡方程：

$$\sum F_x = 0, \quad F_{AB}\cos\alpha - F_{BC}\cos\alpha = 0$$

$$\sum F_y = 0, \quad F_{AB}\sin\alpha + F_{BC}\sin\alpha - F = 0$$

解得

$$F_{AB} = F_{BC} = \frac{F}{2\sin\alpha}$$

再以 C 处压块为研究对象，其受力如图 2-34(c)所示。建立如下平衡方程：

$$\sum F_x = 0, \quad F'_{BC}\cos\alpha - F_{Cx} = 0$$

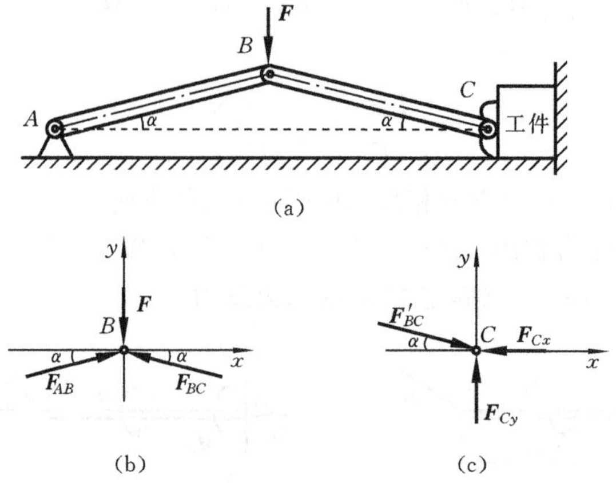

图 2-34

已知 $\boldsymbol{F}'_{BC}$ 与 $\boldsymbol{F}_{BC}$ 是作用力与反作用力的关系，$\boldsymbol{F}_{Cx}$ 是工件给压块的约束反力，于是解得

$$F_{Cx}=F'_{BC}\cos\alpha=\frac{F}{2\sin\alpha}\cos\alpha=\frac{F}{2}\cot\alpha=\frac{1\ 000}{2}\cot 8^\circ\ \text{N}=3\ 558\ \text{N}$$

工件所受到的压力与 $\boldsymbol{F}_{Cx}$ 大小相等、方向相反。

2.4 物体系统的平衡

前面所讨论的平衡问题只涉及一个物体，而在实际工作中，常遇到由若干个物体所组成的系统的平衡问题。在这些问题中，不仅需要求出物体所受外界的约束反力，而且往往还需要求出物体与物体之间的约束力，即物体系统的内力。

当物体系统处于平衡状态时，组成物体系统的多个物体均处于平衡状态，因此，既能以物体系统作为研究对象，也能以物体系统内的单个物体或由几个物体所组成的局部作为研究对象。分析整个物体系统的受力时，不考虑内力。

设一个物体系统由 n 个物体组成，在平面任意力系作用下保持平衡，每个物体最多可列出三个平衡方程，则整个系统共有不超过 $3n$ 个独立平衡方程。在平面汇交力系和平面平行力系中，一个物体的独立平衡方程只有两个，平面力偶系中只有一个。若所研究的问题中未知量的数目等于或少于所能建立的独立平衡方程数目，则所有未知量均能由平衡方程求出，这样的问题称为静定问题。若未知量的数目多于独立平衡方程的数目，则未知量不能由平衡方程全部求出，这样的问题称为静不定问题(或超静定问题)。未知量总数与独立平衡方程总数之差称为静不定次数。图2-35(a)、(b)所示的是静定问题，图 2-35(c)、(d)所示的是静不定问题。

对于静不定问题，用刚体静力学无法解决，需要建立平衡补充方程，这是材料力学或结构力学研究的问题。

下面举例说明物体系统的平衡问题。

例 2-18 杠杆扩力机的工作原理如图 2-36(a)所示，它利用两个同样的杠杆 AB 和 CD 来增加对工件的压紧力。工作时，$\boldsymbol{F}$ 经过两个杠杆压到工件上。已知 $F=100$ N，$l_1=20$ cm，$l_2=50$ cm。求对工件的压紧力。

解 先以杠杆 AB 为研究对象，其受力状况如图 2-36(b)所示，各力组成是平面平行力

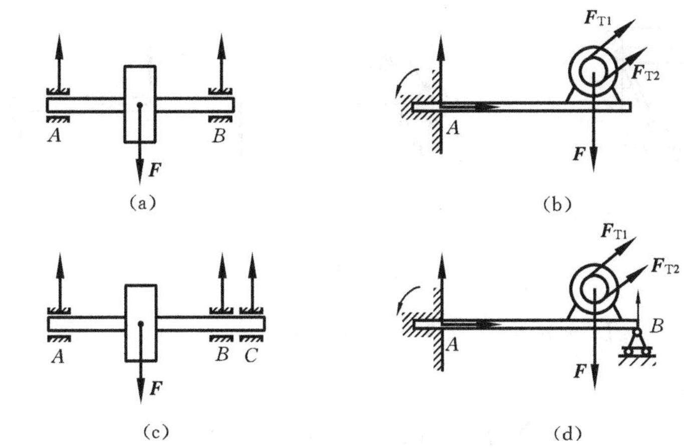

图 2-35

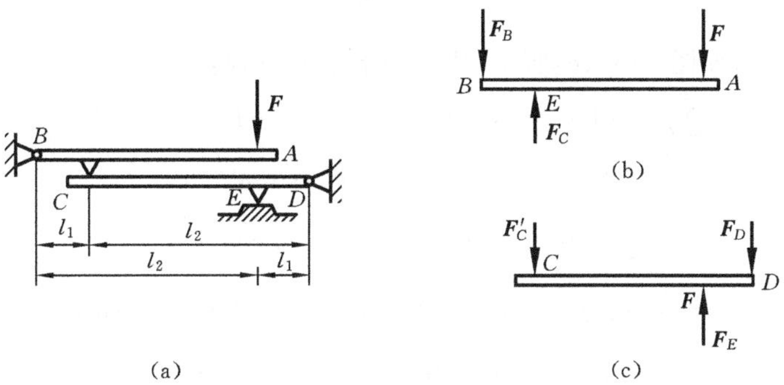

图 2-36

系。建立如下平衡方程：

$$\sum M_B(\boldsymbol{F})=0,\quad F_C l_1 - F l_2 = 0$$

解得

$$F_C = F\frac{l_2}{l_1}$$

再以杠杆 CD 为研究对象，其受力状况如图 2-36(c)所示。建立如下平衡方程：

$$\sum M_D(\boldsymbol{F})=0,\quad F'_C l_2 - F_E l_1 = 0$$

又

$$F'_C = F_C$$

解得

$$F_E = F'_C\frac{l_2}{l_1} = F\left(\frac{l_2}{l_1}\right)^2 = 100\times\left(\frac{50}{20}\right)^2\ \mathrm{N} = 625\ \mathrm{N}$$

杠杆 CD 对工件的压紧力就是力 $\boldsymbol{F}_E$ 的反作用力。

例 2-19　图 2-37(a)为气动连杆夹紧机构简图。气体压力 $p=4\times10^5$ Pa，气缸内径 $D=0.035$ m，杠杆长度比 $l_1/l_2=5/3$，夹紧工件时连杆 AB 与竖直线的夹角 $\alpha=10°$。各构件的自重及摩擦力不计。求作用于工件上的夹紧力及支座 O 的反力。

解　机构夹紧原理为：缸内压力推动活塞带动滚轮向右移动，连杆 AB 在 B 端推动杠杆 BOC，使杠杆在 C 端压紧工件。

先分析滚轮 A 的受力：连杆 AB 和活塞杆均为二力杆，因此滚轮受到连杆和活塞杆的约束力 $\boldsymbol{F}$ 和 $\boldsymbol{F}'_{AB}$ 的作用，还受到滚轮支承面的法向反力 $\boldsymbol{F}_A$ 的作用，如图 2-37(b)所示，其中

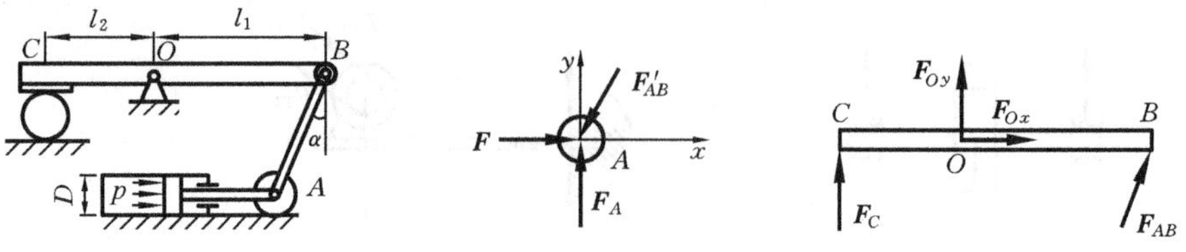

(a) (b) (c)

图 2-37

$$F=\frac{1}{4}\pi D^2\cdot p=\frac{1}{4}\times 3.14\times 0.035^2\times 4\times 10^5\ \text{N}=384.6\ \text{N}$$

建立如下平衡方程：

$$\sum F_x=0,\quad F-F'_{AB}\sin\alpha=0$$

解得
$$F'_{AB}=\frac{F}{\sin\alpha}=\frac{384.6}{\sin 10^\circ}\ \text{N}=2\ 215\ \text{N}$$

再分析杠杆受力，如图 2-37(c)所示，建立如下平衡方程：

$$\sum M_O(\boldsymbol{F})=0,\quad F_{AB}\cos\alpha\cdot l_1-F_C\cdot l_2=0$$

$$\sum F_x=0,\quad F_{Ox}+F_{AB}\sin\alpha=0$$

$$\sum F_y=0,\quad F_{Oy}+F_C+F_{AB}\cos\alpha=0$$

解得
$$F_C=\frac{l_1}{l_2}F_{AB}\cos\alpha=\frac{5}{3}\times 2\ 215\times\cos 10^\circ\ \text{N}=3\ 636\ \text{N}$$

$$F_{Ox}=-F_{AB}\sin 10^\circ=-384.6\ \text{N}$$

$$F_{Oy}=-F_C-F_{AB}\cos 10^\circ=(-3\ 636-2\ 215\times 0.984\ 8)\ \text{N}=-5\ 817\ \text{N}$$

F_{Ox}、F_{Oy}均为负值，说明实际方向与假设方向相反。

2.5 考虑摩擦时的平衡问题

在前面所讨论的问题中，进行受力分析和平衡计算时，都把物体的接触面看成是绝对光滑的，即忽略物体间的摩擦。在有些情况下，如接触面相当光滑，或摩擦力的影响很小，为了使问题简化，同时又能使结果达到足够的精确度，可以忽略摩擦的影响。然而，摩擦是普遍存在的，在许多情况下摩擦往往还起着主要的，甚至是决定性的作用，如摩擦传动(带传动、摩擦轮传动)、构件间的连接(如螺纹连接)、车辆的制动等等，都要利用摩擦，这些是摩擦有利的一面。但是，摩擦也有不利的一面，如在机械传动中，摩擦消耗能量、磨损零件、降低零件加工精度、降低机器的运转效率等等。因此，有必要了解摩擦的基本规律，利用其有利的一面，限制其不利的一面。

本节只讨论固体与固体间的摩擦。由于在这种摩擦中两固体的接触表面间不加任何润滑剂，故称这种摩擦为干摩擦。干摩擦是最基本的一种摩擦。

2.5.1 滑动摩擦

两个互相接触的物体，在受到外力作用而使它们之间有相对滑动或滑动趋势时，两物体的接触表面将产生阻碍物体相对滑动的作用，这种作用称为滑动摩擦。阻碍物体相对滑动的力称为滑动摩擦力，简称摩擦力。

滑动摩擦按两物体接触面间是否存在相对滑动分为静摩擦和动摩擦。

1. 静摩擦

两物体接触面间有相对滑动趋势时出现的摩擦，称为静摩擦。

图 2-38(a)所示的实验说明了静摩擦的规律。

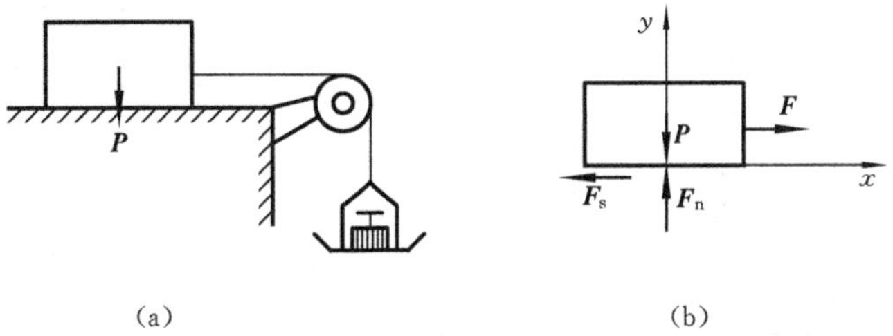

图 2-38

放在桌面上的物体受水平拉力 $\boldsymbol{F}$ 的作用，$\boldsymbol{F}$ 的大小与所加砝码的重量相同(此时忽略滑轮的摩擦)。$\boldsymbol{F}$ 有使物体向右运动的趋势，桌面的摩擦力阻碍物体向右运动。当 F 小于某一值时，物体处于平衡状态，如图 2-38(b)所示。

由平衡方程

$$\sum F_x = 0$$

得

$$F_s = F$$

当砝码的重量逐渐增加，即表明拉力在逐渐增加，但在某一值以下时，物体始终保持静止；当拉力达到某一值时，物体处在将滑动而未滑动的状态，称为临界状态。这时摩擦力达到最大值，称为最大静摩擦力 $\boldsymbol{F}_{max}$。

由以上实验可知，静摩擦力随外力的增减而增减，但必有最大值，即

$$0 \leqslant F_s \leqslant F_{smax}$$

大量实验证明，最大静摩擦力的大小与物体所受的法向反力 $\boldsymbol{F}_n$ 的大小成正比，其方向与物体的运动方向相反，并有以下关系：

$$F_{smax} = f_s F_n \tag{2-20}$$

其中　f_s——静摩擦因数，它的大小与物体接触面的材料及表面情况(如粗糙度、干湿度及温度等)有关，而与接触面的大小无关。

式(2-20)称为摩擦定律。

注意，当物体未达到临界平衡状态时，$F_{smax} = f_s F_n$ 的关系并不存在。

摩擦定律指出了利用或限制摩擦力的途径。如要增大摩擦力，可增大正压力或增大摩擦因数，如火车在冰雪天行驶或上坡时，在铁轨上撒砂子可增大车轮与铁轨间的摩擦力，防止车轮打滑；如要减小摩擦力，可减小摩擦因数，如降低接触面的粗糙度、加入润滑剂或改用滚动摩擦来代替滑动摩擦。

2. 动摩擦

两物体接触面间有相对滑动而表现出的摩擦称为动摩擦，阻碍物体运动的力称为动摩擦力。也可通过实验得到与静摩擦相似的定律。动摩擦力以 $\boldsymbol{F}_d$ 表示。$\boldsymbol{F}_d$ 的方向与物体的运动方向相反，其大小与接触面间的法向反力的大小成正比，即

$$F_d = fF_n \tag{2-21}$$

其中　f——动摩擦因数，它的大小除与两物体接触面的材料及表面情况有关外，还与两物体间的相对运动速度有关。

摩擦因数由实验测定，一般材料的摩擦因数可在有关工程手册中查到。几种常用材料的摩擦因数如表 2-1 所示。

表 2-1　几种常用材料的摩擦因数

材　料	静摩擦因数 f_s		动摩擦因数 f	
	无润滑剂	有润滑剂	无润滑剂	有润滑剂
钢与钢	0.15	0.1～0.12	0.15	0.05～0.1
钢与铸铁	0.3	—	0.18	0.05～0.15
钢与青铜	0.15	0.1～0.15	0.15	0.1～0.15
橡胶与铸铁	—	—	0.8	0.5
木材与木材	0.4～0.6	0.1	0.2～0.5	0.07～0.15

2.5.2　考虑摩擦时的平衡计算

考虑摩擦时的平衡计算也是用静力平衡条件求解，其方法和步骤与前面所介绍的相同，只是在画受力图时必须加上摩擦力 $\boldsymbol{F}_s$。由于在工程实际中，许多情况下只需考虑平衡时的临界状态，这时摩擦力达到最大值，便可在静力平衡方程之外加上摩擦定律 $F_{max}=f_sF_n$ 进行求解，然后再进行分析讨论。

例 2-20　设物块重量 P=1 000 N，置于倾角 α=30°的斜面上(见图 2-39(a))。沿斜面有一推力 F=480 N，已知斜面与物块的静摩擦因数 f_s=0.1。求物块所处的状态。

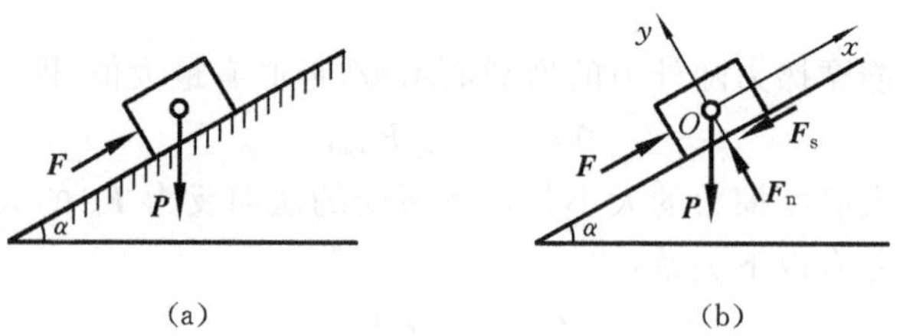

图 2-39

解　以物块为研究对象。设物块有上滑趋势，其受力图如图 2-39(b)所示，则摩擦力 $\boldsymbol{F}_s$沿斜面向下。取坐标系 Oxy 如图 2-39(b)所示，建立如下平衡方程：

$$\sum F_y = 0,\quad F_n - P\cos\alpha = 0$$

$$\sum F_x = 0,\quad F - F_s - P\sin\alpha = 0$$

解得
$$F_n = P\cos\alpha = 1\,000\cos 30°\ \text{N} = 866\ \text{N}$$

$$F_s = F - P\sin 30° = (480 - 1\,000\sin 30°)\ \text{N} = -20\ \text{N}$$

F_s 为负值，说明 $\boldsymbol{F}_s$ 的实际方向与假设方向相反，故物块有下滑趋势。现假设下滑达临界状态，则有最大静摩擦力(沿斜面向上)

$$F_{smax} = f_sF_n = 0.1\times 866\ \text{N} = 86.6\ \text{N}$$

而实际产生的摩擦力 F_s=20 N(向上)，即 $F_s<F_{smax}$。因此物块静止，但有下滑趋势。

例 2-21　制动装置如图 2-40(a)所示。已知物块重量 $P=1\ 000$ N，制动轮与制动块之间的静摩擦因数 $f_s=0.4$，制动轮半径 $R=20$ cm，鼓轮半径 $r=10$ cm，其他尺寸为 $a=100$ cm，$b=20$ cm，$e=5$ cm。问：制动力 $\boldsymbol{F}$ 至少多大才能阻止重物下降？

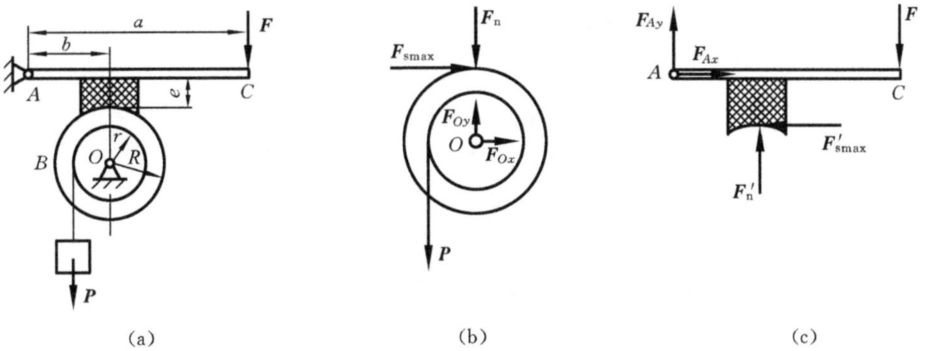

图 2-40

解　当鼓轮刚停止转动时，制动力 $\boldsymbol{F}$ 以最小值使制动轮处于平衡状态，此时有最大静摩擦力 $F_{smax}=f_sF_n$。

以鼓轮为研究对象，其受力图如图 2-40(b)所示。建立如下平衡方程：

$$\sum M_O(\boldsymbol{F})=0,\quad Pr-F_{smax}R=0$$

解得

$$F_{smax}=f_sF_n=Pr/R$$

再以手柄 AC 为研究对象，其受力图如图 2-40(c)所示。建立如下平衡方程：

$$\sum M_A(\boldsymbol{F})=0,\quad F'_nb-Fa-F'_{smax}e=0$$

而

$$F_n=F'_n=\frac{F_{smax}}{f_s}$$

解得

$$F=\frac{Pr}{aR}\left(\frac{b}{f_s}-e\right)=\frac{1\ 000\times10}{100\times20}\times\left(\frac{20}{0.4}-5\right)\text{N}=225\ \text{N}$$

可见，在可能情况下，设计时 r、b 宜取小值，a、R、f 宜取大值，闸瓦的厚度也可适当设计得厚一些，以使制动力更小，制动效果更好。

例 2-22　变速机构中的滑移齿轮如图 2-41(a)所示。已知齿轮孔与轴间的静摩擦因数为 f_s，两者接触面的长度为 b，齿轮重量不计。问：拨叉作用在齿轮上的力 $\boldsymbol{F}$ 到轴线间的距离 a 为多大时，齿轮才不会被卡住？

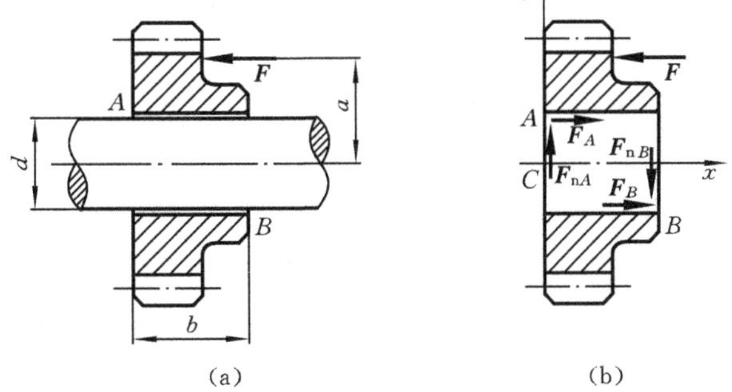

图 2-41

解　齿轮孔与轴之间有一定间隙，齿轮在力 $\boldsymbol{F}$ 作用下发生倾斜，此时齿轮与轴在 A、B 两点接触。以齿轮为研究对象，取坐标系 Cxy，图 2-41(b)为受力图。设在临界状态时，有最大静摩擦力 $F_{sA\max}=f_sF_{nA}$，$F_{sB\max}=f_sF_{nB}$。建立如下平衡方程：

$$\sum F_y = 0,\quad F_{nA} - F_{nB} = 0$$

$$\sum F_x = 0,\quad F_A + F_B - F = 0$$

又

$$F_A = F_B = f_sF_{nA} = f_sF_{nB}$$

解得

$$F_{nA} = F_{nB},\quad 2F_B = 2f_sF_{nB} = F$$

所以

$$F_{nB} = \frac{F}{2f_s}$$

又由

$$\sum M_C(\boldsymbol{F}) = 0,\quad Fa - F_{nB}b + F_B\frac{d}{2} - F_A\frac{d}{2} = 0$$

得

$$F_{nB} = \frac{Fa}{b} = \frac{F}{2f_s}$$

所以

$$a = \frac{b}{2f_s}$$

这是处于临界状态时要求的条件，要保证齿轮不被卡住，应有 $F > F_A + F_B = 2f_sF_{nB}$，所以，$a<\dfrac{b}{2f_s}$时，齿轮才不会被卡住。

2.5.3　摩擦角与自锁

1. 摩擦角

如图 2-42(a)所示，当重量为 $\boldsymbol{P}$ 的物体在力 $\boldsymbol{F}$ 作用下，有向右运动的趋势时，其受到的法向反力 $\boldsymbol{F}_n$ 和摩擦力 $\boldsymbol{F}_s$ 可以合成为一个合力 $\boldsymbol{F}_R$，称为全反力。力 $\boldsymbol{F}_R$ 与 $\boldsymbol{F}_n$ 的夹角为 φ，称为摩擦角。

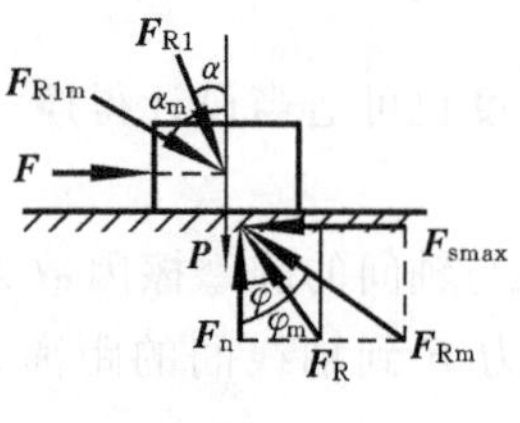

图 2-42

当 F 增大时，F_s 力也增大，当 F_s 达到 $F_{s\max}$时，φ 角增大到 φ_m，同时 F_R 达到 F_{Rm}。φ_m 称为最大静摩擦角。由摩擦力的变化可以看到，摩擦角 φ 的变化范围为 $0 \leqslant \varphi \leqslant \varphi_m$。

还可以得出

$$\tan\varphi_m = \frac{F_{s\max}}{F_n} = \frac{f_sF_n}{F_n} = f_s$$

即最大静摩擦角的正切值等于静摩擦因数。

2. 自锁

在图 2-42 中，由主动力 $\boldsymbol{F}$ 和重力 $\boldsymbol{P}$ 可以合成一个合力 $\boldsymbol{F}_{R1}$。其与接触面的法线的夹角为 α，当物体处在临界平衡状态时，$\boldsymbol{F}_{R1m}=\boldsymbol{F}_R$ 此时 α 达到 α_m，有 $\alpha_m=\varphi_m$。

如 $\boldsymbol{F}_{R1}$ 与 $\boldsymbol{F}_n$ 的夹角 α 小于 φ_m，则不论 $\boldsymbol{F}_R$ 有多大，物块不会移动。

当物体放在倾角为 α 的斜面上(见图 2-43)时，物体有下滑趋势。

设此时物体与斜面的静摩擦因数为 f_s，可得知其间的摩擦角为$\arctan f_s=\varphi_m$。而使物体的下滑的力为 $P\sin\alpha_m$。物体在斜面上达到临界平衡状态时 $\alpha=\alpha_m$。建立如下平衡方程：

$$\sum F_x = 0,\quad F_{\max} - P\sin\alpha_m = 0$$

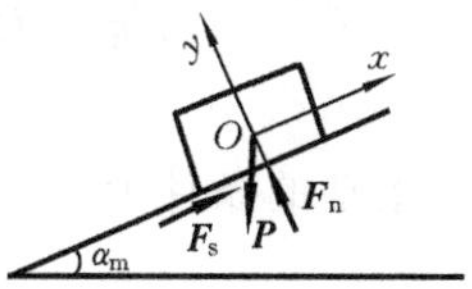

图 2-43

即
$$F_{max} = P\sin \alpha_m$$
$$\sum F_y = 0,\quad F_n - P\cos \alpha_m = 0$$
即
$$F_n = P\cos \alpha_m$$
而
$$F_{max} = f_s F_n$$
则
$$f_s P\cos \alpha_m = P\sin \alpha_m$$
因此
$$\tan \alpha_m = f_s = \tan \varphi_m$$

同理，当 $\alpha<\varphi_m$ 时，不论物体自重多大，物体在斜面上依靠自重是不会下滑的。这种现象称为斜面自锁。斜面自锁在机械传动中得到较多的应用，如螺杆、蜗杆的自锁等。

用此方法可以测量两物体间的摩擦因数。

2.5.4　滚动摩擦

当两物体作相对滚动时，它们的接触点或接触线也存在着摩擦。根据经验知道，要拖动重物，在滚动摩擦状态下比在滑动摩擦状态下省力。如拖运重物时，在重物下垫上滚筒，就比直接拖运重物省力。

设一半径为 r 的滚子放在地面上，受重力 $\boldsymbol{P}$ 作用，在滚子中心加一微小水平推力 $\boldsymbol{F}$，此时地面与滚子间产生滑动摩擦力 $\boldsymbol{F}_s$，阻碍滚子沿 $\boldsymbol{F}$ 作用的方向滑动（见图2-44(a)）。这时 $\boldsymbol{F}$ 与 $\boldsymbol{F}_s$ 组成一力偶，其力偶矩为 $M=F_s r$，该力偶矩有使滚子滚动的作用。

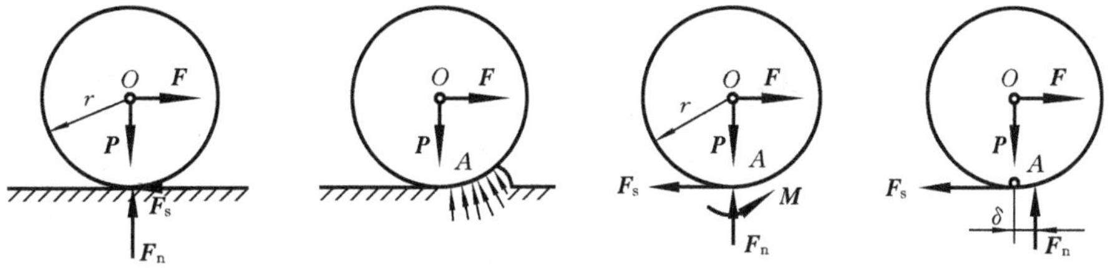

(a)　(b)　(c)　(d)

图 2-44

考虑到在滚子的作用下，地面产生微小变形，在接触点处因变形会形成微小突起，地面对滚子的约束反力在弧形上形成平面任意力系（见图 2-44(b)）。

将此力系向滚子与地面的接触点简化，得一合力和一力偶。合力则分解成地面法向反力 $\boldsymbol{F}_n$ 与地面对滚子的摩擦力 $\boldsymbol{F}_s$；而力偶的力偶矩则为 $\boldsymbol{M}$（见图 2-44(c)）。

当 F 增加时，M 也随之增加，渐渐可达一极限值 M_{max}，当 M 达到 M_{max} 时，滚子便处在滚动与滑动的临界状态，如 M 再增加，则滚子开始滚动。极限值 M_{max} 称为滚动摩擦力偶矩。由实验可知，滚动摩擦力偶矩的大小与法向反力的大小成正比，即
$$M_{max} = \delta F_n \tag{2-22}$$
其中　δ——滚动摩擦因数(cm)，其大小与接触面间的材料及表面状况有关（可查有关手册）。

式(2-22)称为滚动摩擦定律。

将作用于点 A 的法向反力 $\boldsymbol{F}_n$ 和力偶矩 $\boldsymbol{M}$“合成”一个力，则可得到 $\boldsymbol{F}_n$ 的平移距离 d，且
$$d = M_{max}/F_n = \delta F_n/F_n = \delta$$

当滚子静止时，由平衡方程可得 $F=F_s$，$F_n=P$。力 $\boldsymbol{F}_s$ 与 $\boldsymbol{F}$ 组成力偶，使滚子滚动；力 $\boldsymbol{F}_n$ 与 $\boldsymbol{P}$ 也组成力偶，阻止滚子滚动。

滚子滑动的条件为

$$F > F_{\max} = f_s F_n = f_s P$$

滚子滚动的条件为

$$Fr > M_{\max} = \delta F_n = \delta P$$

即

$$F > \frac{\delta F_n}{r}$$

通常情况下 $\delta/r \ll f_s$，因此滚子常常先滚动，同时也说明使滚子滚动比使滚子滑动省力。

习　题　2

2-1　图 2-45 中的支架均由杆 AB 和杆 AC 组成，A、B、C 三处均为铰链。悬挂重物的重量 P 均已知。求杆 AB 和杆 AC 所受的力(杆的自重不计)。

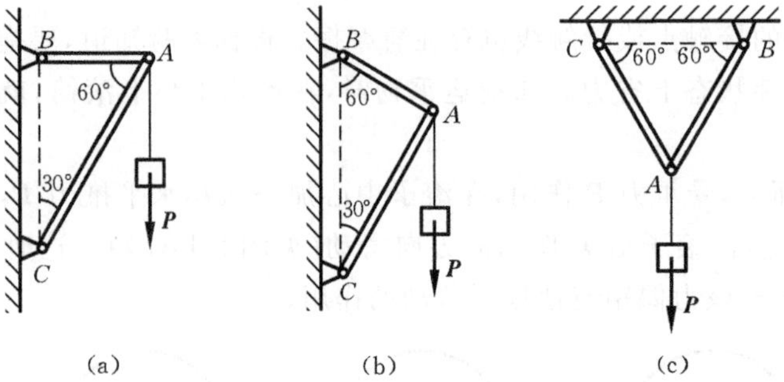

图 2-45

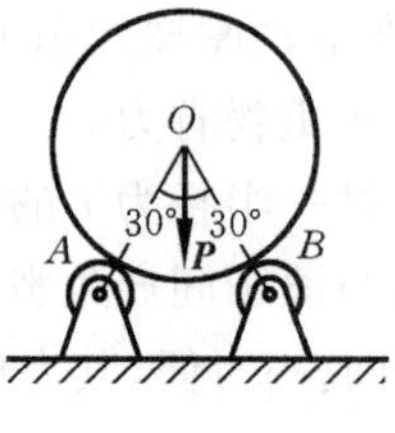

图 2-46

2-2　如图 2-46 所示，锅炉汽包放置在转台上焊接，锅炉汽包总重量 P=40 kN，由转台的四个滚子均担。汽包与滚子之间的摩擦可忽略不计。求汽包对每个滚子的压力的大小。

2-3　用钢链条起吊大型机械主轴，如图 2-47 所示，已知轴的重量 P=24 kN。求两侧链条所受的拉力。

2-4　铆接薄板在孔心 A、B 和 C 处受三力作用，如图 2-48 所示。F_1=200 N，沿竖直方向；F_2=100 N，沿水平方向，力的作用线通过点 A；F_3=100 N，力的作用线也通过点 A。AB 在水平和竖直方向的投影分别为 6 cm 和 8 cm。求力系合力的大小和方向。

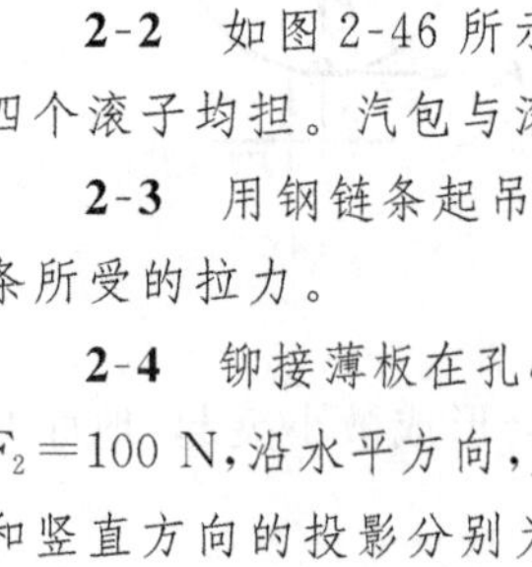

图 2-47

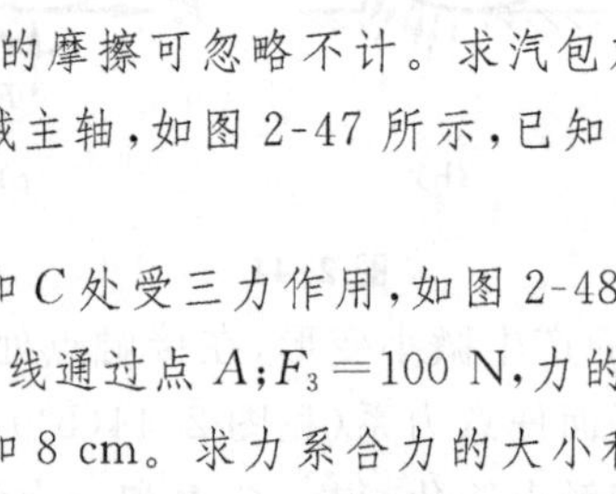

图 2-48

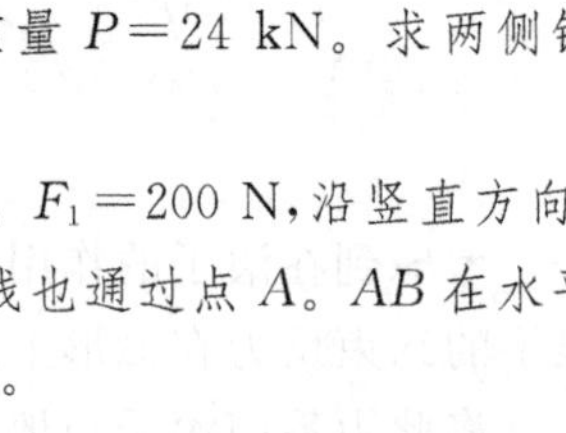

图 2-49

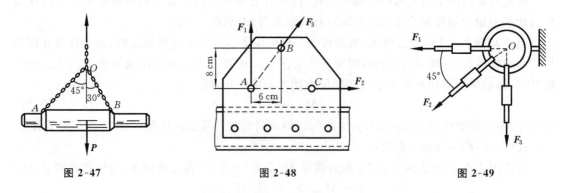

2-5　如图 2-49 所示，固定在墙壁上的圆环受三条绳索的拉力作用，三力的作用线均过圆环中心 O，力 $\boldsymbol{F}_1$ 沿水平方向，力 $\boldsymbol{F}_3$ 沿竖直方向，力 $\boldsymbol{F}_2$ 与水平线成 45°角。已知 F_1=1 000 N、

$F_2=1\ 500$ N、$F_3=200$ N。求三力合力的大小和方向。

2-6　简支梁受力的作用，如图 2-50(a)、(b)所示。已知 $F=20$ kN。求支座 A、B 两处的约束反力。

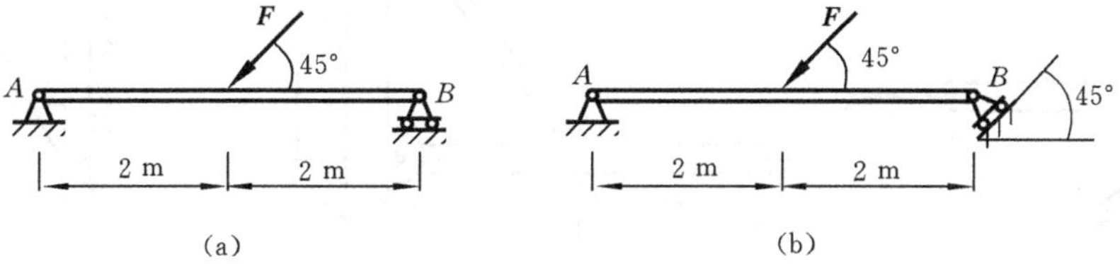

图 2-50

2-7　如图 2-51 所示，重量 $P=5$ kN 的电动机放置在支架 ABC 上，支架由杆 AB 和杆 BC 组成，A、B、C 三处均为铰链。不考虑各杆的自重。求杆 BC 所受的力。

2-8　如图 2-52 所示，杆 AC 与杆 BC 两杆用铰链 C 连接，两杆的另一端分别固定在墙壁上。在点 C 悬挂有重量 $P=10$ kN 的物体。已知 $AB=AC=2$ m，$BC=1$ m，杆重不计。求两杆所受的力。

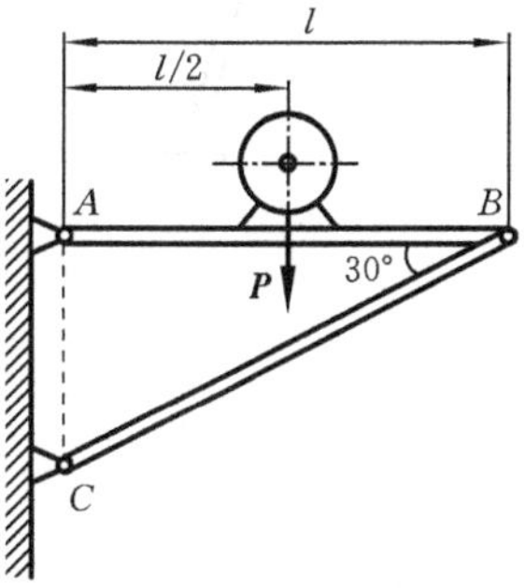

图 2-51

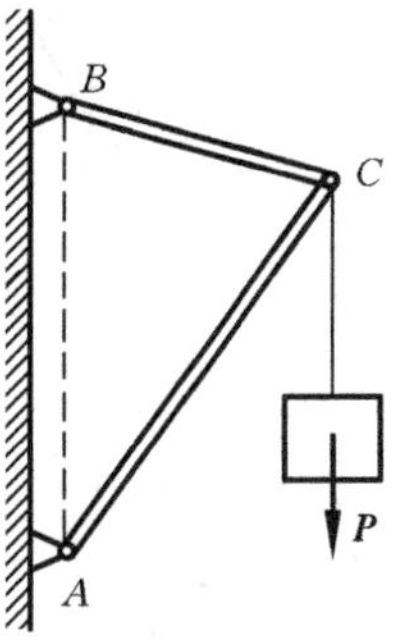

图 2-52

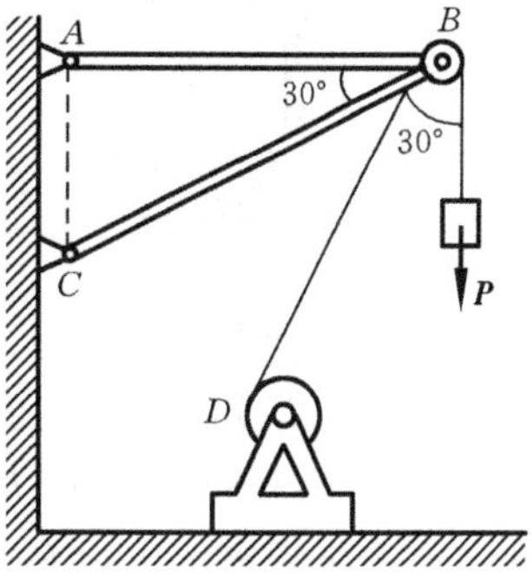

图 2-53

2-9　如图 2-53 所示，物体重量 $P=20$ kN，用绳子挂在支架的滑轮 B 上，绳子的另一端接在绞车 D 上。转动绞车，物体便能升起。设滑轮的大小及其中的摩擦略去不计，A、B、C 三处均为铰链连接。当物体处于平衡状态时，求拉杆 AB 和支杆 CB 所受的力。

2-10　如图 2-54 所示拖拉机的制动装置，制动时用力 $\boldsymbol{F}_1$ 踩踏板，通过拉杆 CD 使拖拉机制动。已知 $F_1=100$ N，踏板和拉杆的自重不计。求在图示位置时拉杆的拉力 $\boldsymbol{F}_2$ 和铰链支座 B 的约束反力。

2-11　如图 2-55 所示，构架 ABC 受载荷 $\boldsymbol{P}_1$、$\boldsymbol{P}_2$ 作用，$P_1=2\ 000$ N，$P_2=1\ 000$ N。其中杆 AB 和杆 CD 在点 D 铰接，点 B 和点 C 均为固定铰链。不计杆的自重。求杆 CD 的内力 F_{CD} 和支座 B 的约束反力 F_B。

2-12　旋转式起重机结构如图 2-56 所示，其中 AB 为链条，BC 为吊臂，A、C 两处用铰链支承在立柱上。已知起吊重物的重量 $P=5$ kN，不计杆的自重。求链条所受的拉力和吊臂所受的力。

2-13　压榨机 ABC 及其尺寸如图 2-57 所示，在铰链 A 处作用有水平力 $\boldsymbol{F}$，B 处为固定铰链。水平力 $\boldsymbol{F}$ 的作用使块 C 压紧物体，块 C 与墙壁光滑接触。求物体所受的压力。

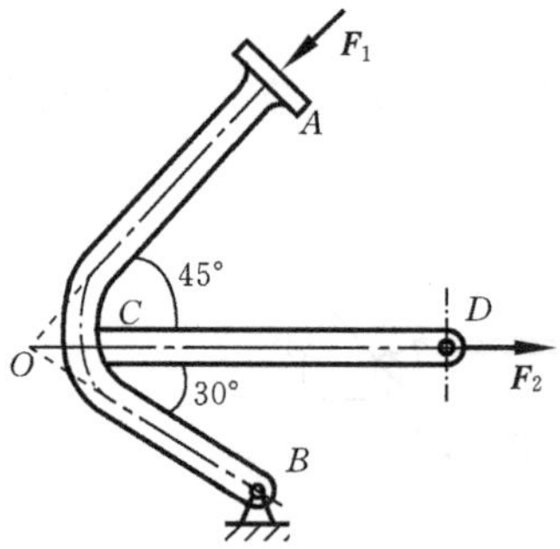

图 2-54

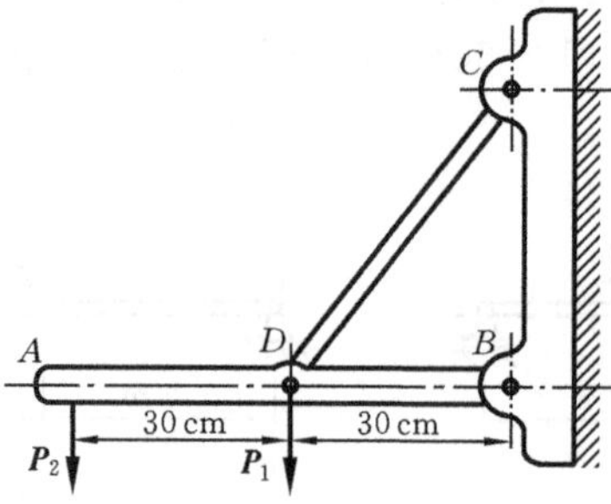

图 2-55

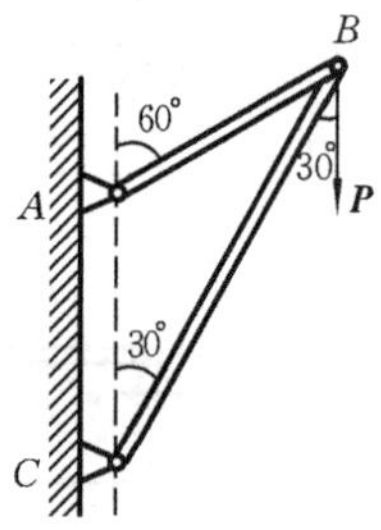

图 2-56

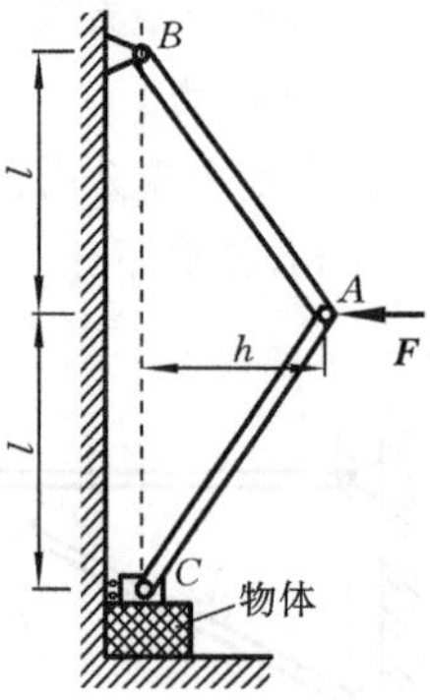

图 2-57

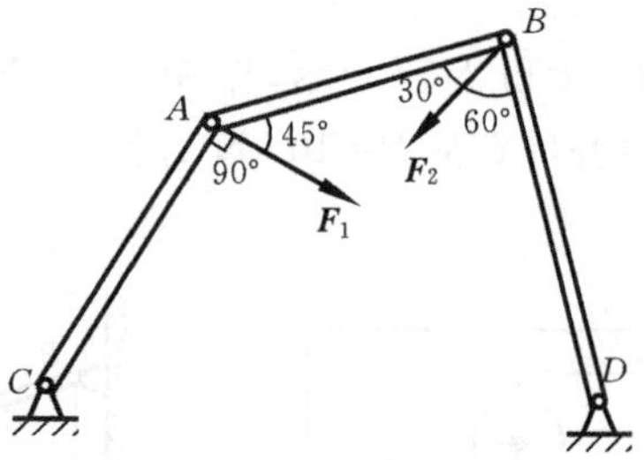

图 2-58

2-14　如图 2-58 所示，铰接四连杆机构 *CABD* 的 *CD* 边固定。在铰链 *A* 上作用一力 $\boldsymbol{F}_1$，$\boldsymbol{F}_1$ 与 *AB* 成 45°角，在铰链 *B* 上作用一力 $\boldsymbol{F}_2$，$\boldsymbol{F}_2$ 与 *AB* 成 30°角，这样使铰接四连杆机构 *CABD* 处于平衡状态。已知 $\boldsymbol{F}_1$ 与 *AC* 成 90°角，$\boldsymbol{F}_2$ 与 *BD* 成 60°角。求力 $\boldsymbol{F}_1$ 与 $\boldsymbol{F}_2$ 的关系(杆重略去不计)。

2-15　试求如图 2-59 所示的各种情况下 $\boldsymbol{F}$ 对点 *O* 的力矩。

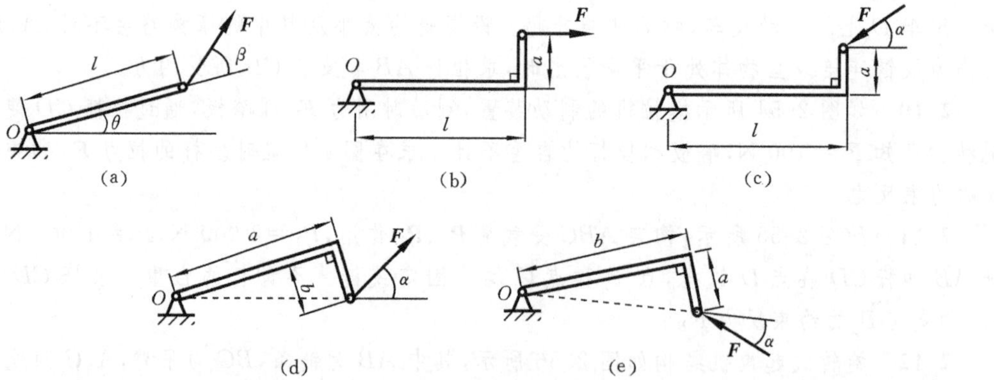

图 2-59

2-16　求图 2-60 中均布载荷的合力大小、作用线位置及对点 *A* 的矩。

2-17　如图 2-61 所示，齿轮减速箱受两主动力偶作用，力矩分别为 $M_1=0.6\ \text{kN}\cdot\text{m}$，$M_2=0.9\ \text{kN}\cdot\text{m}$。减速箱的自重不计。求齿轮箱上固定螺栓 *A*、*B* 或地面所受的力。

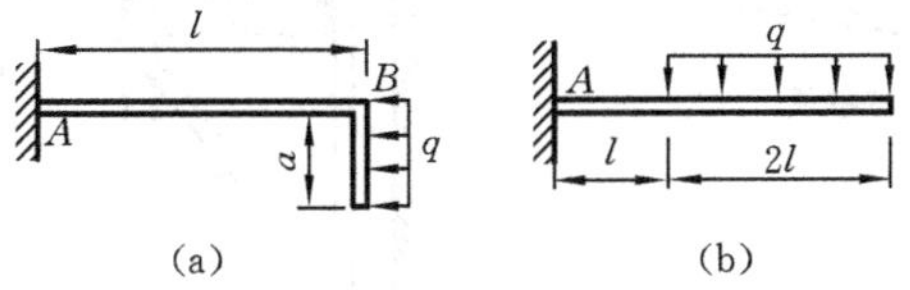

图 2-60

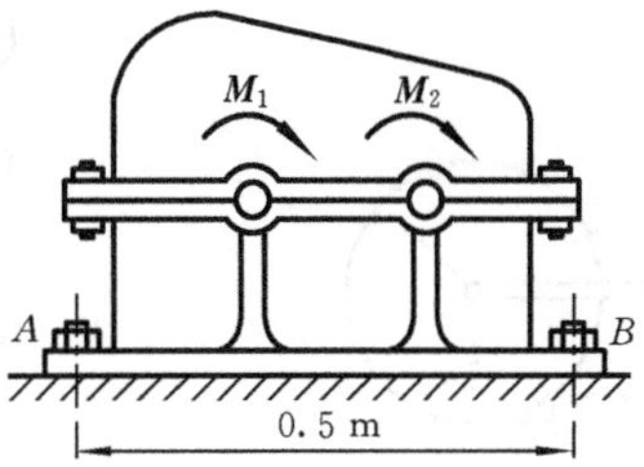

图 2-61

2-18　求图 2-62 中各梁或刚架的支座反力。

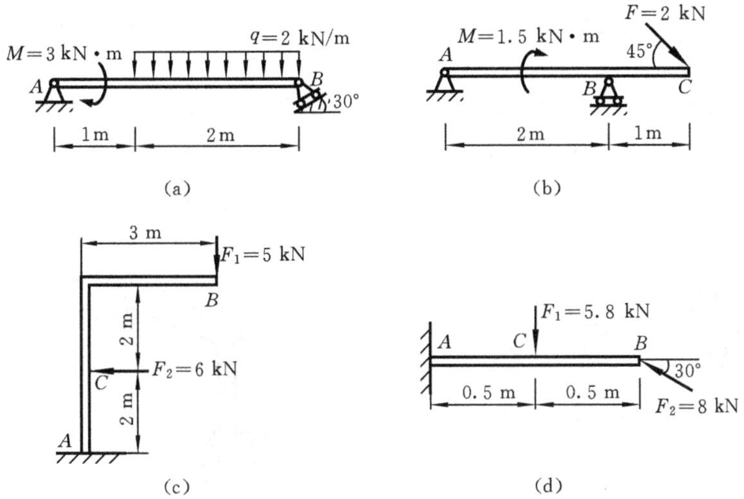

图 2-62

2-19　如图 2-63 所示，已知 q、a，且 $F=qa$、$M=qa^2$。求各梁的支座反力。

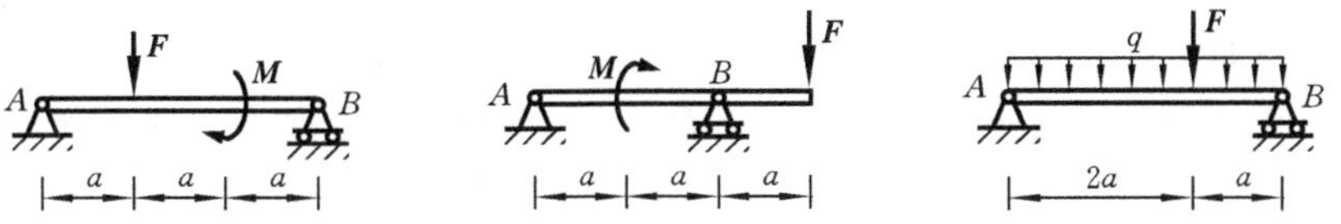

(a)　　(b)　　(c)

图 2-63

2-20　如图 2-64 所示，压路机的碾子重量 $P=20$ kN，半径 $r=40$ cm。若用一通过其中心的水平力 $\boldsymbol{F}$ 拉碾子越过高 $h=8$ cm的石坎，问：(1) F 值应为多大？(2) 若要使 F 值最小，力 $\boldsymbol{F}$ 与水平线的夹角应为多大？此时 F 值应为多大？

2-21　摇臂钻床如图 2-65 所示，主轴箱和摇臂的重量合起来为 P，其重心离立柱的中心线距离为 l，立柱对摇臂的支承可看成固定端支座。求支座反力。

2-22　如图 2-66 所示，起重机的支柱 AB 由点 B 的止推轴承和点 A 的向心轴承竖直固定。起重机上有载荷 $\boldsymbol{P}_1$ 和 $\boldsymbol{P}_2$ 作用，$P_1=20$ kN，$P_2=5$ kN，它们与支柱的距离分别为 a 和 b，A、B 两点间的距离为 c。$a=1$ m，$b=2$ m，$c=3$ m。求在轴承 A 和 B 两处的支座反力。

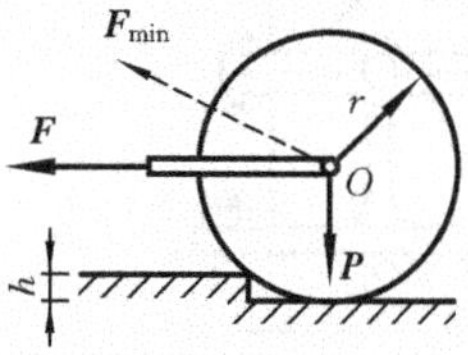

图 2-64

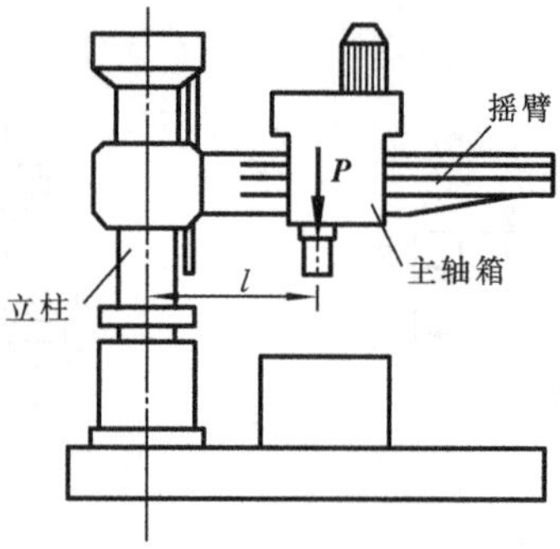

图 2-65

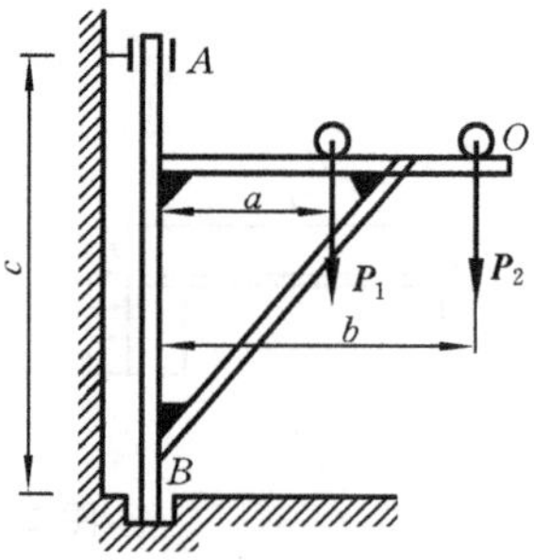

图 2-66

2-23　梁的支承和载荷如图 2-67 所示。$F=2\ 000$ N，均布载荷 $q=1\ 000$ N/m。不计梁的自重。求支座反力。

2-24　如图 2-68 所示，发动机的凸轮转动时，推动杠杆 AOB 来控制阀门 C 的启闭。设压下阀门需要对它作用 400 N 的力，$\alpha=30°$。求凸轮对滚子 A 的压力 F。

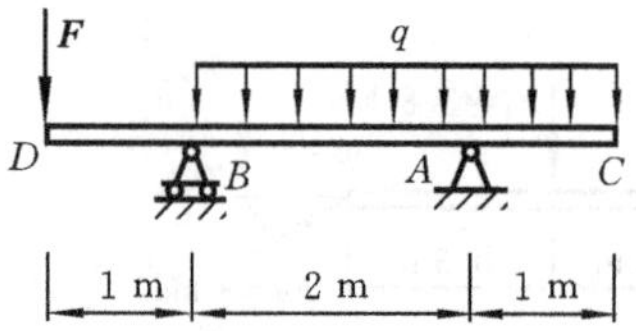

图 2-67

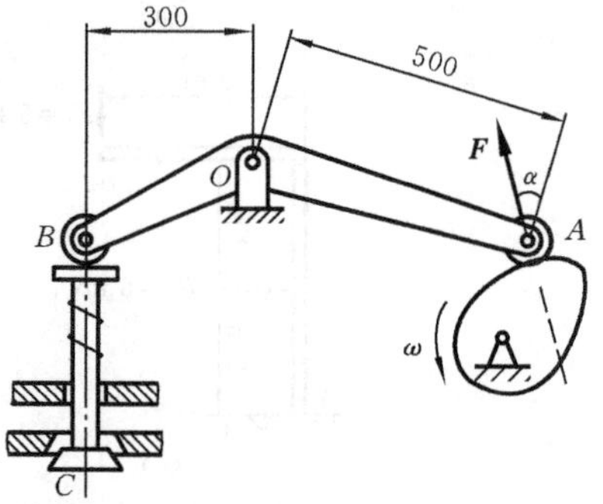

图 2-68

2-25　如图 2-69 所示，梁 AB 长10 m，在梁上铺设有起重机轨道。起重机重 50 kN，其重心在竖直线 CD 上，物体的重量 $P=10$ kN，梁重 30 kN，点 E 到竖直线 CD 的垂直距离为 4 m，$AC=3$ m。求当起重机的伸臂和梁 AB 在同一竖直面内时支座 A 和 B 的反力。

2-26　如图 2-70 所示，流动起重机重量 $P_1=500$ kN(不包括平衡配重的重量)，其重心在离右轨1.5 m处。起重机的起吊重量 $P_2=250$ kN，悬臂伸出距离右轨 10 m。欲使小车满载或空载时起重机均不至于倾覆，求平衡配重的最小重量 P_3 以及平衡配重到左轨的最大距离 x(小车自重略去不计)。

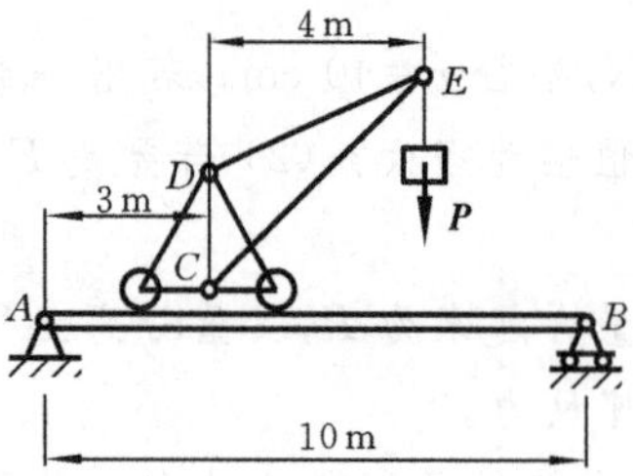

图 2-69

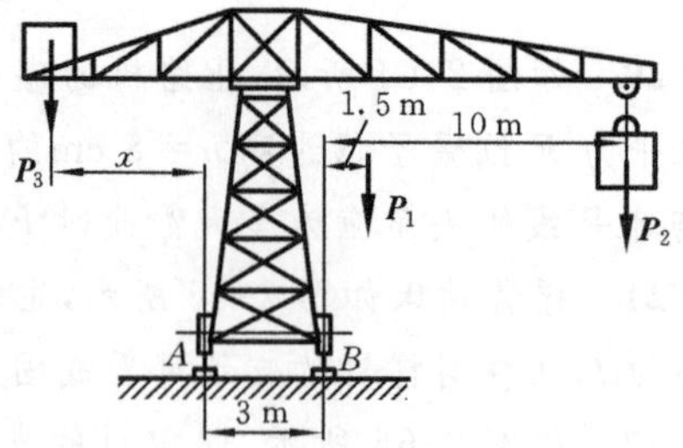

图 2-70

2-27　如图 2-71 所示，汽车式起重机的重量 $P_1=26$ kN，悬臂的重量 $P_2=4.5$ kN，起重机旋转及固定部分的重量 $P_3=31$ kN。设悬臂在起重机对称面内。求图示位置汽车不至于倾覆的最大起吊重量 P_4。

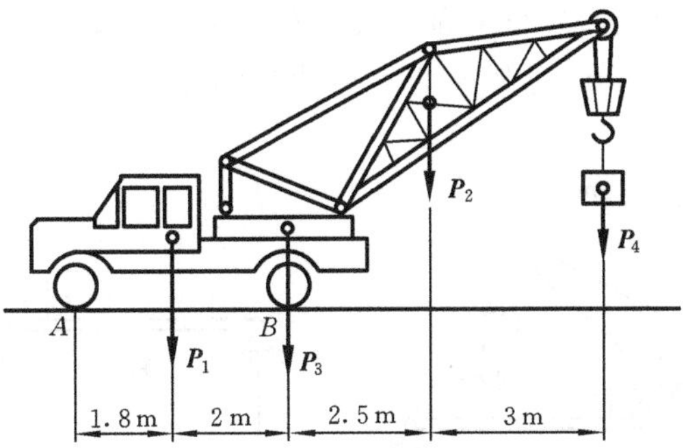

图 2-71

2-28　组合梁及其受力情况如图 2-72 所示。已知 F、a，$F=qa$，$M=Fa$。梁的自重忽略不计。求 A、B、C、D 各处的约束反力。

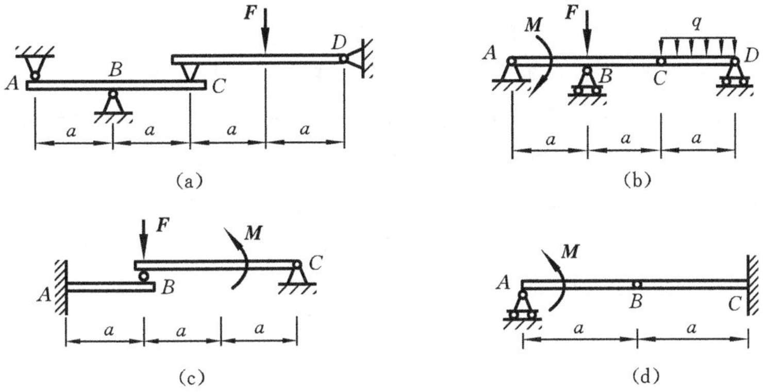

图 2-72

2-29　如图 2-73 所示，水平梁 AB 由铰链 A 和杆 BC 所支承。在梁的 D 处用销子安装半径 $r=10$ cm的滑轮。有一跨过滑轮的绳子，其一端水平地系于墙上，另一端悬挂有重量 $P=1\ 800$ N的物品。已知 $AD=20$ cm、$BD=40$ cm、$\alpha=45°$。不计梁、杆、滑轮和绳的自重。求铰链 A 和杆 BC 对梁的作用力。

2-30　如图 2-74 所示，三铰拱由两半拱和三个铰链 A、B、C 构成，已知每半拱的重量 $P=300$ kN，$l=32$ m，$h=10$ m。求支座 A、B 的约束反力。

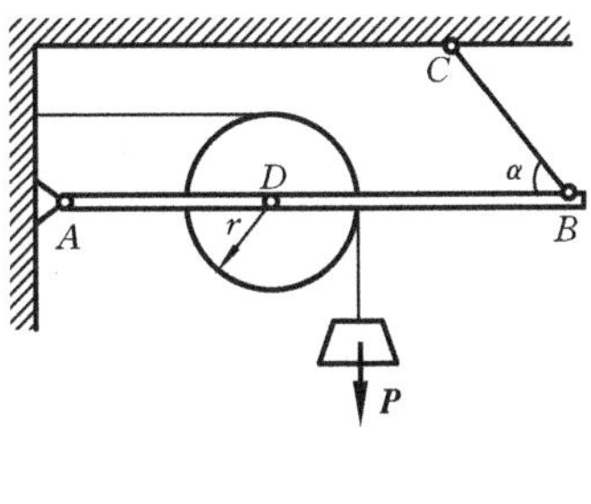

图 2-73

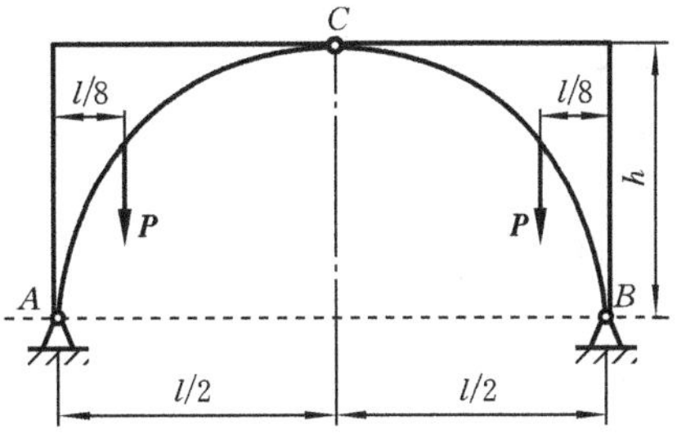

图 2-74

2-31　如图 2-75 所示，组合梁由 AC 和 DC 两段铰接构成，起重机放在梁上。已知起重机的重量 $P_1=50$ kN，重心在竖直线 EC 上，起吊载荷 $P_2=10$ kN，不计梁的自重。求支座 A、B、D 三处的约束反力。

2-32　由 AC 和 CD 构成的组合梁通过铰链 C 连接。它的支承和受力情况如图 2-76 所示。已知均布载荷 $q=10$ kN/m，力偶矩 $M=40$ kN·m。不计梁重。求支座 A、B、D 的约束反力和铰链 C 处所受的力。

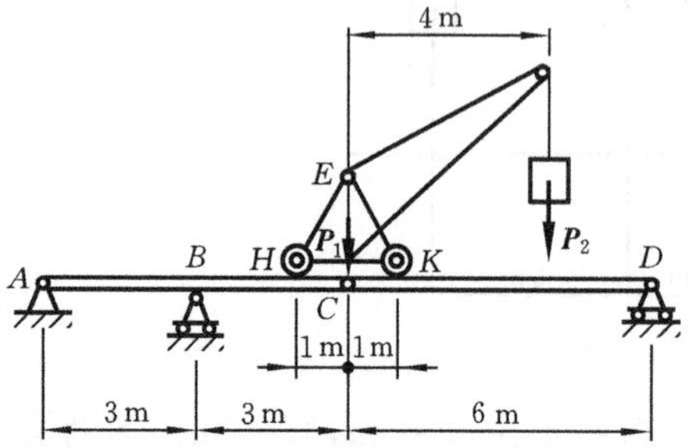

图 2-75

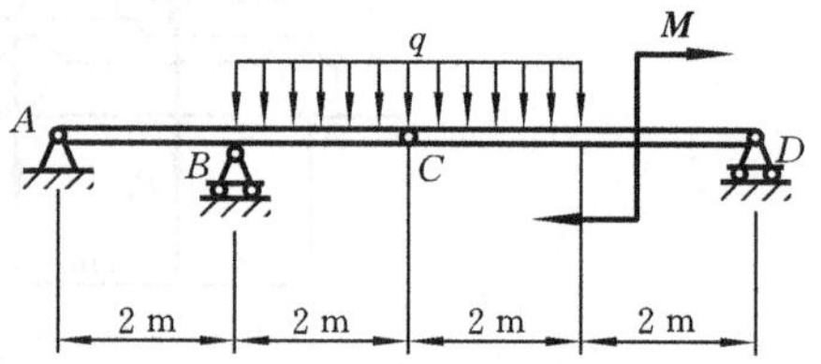

图 2-76

2-33　如图 2-77 所示，曲柄连杆活塞机构的活塞上受力 $F=400$ N，不计所有构件的自重。问：在曲柄上应加多大的力偶矩 M 方能使机构在图示位置平衡？

2-34　如图 2-78 所示，杆 AB 和 AC 逐渐向水平线 BC 接近，因而推动杠杆 BOD 绕点 O 转动，从而压紧工件。已知气体作用在活塞上的总压力 $F=3\ 500$ N，$\alpha=20°$，A、B、C、O 处均为铰链，其余尺寸如图所示。不计各杆件自重。求杠杆压紧工件的力。

2-35　如图 2-79 所示，构架 ABC 由三杆 AB、AC 和 DK 组成，杆 DK 上的销子 E 可在杆 AC 的槽内滑动。求在水平杆 DK 的一端作用有竖直力 $\boldsymbol{F}$ 时，杆 AB 上的点 A、D、B 以及点 C 所受的力。

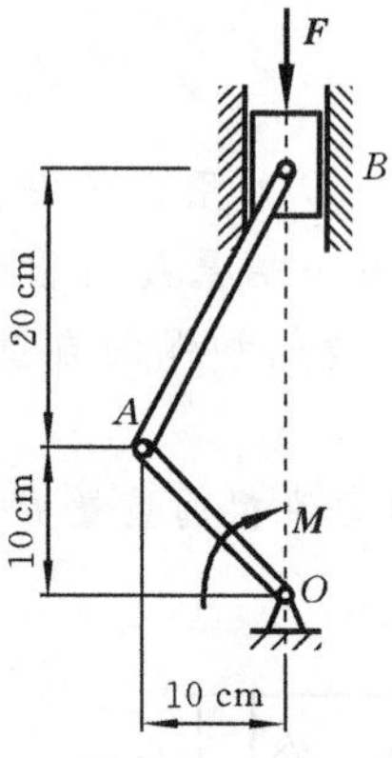

图 2-77

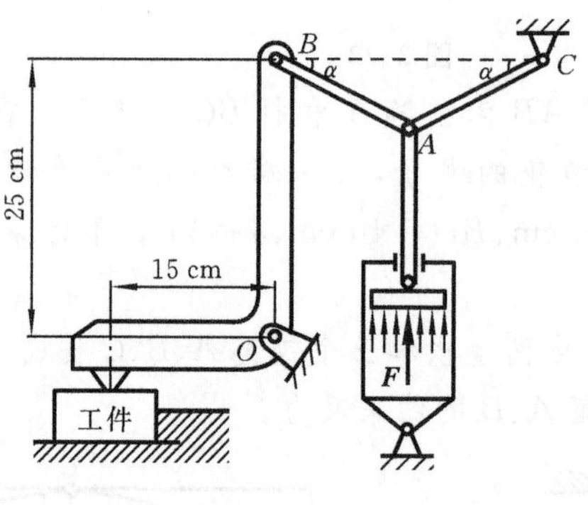

图 2-78

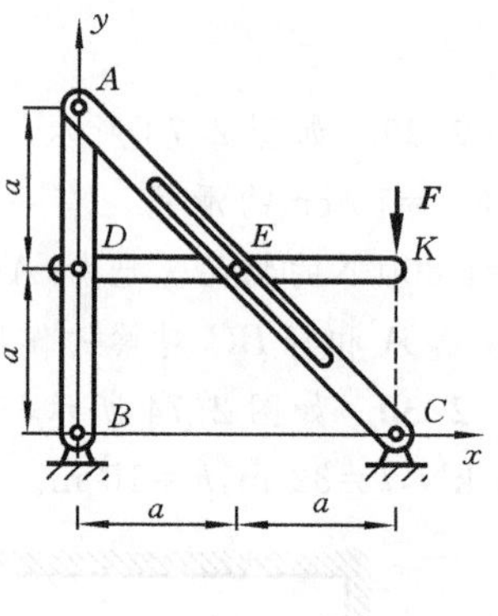

图 2-79

2-36　如图 2-80 所示，物块的重量 $P=1\ 000$ N，斜面倾角 $\alpha=30°$，物块与斜面的静摩擦因数 $f_s=0.38$。求物块在斜面上的状态及此时斜面与物块间的摩擦力。

2-37　如图 2-81 所示，物块的重量 $P=200$ N，斜面倾角 $\alpha=30°$，物块与斜面间的静摩擦因数 $f_s=0.2$。要使物块在斜面上静止，求加在物块上并与斜面平行的最小力 F。如要使物块在不加外力时刚好在斜面上保持静止，求斜面的倾角。

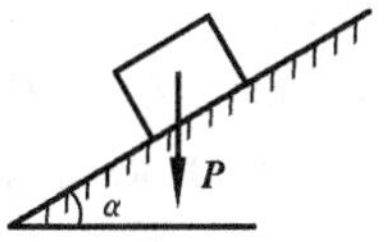

图 2-80

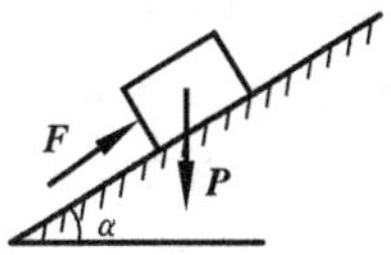

图 2-81

2-38　如图 2-82 所示，绞车鼓轮半径 $r=15$ cm，制动轮半径 $R=25$ cm，物块的重量 $P=1\ 000$ N，$a=100$ cm，$b=40$ cm，$c=50$ cm，制动轮与制动块间的静摩擦因数 $f_s=0.6$。问：重物不下落时加在制动杆上的力至少应有多大？

2-39　如图 2-83 所示，摇臂钻床的立柱和摇臂，它们之间的静摩擦因数 $f_s=0.1$，$b=22.5$ cm。为保证在力 $\boldsymbol{F}$ 作用下摇臂能沿立柱滑动，求摇臂衬套的高度 h。

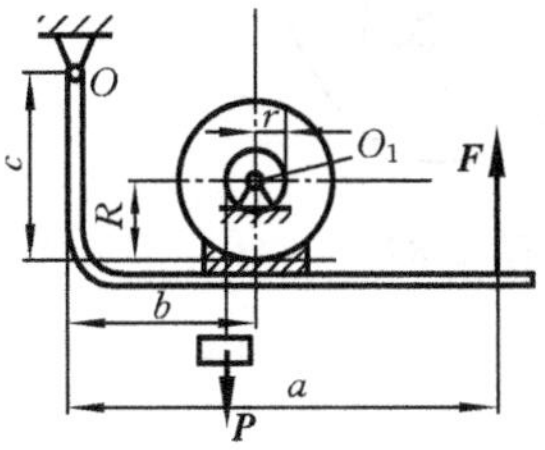

图 2-82

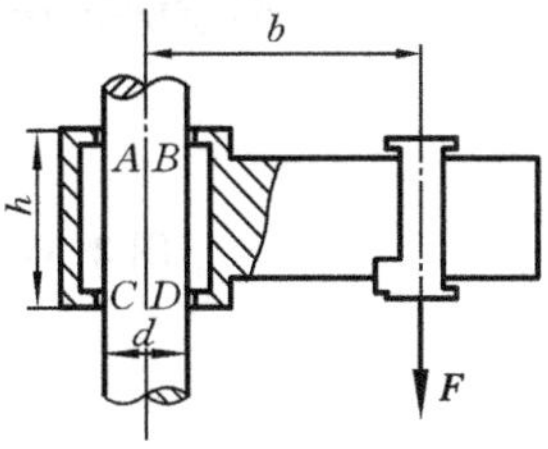

图 2-83

综合训练 2

【1】　如图 2-84 所示，有一等边三角形钢板 ABC，边长为 a，沿三条边各作用大小均为 F 的力。求三力的合力。

【2】　如图 2-85 所示，一门形刚架上作用有 $\boldsymbol{F}_1$、$\boldsymbol{F}_2$、$\boldsymbol{F}_3$ 三力，求支座反力时，能否先求出合力 $\boldsymbol{F}_R$ 后再求解？

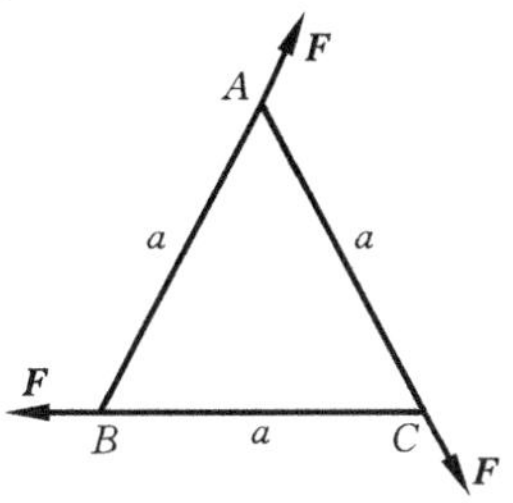

图 2-84

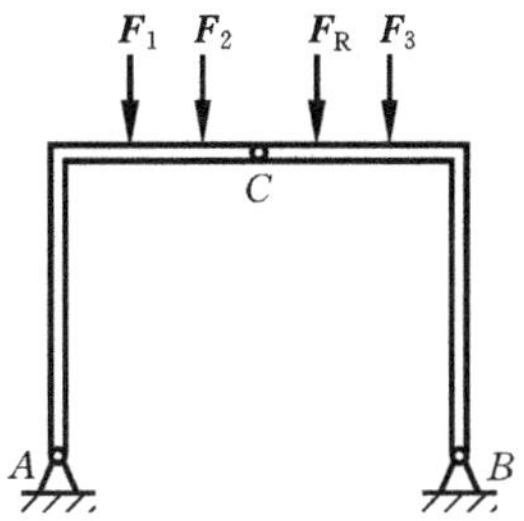

图 2-85

【3】　如图 2-86 所示，无底圆筒放在光滑的地面上，圆筒半径为 R，内放两个圆球，每球重量为 P，半径为 $r(r<R<2r)$，求圆筒不致翻倒的最小重量。如果圆筒有底，情况又会怎样？

【4】　图 2-87 所示为一对心尖顶从动杆盘形凸轮机构，凸轮受力偶矩 $\boldsymbol{M}$ 的作用，$M=80$ N·mm，在图示位置时，瞬时压力角 $\alpha=30°$，凸轮瞬时转动半径 $r=20$ mm。不计从动杆与凸轮间的摩擦。

(1) 求从动杆所受的推力 F。

(2) 设从动杆与圆筒形导向槽间的静摩擦因数 $f_s=0.1$，导槽直径 $d=2$ mm，槽高 $h=$

5 mm,从动杆外伸长度 $b=15$ mm。问:此时从动杆是否会被卡住(不计从动杆自重)?

(**注**　凸轮机构压力角:设某瞬时从动杆与凸轮轮廓的接触点为 A,从动杆上升速度为 $\boldsymbol{v}$,当不计从动杆与凸轮间的摩擦时,从动杆受凸轮的作用力(推力)$\boldsymbol{F}$ 必与接触点的公法线方向 $\boldsymbol{n}$ 一致,则速度 $\boldsymbol{v}$ 与作用力 $\boldsymbol{F}$ 所夹锐角 α 称为凸轮机构在该瞬时位置的压力角。)

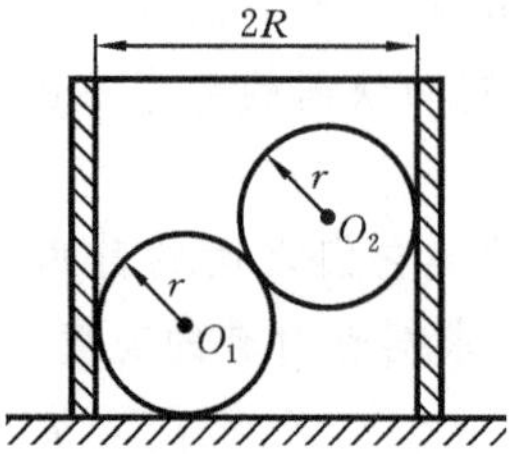

图 2-86

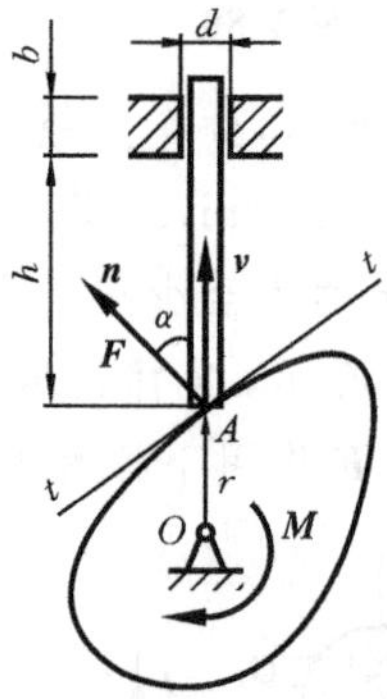

图 2-87

第 3 章　空间力系的平衡

本章主要讨论力在空间直角坐标轴上的投影、力对坐标轴的矩以及空间力系的平衡问题，并介绍重心的概念及求重心或形心位置的方法。

所谓空间力系，是指各力作用线不在同一平面内的力系。工程中很多物体和物体系统（如起重设备、车床主轴和水塔等）都受空间力系作用。与平面力系一样，空间力系可以分为各力作用线汇交于一点的空间汇交力系、各力作用线平行的空间平行力系以及各力作用线任意分布的空间一般力系。

3.1　力在空间直角坐标轴上的投影

1. 直接投影法

为了分析空间力系，通常把空间的力投影到三个互相垂直的坐标轴 x 轴、y 轴、z 轴上去。空间力 $\boldsymbol{F}$ 在某坐标轴上的投影定义为：从力 $\boldsymbol{F}$ 首尾两端分别向坐标轴作垂直平面，两平面与坐标轴的交点之间的距离即为力 $\boldsymbol{F}$ 在此坐标轴上的投影。力的投影指向与坐标轴同向时取正号，反向时则取负号。

已知力 $\boldsymbol{F}$ 与正交坐标系 $Oxyz$ 三轴间的夹角分别为 α、β、γ，如图 3-1 所示，以 $\boldsymbol{F}$ 为对角线，以 x、y、z 轴为棱作直角六面体，由图可看出，此六面体的三棱边长度正好就是 $\boldsymbol{F}$ 在 x、y、z 三轴上的投影值，分别记为 F_x、F_y、F_z，显然有

$$\left.\begin{aligned} F_x &= F\cos\alpha \\ F_y &= F\cos\beta \\ F_z &= F\cos\gamma \end{aligned}\right\} \tag{3-1}$$

其中　α、β、γ——力 $\boldsymbol{F}$ 的方向角，它们的余弦称为力 $\boldsymbol{F}$ 的方向余弦。

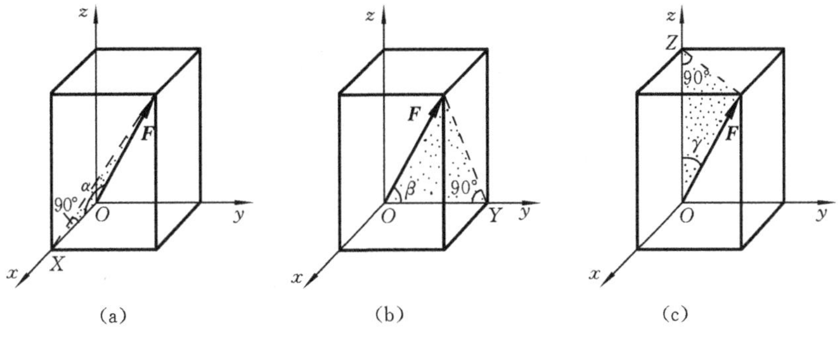

图 3-1

如果力 $\boldsymbol{F}$ 的三个投影是已知的，则可以反过来求此力的大小和方向。将式(3-1)的每个等式分别取二次方后相加，并注意到

$$\cos^2\alpha + \cos^2\beta + \cos^2\gamma = 1$$

得力 **F** 的大小为
$$F=\sqrt{F_x^2+F_y^2+F_z^2} \tag{3-2}$$

其方向余弦为
$$\left.\begin{aligned}\cos\alpha&=\frac{F_x}{F}\\ \cos\beta&=\frac{F_y}{F}\\ \cos\gamma&=\frac{F_z}{F}\end{aligned}\right\} \tag{3-3}$$

2. 间接投影法

在有些问题中不易全部找到力与每个坐标轴的夹角,此时可先将力投影到坐标面上,然后再投影到坐标轴上。例如,若已知力 **F** 与 z 轴的夹角为 γ,与 z 轴组成的平面与 x 轴的夹角为 φ,而与 x 轴、y 轴的夹角未知,如图 3-2 所示,欲求力 **F** 在 x 轴、y 轴上的投影,可先将力 **F** 投影到直角坐标面 Oxy 上,得到分力 $\boldsymbol{F}_{xy}$,然后再把这个分力 $\boldsymbol{F}_{xy}$ 投影到 x 轴、y 轴上,则有
$$\left.\begin{aligned}F_x&=F\sin\gamma\cos\varphi\\ F_y&=F\sin\gamma\sin\varphi\\ F_z&=F\cos\gamma\end{aligned}\right\} \tag{3-4}$$

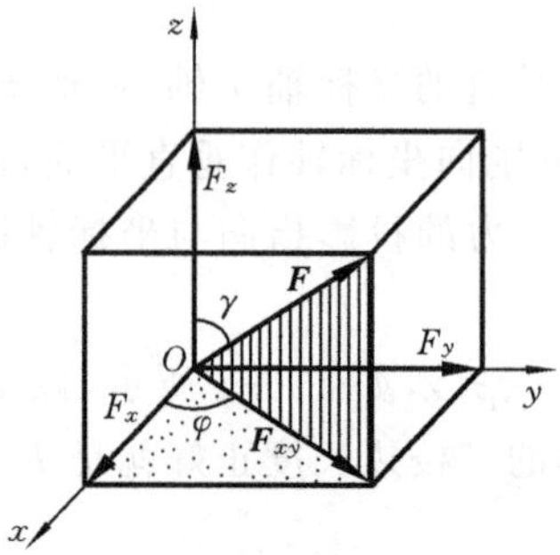

图 3-2

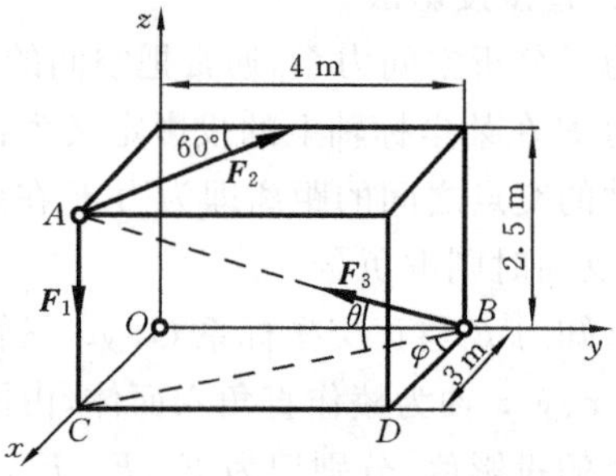

图 3-3

例 3-1 长方体上作用有三个力:$F_1=500$ N、$F_2=1\ 000$ N、$F_3=1\ 500$ N,各力的方向及长方体的尺寸如图 3-3 所示。求各力在坐标轴上的投影。

解 力 $\boldsymbol{F}_1$ 及 $\boldsymbol{F}_2$ 与坐标轴间的方向角均为已知,故此两力在坐标轴上的投影分别为
$$F_{1x}=F_1\cos 90^\circ=0$$
$$F_{1y}=F_1\cos 90^\circ=0$$
$$F_{1z}=F_1\cos 180^\circ=500\cos 180^\circ\ \text{N}=-500\ \text{N}$$
$$F_{2x}=-F_2\sin 60^\circ=-1\ 000\sin 60^\circ\ \text{N}=-866\ \text{N}$$
$$F_{2y}=F_2\cos 60^\circ=1\ 000\cos 60^\circ\ \text{N}=500\ \text{N}$$
$$F_{2z}=F_2\cos 90^\circ=0$$

因力 $\boldsymbol{F}_3$ 在 Oxy 面上的投影与 x 轴夹角为 φ、仰角为 θ,故由图可求出
$$\sin\theta=\frac{AC}{AB}=\frac{2.5}{5.59},\quad \cos\theta=\frac{BC}{AB}=\frac{5}{5.59}$$
$$\sin\varphi=\frac{CD}{CB}=\frac{4}{5},\quad \cos\varphi=\frac{DB}{CB}=\frac{3}{5}$$

则力 $\boldsymbol{F}_3$ 在三个坐标轴的投影分别为
$$F_{3x}=F_3\cos\theta\cos\varphi=1\ 500\times\frac{5}{5.59}\times\frac{3}{5}\ \text{N}=805\ \text{N}$$

$$F_{3y} = -F_3 \cos\theta \sin\varphi = -1500 \times \frac{5}{5.59} \times \frac{4}{5} = -1\ 073\ \text{N}$$

$$F_{3z} = F_3 \sin\theta = 1500 \times \frac{2.5}{5.59} = 671\ \text{N}$$

3.2　力对轴的矩

工程上经常遇到刚体绕定轴转动的情形，为了度量力对绕定轴转动刚体的转动效应，必须了解力对轴的矩的概念。

现在以推门(见图 3-4(a))为例讨论力对轴的矩。先看两个特殊情况：如果在推门时力的作用线与门的转轴 z 平行($\boldsymbol{F}_1$)或相交($\boldsymbol{F}_2$)，如图 3-4(b)所示，那么，不论力多么大，门是不会转动的。在这种情况下，力对轴的矩为零，即当力与转轴共面时，力对轴的矩为零。如果在推门时力 $\boldsymbol{F}$ 在垂直于转轴 z 的平面内，如图 3-4(c)所示，此时就能把门推开。实践证明，力 $\boldsymbol{F}$ 越大，或其作用线与转轴间的垂直距离 h 越大，转动效果就越显著。因此，可以用力 $\boldsymbol{F}$ 的大小与距离 d 的乘积来度量力 $\boldsymbol{F}$ 对刚体绕定轴的转动效应。这样就产生了力对轴的矩的概念。

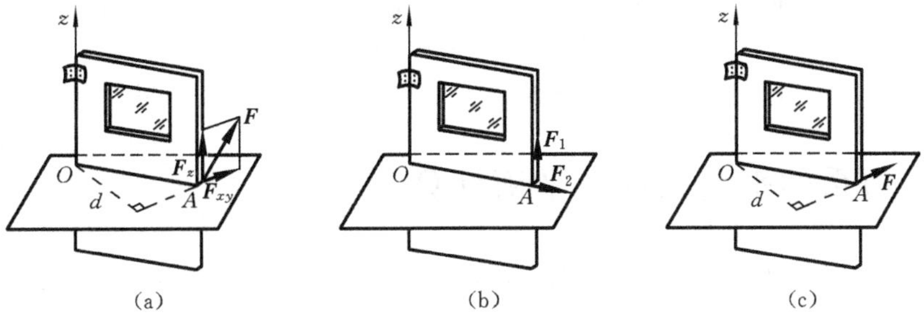

图 3-4

下面计算在一般情况下力对轴的矩。在一般情况下，力 $\boldsymbol{F}$ 可能既不与转轴 z 共面，也不在垂直于转轴 z 的平面内，如图 3-4(a)所示。这时可把力 $\boldsymbol{F}$ 分解为平行于转轴 z 的分力 $\boldsymbol{F}_z$ 和在垂直于转轴 z 的平面内的分力 $\boldsymbol{F}_{xy}$。因为分力 $\boldsymbol{F}_z$ 不能使门转动，所以力 $\boldsymbol{F}$ 对门产生的转动效应完全取决于另一个分力 $\boldsymbol{F}_{xy}$。若分力 $\boldsymbol{F}_{xy}$ 所在平面与转轴 z 的交点为 O，则此分力对点 O 的矩为 $F_{xy}d$。在力学中，把空间力 $\boldsymbol{F}$ 在垂直于转轴的平面内的分力 $\boldsymbol{F}_{xy}$ 对于转轴与该平面的交点 O 的矩、加以正负号后称为力 $\boldsymbol{F}$ 对 z 轴的矩，即

$$M_z(\boldsymbol{F}) = M_O(\boldsymbol{F}_{xy}) = \pm F_{xy}d \tag{3-5}$$

式(3-5)中的正负号可以这样确定：从 z 轴的正向观察，力 $\boldsymbol{F}_{xy}$ 绕 z 轴作逆时针转动时，力对该轴的矩取正号；反之取负号。也可以用右手螺旋法则来确定力对轴的矩的正负号，即用右手除拇指以外的四个手指弯曲的方向表示力绕 z 轴的转动方向，若拇指的指向与 z 轴正向一致，则力对 z 轴的矩取正号，否则取负号。

与平面力系情况类似，在空间力系中也有合力矩定理。设有一空间力系 $\boldsymbol{F}_1, \boldsymbol{F}_2, \cdots, \boldsymbol{F}_n$，其合力为 $\boldsymbol{F}_R$，经研究得知，合力对某轴(如 z 轴)的矩等于各分力对同轴的矩的代数和，即

$$M_z(\boldsymbol{F}_R) = M_z(\boldsymbol{F}_1) + M_z(\boldsymbol{F}_2) + \cdots + M_z(\boldsymbol{F}_n) = \sum M_z(\boldsymbol{F}) \tag{3-6}$$

这就是空间力系的合力矩定理。该定理的证明见有关理论力学的文献。

在实际计算力对轴的矩时，有时利用合力矩定理较为简便。首先将力分解为沿正交坐标

系 $Oxyz$ 的坐标轴方向的三个分力，然后计算各分力对轴的力矩，最后求出这些力矩的代数和，即得出该力对轴的矩。

例 3-2　如图 3-5 所示，手柄在 Axy 面内，在点 D 作用一力 $\boldsymbol{F}$，它在垂直于 y 轴的平面内，与竖直线的夹角为 α。已知 $CD=a$，$AB=BC=l$。杆 BC 平行于 x 轴，杆 CE 平行于 y 轴。求力 $\boldsymbol{F}$ 对 x 轴、y 轴和 z 轴的矩。

解　将力 $\boldsymbol{F}$ 沿坐标轴分解为两个分力 $\boldsymbol{F}_x$ 和 $\boldsymbol{F}_z$，其中 $F_x=F\sin\alpha$，$F_z=F\cos\alpha$，根据合力矩定理，力 $\boldsymbol{F}$ 对轴的矩等于分力 $\boldsymbol{F}_x$ 和 $\boldsymbol{F}_z$ 对一同轴的矩的代数和，即

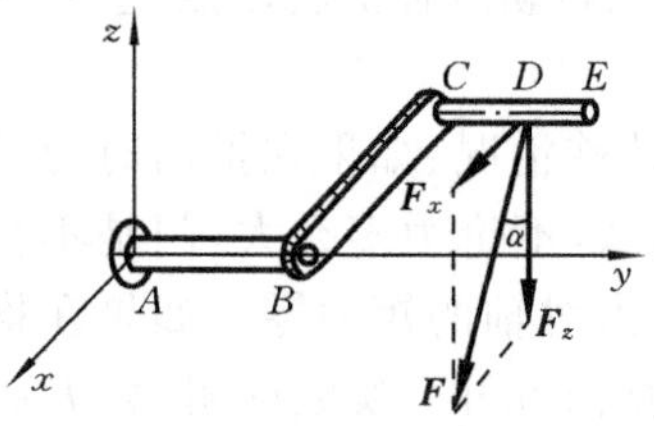

图 3-5

$$M_x(\boldsymbol{F}) = M_x(\boldsymbol{F}_x) + M_x(\boldsymbol{F}_z)$$
$$M_y(\boldsymbol{F}) = M_y(\boldsymbol{F}_x) + M_y(\boldsymbol{F}_z)$$
$$M_z(\boldsymbol{F}) = M_z(\boldsymbol{F}_x) + M_z(\boldsymbol{F}_z)$$

由于 $\boldsymbol{F}_x$ 平行于 x 轴，$\boldsymbol{F}_z$ 平行于 z 轴，故有

$$M_x(\boldsymbol{F}_x) = 0,\quad M_z(\boldsymbol{F}_z) = 0$$

$\boldsymbol{F}_x$ 与 y 轴相交，故有

$$M_y(\boldsymbol{F}_x) = 0$$

综上所述可知

$$M_x(\boldsymbol{F}) = M_x(\boldsymbol{F}_z) = -F_z(AB+CD) = -F(l+a)\cos\alpha$$
$$M_y(\boldsymbol{F}) = M_y(\boldsymbol{F}_z) = -F_zBC = -Fl\cos\alpha$$
$$M_z(\boldsymbol{F}) = M_z(\boldsymbol{F}_x) = -F_x(AB+CD) = -F(l+a)\sin\alpha$$

3.3　空间力系的平衡条件及平衡计算

与平面一般力系类似，空间一般力系也可以向任意点简化。一般说来，简化结果可得一力和一力偶，分别称为主矢和主矩，它们的大小为

$$\left.\begin{aligned} F'_{\rm R} &= \sqrt{\left(\sum F_x\right)^2 + \left(\sum F_y\right)^2 + \left(\sum F_z\right)^2} \\ M_O &= \sqrt{\left[\sum M_x(\boldsymbol{F})\right]^2 + \left[\sum M_y(\boldsymbol{F})\right]^2 + \left[\sum M_z(\boldsymbol{F})\right]^2} \end{aligned}\right\} \tag{3-7}$$

其推导过程见有关理论力学的文献。

若空间一般力系平衡，则向任一点简化所得的主矢和主矩必为零；反之，若已知力系的主矢和主矩同时为零，则该空间一般力系必为平衡力系。于是可得出结论：空间一般力系平衡的充分必要条件是，该力系的主矢和力系对任一点的主矩都等于零。由式(3-7)可知，要使 $F'_{\rm R}=0$ 和 $M_O=0$，必须有也只需有

$$\left.\begin{aligned} &\sum F_x = 0 \\ &\sum F_y = 0 \\ &\sum F_z = 0 \\ &\sum M_x(\boldsymbol{F}) = 0 \\ &\sum M_y(\boldsymbol{F}) = 0 \\ &\sum M_z(\boldsymbol{F}) = 0 \end{aligned}\right\} \tag{3-8}$$

即空间一般力系的平衡条件是，力系中所有各力在三个坐标轴各轴上的投影的代数和分别等

于零，各力对三轴的力矩的代数和也分别等于零。式(3-8)称为空间一般力系的平衡方程。这六个方程是彼此独立的，因此，在求解空间一般力系平衡时，可以解出六个未知量。

空间一般力系是力系中最一般的情形，所有其他力系都可以看成它的特例，因此，这些力系的平衡方程也可以直接由空间一般力系的平衡方程(见式(3-8))导出。由于其他力系各自有特殊条件的限制，因而式(3-8)的六个平衡方程中有一些方程将成为恒等式，从而使平衡方程的数目减少。

下面从空间一般力系的平衡方程出发，导出空间汇交力系和空间平行力系的平衡方程。

如图3-6所示，刚体受汇交点为O的空间汇交力系作用而平衡。取一空间直角坐标系$Oxyz$，即坐标轴的原点与各力的汇交点重合。由于各力的作用线都通过点O，所以式(3-8)中的三个力矩方程都成为恒等式，即$\sum M_x(\boldsymbol{F}) \equiv 0$，$\sum M_y(\boldsymbol{F}) \equiv 0$，$\sum M_z(\boldsymbol{F}) \equiv 0$，则空间汇交力系的平衡方程为

$$\left.\begin{aligned}\sum F_x = 0\\ \sum F_y = 0\\ \sum F_z = 0\end{aligned}\right\} \tag{3-9}$$

这三个方程可以解出三个未知量。

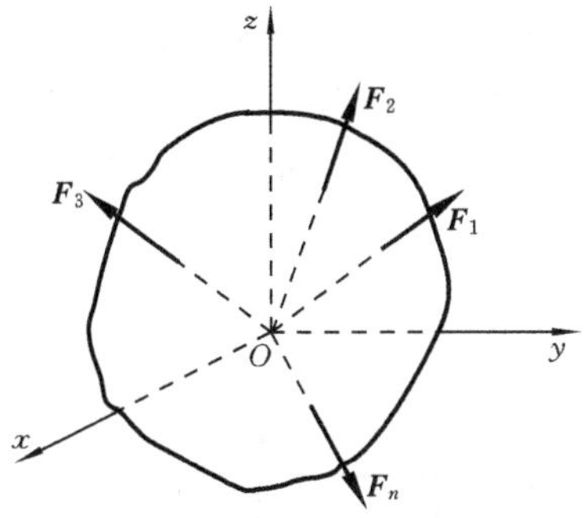

图 3-6

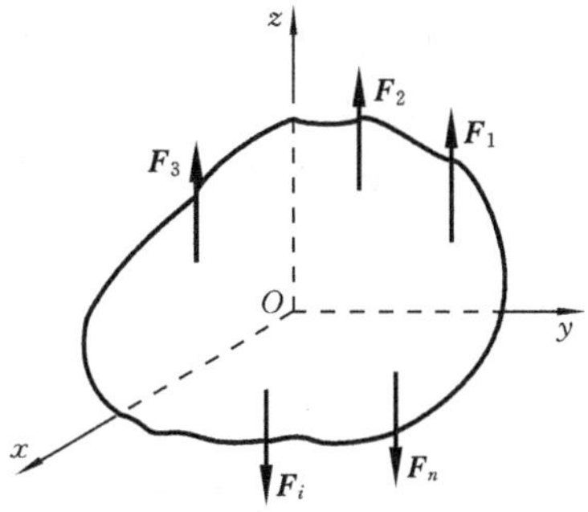

图 3-7

如图3-7所示，刚体受空间平行力系作用而平衡，取空间直角坐标系$Oxyz$，使z轴与各力平行，则各力对z轴的矩都等于零，又由于各力都垂直于Oxy面，所以各力在x轴和y轴上的投影都等于零，即式(3-8)中的$\sum F_x \equiv 0$，$\sum F_y \equiv 0$，$\sum M_z(\boldsymbol{F}) \equiv 0$，于是空间平行力系的平衡方程为

$$\left.\begin{aligned}\sum F_z = 0\\ \sum M_x(\boldsymbol{F}) = 0\\ \sum M_y(\boldsymbol{F}) = 0\end{aligned}\right\} \tag{3-10}$$

这三个方程也可以解出三个未知量。

空间力系平衡问题的解法和步骤与平面力系一样，仍然是先选定研究对象，画出它的受力图，选取坐标轴，然后计算力在坐标轴上的投影和力对轴的矩，由平衡方程求出未知量。

下面举例说明空间力系平衡方程的应用。

例 3-3　三杆 AB、AC、AD 铰接于点 A，如图 3-8 所示，在点 A 悬挂一物体，其重量 $P=1\ 000$ N。杆 AB 与 AC 等长且互相垂直，$\angle OAD=30°$，B、C、D 处均为铰接。各杆不计自重。求各杆所受的力。

解　以连接点 A 为研究对象。因为不计杆重，所以三杆均是二力杆，所受的力应沿杆的轴线方向，若设各杆均受拉力作用，则点 A 的受力状况如图 3-8 所示。点 A 所受的力组成一空间汇交力系。

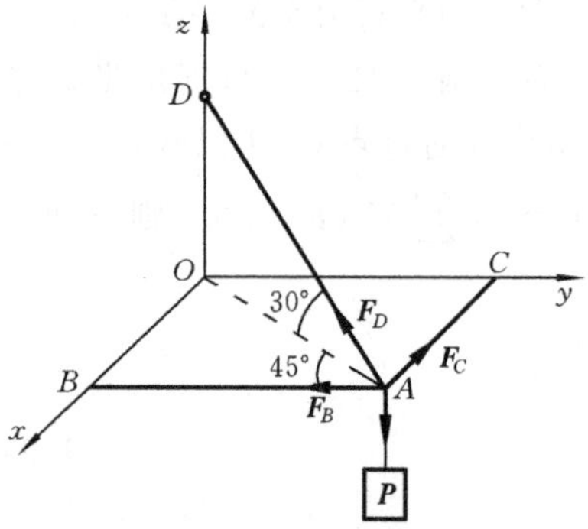

图 3-8

建立坐标系 $Oxyz$ 如图 3-8 所示，按式(3-9)建立如下平衡方程：

$$\sum F_x=0,\quad -F_C-F_D\cos 30°\sin 45°=0$$

$$\sum F_y=0,\quad -F_B-F_D\cos 30°\cos 45°=0$$

$$\sum F_z=0,\quad F_D\sin 30°-P=0$$

解得

$$F_D=\frac{P}{\sin 30°}=\frac{1\ 000}{0.5}\ \text{N}=2\ 000\ \text{N}$$

将 $F_D=2\ 000$ N 分别代入平衡方程，解得

$$F_B=F_C=-F_D\cos 30°\sin 45°=-2\ 000\cos 30°\sin 45°=-1\ 225\ \text{N}$$

F_B 与 F_C 均为负值，说明两力的实际方向与受力图中假设的方向相反，即杆 AB、杆 AC 受压。

例 3-4　三轮推车如图 3-9(a)所示，其受力图如图 3-9(b)所示。已知 $AH=HB=0.5$ m，$CH=1.5$ m，$EH=0.3$ m，$ED=0.5$ m，载荷 $P=1.5$ kN。求 A、B、C 三轮所受的压力。

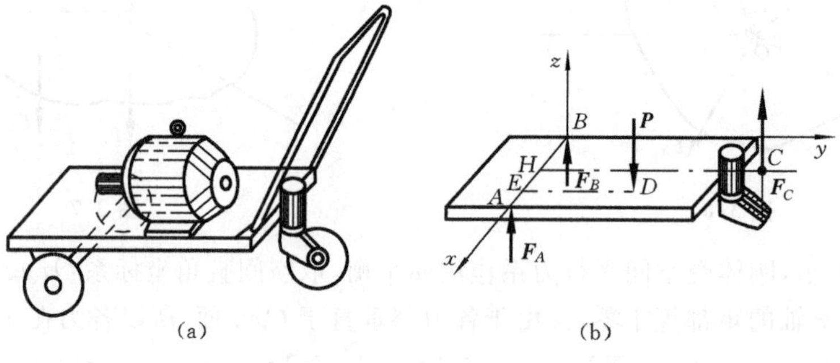

图 3-9

解　以小车平板为研究对象。小车平板上的载荷 $\boldsymbol{P}$，约束反力 $\boldsymbol{F}_A$、$\boldsymbol{F}_B$、$\boldsymbol{F}_C$ 组成一个空间的平行力系。

建立坐标系 $Bxyz$ 如图 3-9(b)所示，按式(3-10)建立如下平衡方程：

$$\sum F_z=0,\quad F_A+F_B+F_C-P=0$$

$$\sum M_x(\boldsymbol{F})=0,\quad F_C\cdot HC-P\cdot ED=0$$

$$\sum M_y(\boldsymbol{F})=0,\quad P\cdot EB-F_C\cdot HB-F_A\cdot AB=0$$

解得

$$F_C=P\frac{ED}{HC}=1.5\times\frac{0.5}{1.5}\ \text{kN}=0.5\ \text{kN}$$

$$F_A=\frac{P\cdot EB-F_C\cdot HB}{AB}=\frac{1.5\times 0.8-0.5\times 0.5}{1}\ \text{kN}=0.95\ \text{kN}$$

$$F_B=P-F_A-F_C=(1.5-0.95-0.5)\ \text{kN}=0.05\ \text{kN}$$

3.4　空间力系问题的平面解法

当空间力系平衡时，它在任何平面上的投影力系（平面力系）也平衡。因此，在机械工程中，常把一个立体图形向三个坐标平面上投影，得出三个平面图形，原来作用在立体图形上的空间力系，也就转化为三个平面图形上的三个平面力系，分别建立它们的平衡方程，同样可求出未知量。这种把空间问题转化为平面问题的方法称为空间问题的平面解法。

例 3-5　水平传动轴上安装着带轮和联轴器，如图 3-10(a)所示。已知联轴器上驱动力偶矩 $M=20\ \text{N}\cdot\text{m}$，带轮所受到的紧边胶带拉力 $\boldsymbol{F}_{T1}$ 沿竖直方向，松边胶带拉力 $\boldsymbol{F}_{T2}$ 与竖直线成 30°角，$F_{T1}=2F_{T2}$，带轮直径 $d=16\ \text{cm}$，$a=20\ \text{cm}$，轮轴自重不计。求 A、B 两轴承的支座反力。

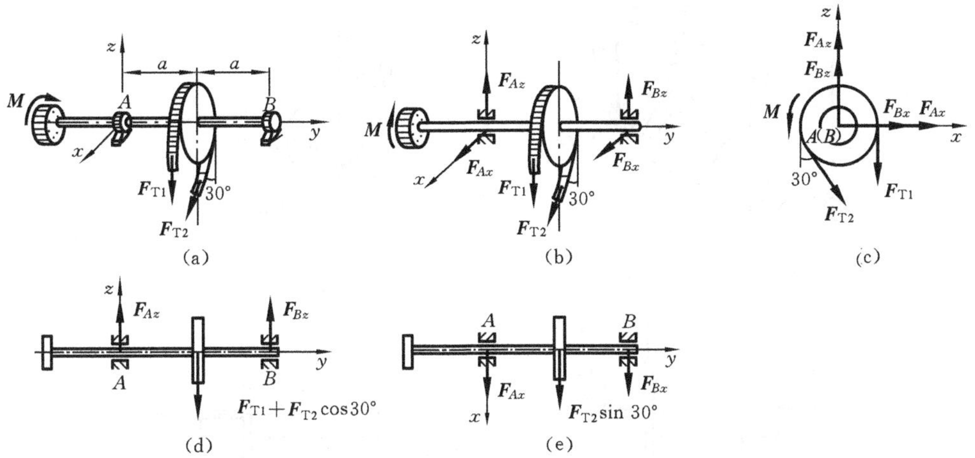

图 3-10

解　以轮轴为研究对象，其受力图如图 3-10(b)所示。轮轴上的力偶矩为 M 的力偶，带轮的拉力 $\boldsymbol{F}_{T1}$、$\boldsymbol{F}_{T2}$ 及轴承 A、B 处的约束反力 $\boldsymbol{F}_{Ax}$、$\boldsymbol{F}_{Az}$、$\boldsymbol{F}_{Bx}$、$\boldsymbol{F}_{Bz}$ 组成一空间一般力系。

采用化空间问题为平面问题的方法建立平衡方程。先向 Axz 面投影（见图 3-10(c)）。建立如下平衡方程：

$$\sum M_{A(B)}(\boldsymbol{F})=0,\quad (F_{T1}-F_{T2})\frac{d}{2}-M=0$$

将 $F_{T1}=2F_{T2}$ 代入，得

$$F_{T2}=\frac{2M}{d}=\frac{2\times 20\ 000}{160}\ \text{N}=250\ \text{N}$$

$$F_{T1}=2F_{T2}=500\ \text{N}$$

再向 Ayz 面投影（见图 3-10(d)）。建立如下平衡方程：

$$\sum M_A(\boldsymbol{F})=0,\quad F_{Bz}\times 2a-(F_{T1}+F_{T2}\cos 30°)a=0$$

$$\sum F_z=0,\quad F_{Az}+F_{Bz}-(F_{T1}+F_{T2}\cos 30°)=0$$

解得

$$F_{Bz}=\frac{F_{T1}+F_{T2}\cos 30°}{2}=\frac{500+250\cos 30°}{2}\ \text{N}=358.25\ \text{N}$$

$$F_{Az}=F_{T1}+F_{T2}\cos 30^\circ-F_{Bz}=(500+250\cos 30^\circ-358.25)\ \text{N}$$
$$=358.25\ \text{N}$$

最后向 Axy 面投影(见图 3-10(e))。建立如下平衡方程:

$$\sum M_A(\boldsymbol{F})=0,\quad -F_{Bx}\times 2a-F_{T2}\sin 30^\circ\cdot a=0$$

$$\sum F_x=0,\quad F_{Ax}+F_{Bx}+F_{T2}\sin 30^\circ=0$$

解得
$$F_{Bx}=\frac{-F_{T2}\sin 30^\circ}{2}=\frac{-250\sin 30^\circ}{2}\ \text{N}=-62.5\ \text{N}$$

$$F_{Ax}=-62.5\ \text{N}$$

例 3-6　起重绞车的卷筒如图 3-11(a) 所示。鼓轮半径 $r=0.1$ m,齿轮分度圆半径 $R=0.2$ m,其上受力 $\boldsymbol{F}_n$ 的作用(称为齿上的法向力),力 $\boldsymbol{F}_n$ 与该力作用点的切线成 α 角(称为压力角,标准压力角为 $\alpha=20^\circ$)。鼓轮和齿轮一同转动。设起吊重物 $P=10$ kN。求重物在空中静止时,支座 A、B 的反力及齿轮所受的力 F_n。

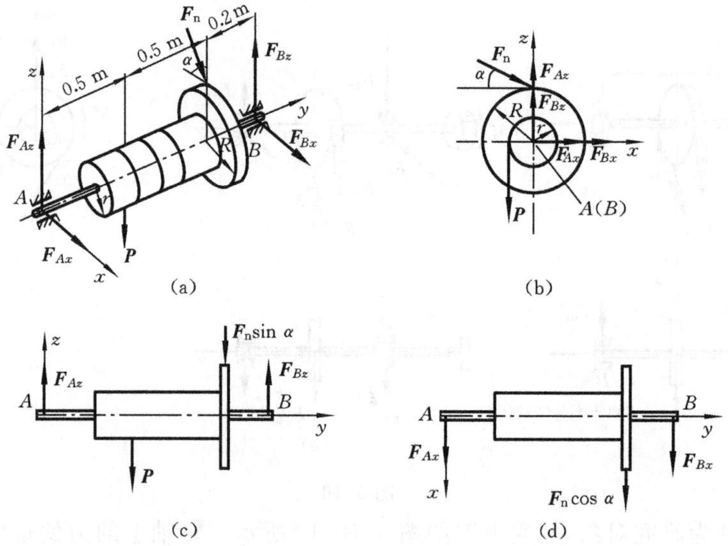

图 3-11

解　以轴、鼓轮和齿轮为研究对象,取平面直角坐标系 $Axyz$,其受力状况如图 3-11(a)所示。$\boldsymbol{F}_{Az}$、$\boldsymbol{F}_{Bz}$、$\boldsymbol{F}_{Ax}$、$\boldsymbol{F}_{Bx}$、$\boldsymbol{P}$ 和 $\boldsymbol{F}_n$ 组成空间力系。将该系统的空间受力图三个坐标平面投影,得到如图 3-11(b)、(c)、(d)所示的三个平面力系。

在 Axz 面中建立如下平衡方程:

$$\sum M_{A(B)}(\boldsymbol{F})=0,\quad -F_n\cos\alpha\cdot R+Pr=0$$

解得
$$F_n=\frac{Pr}{R\cos\alpha}=\frac{10\times 0.1}{0.2\times\cos 20^\circ}\ \text{kN}=5.32\ \text{kN}$$

在 Ayz 面中建立如下平衡方程:

$$\sum M_A(\boldsymbol{F})=0,\quad -F_n\sin\alpha\times(0.5+0.5)-P\times 0.5+F_{Bz}\times(0.5+0.5+0.2)=0$$

$$\sum F_z=0,\quad F_{Az}+F_{Bz}-F_n\sin\alpha-P=0$$

解得
$$F_{Bz}=\frac{F_n\sin\alpha\times 1+P\times 0.5}{1.2}=\frac{1.82+5}{1.2}\ \text{kN}=5.68\ \text{kN}$$

$$F_{Az} = F_n \sin 20° + P - F_{Bz} = (1.82 + 10 - 5.68)\ \text{kN} = 6.14\ \text{kN}$$

在 Axy 面中建立如下平衡方程：

$$\sum M_B(\boldsymbol{F}) = 0, \quad -F_n \cos\alpha \times 0.2 - F_{Ax} \times 1.2 = 0$$

$$\sum F_x = 0, \quad F_{Ax} + F_{Bx} + F_n \cos\alpha = 0$$

解得

$$F_{Ax} = -\frac{F_n \cos\alpha \times 0.2}{1.2} = -\frac{5.32 \times 0.94 \times 0.2}{1.2}\ \text{kN} = -0.833\ \text{kN}$$

$$F_{Bx} = -F_n \cos\alpha - F_{Ax} = [-5.32 \times 0.94 - (-0.833)]\ \text{kN} = -4.17\ \text{kN}$$

3.5　物体重心和平面图形形心

3.5.1　物体重心的概念

在地球表面，每个物体都受到地球引力的作用，这个引力就是物体所受的重力。如果将物体看成是由许多个质点组成的，则各质点所受的重力便组成空间汇交力系。由于物体的尺寸比地球小得多，因此可以认为各质点的重力是空间平行力系，此力系的合力的大小就是物体的重量。合力的作用线总是通过一确定点，该点称为物体的重心。实践表明，不变形的物体（即刚体）在地球表面上无论怎样放置，其重心的位置是不变的。

重心在工程实际中具有重要的意义。例如，起重机起吊机器时，要使被吊物体保持平衡，吊钩应该位于物体重心的正上方，如图 3-12（a）所示；否则起吊时就有可能倾倒（见图 3-12（b））。高速运转的转子，如果其重心不在转动轴线上，将会引起剧烈振动，影响转子的正常运转，甚至遭到破坏。

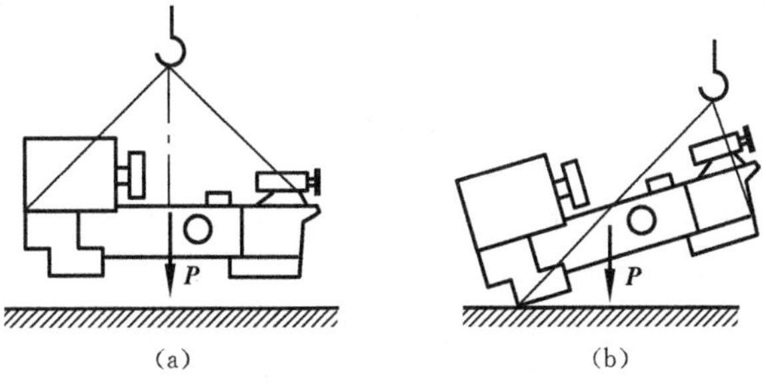

图 3-12

3.5.2　物体重心的坐标公式

设有一物体，如图 3-13 所示，将它分成许多微体，每个微体所受的重力分别用 $\Delta\boldsymbol{P}_1, \Delta\boldsymbol{P}_2, \cdots, \Delta\boldsymbol{P}_k$ 表示，这些力组成空间同向平行力系，其合力的大小为 $P = \sum \Delta P_k$，即物体的重量，其合力的作用点即物体的重心 C，设重心 C 的坐标为 x_C、y_C、z_C。对 y 轴使用合力矩定理，则有

$$P \cdot x_C = \sum \Delta P_k \cdot x_k$$

得

$$x_C = \frac{\sum \Delta P_k \cdot x_k}{P}$$

同理，对 x 轴使用合力矩定理，则得

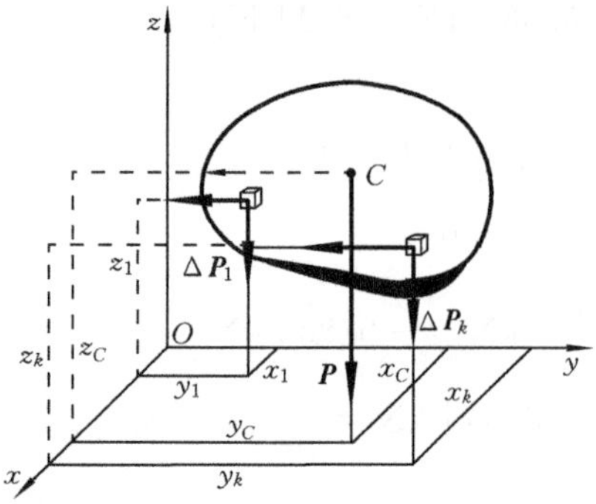

图 3-13

$$y_C = \frac{\sum \Delta P_k \cdot y_k}{P}$$

由于物体重心的位置相对于物体本身始终在一个确定的几何点，而与物体的放置情况无关，故可以先把物体连同坐标系一同绕 x 轴转 90°，力 $\Delta \boldsymbol{P}_1, \Delta \boldsymbol{P}_2, \cdots, \Delta \boldsymbol{P}_k$ 和 $\boldsymbol{P}$ 分别绕它们的作用点也转过 90°，如图 3-13 中虚线所示，然后再对 x 轴使用合力矩定理，得

$$z_C = \frac{\sum \Delta P_k \cdot z_k}{P}$$

将以上三个坐标公式合在一起，即

$$\left.\begin{aligned} x_C &= \frac{\sum \Delta P_k \cdot x_k}{P} \\ y_C &= \frac{\sum \Delta P_k \cdot y_k}{P} \\ z_C &= \frac{\sum \Delta P_k \cdot z_k}{P} \end{aligned}\right\} \tag{3-11}$$

如果物体是均质的，设其每单位体积重量的大小为 P'，各微体的体积为 ΔV_k，整个物体的体积为 $V = \sum \Delta V_k$，则 $P = P'V$，$\Delta P_k = P'\Delta V_k$。将它们代入式(3-11)，得

$$\left.\begin{aligned} x_C &= \frac{\sum \Delta V_k \cdot x_k}{V} \\ y_C &= \frac{\sum \Delta V_k \cdot y_k}{V} \\ z_C &= \frac{\sum \Delta V_k \cdot z_k}{V} \end{aligned}\right\} \tag{3-12}$$

由式(3-12)可以看出，均质物体的重心位置完全取决于物体的几何形状，而与物体的重量无关。这时物体的重心也称为形心。

如果物体是均质薄板或薄壳，设其厚度为 δ，则其形心坐标为

$$\left.\begin{aligned} x_C &= \frac{\sum \Delta A_k \cdot \delta x_k}{A\delta} = \frac{\sum \Delta A_k \cdot x_k}{A} \\ y_C &= \frac{\sum \Delta A_k \cdot \delta y_k}{A\delta} = \frac{\sum \Delta A_k \cdot y_k}{A} \\ z_C &= \frac{\sum \Delta A_k \cdot \delta z_k}{A\delta} = \frac{\sum \Delta A_k \cdot z_k}{A} \end{aligned}\right\} \tag{3-13}$$

其中　A——薄板(或薄壳)面积；

　　ΔA_k——微块面积。

如果均质物体有对称面、对称轴或对称中心，则该物体的重心必在这个对称面、对称轴或对称中心上。

3.5.3　平面图形的形心

在工程中经常遇到求平面图形形心的问题。设在平面图形所在的平面内取平面直角坐标系 Oxy，如图 3-14 所示，则平面图形形心的坐标公式为

$$\left.\begin{aligned} x_C &= \frac{\sum \Delta A_k \cdot x_k}{A} \\ y_C &= \frac{\sum \Delta A_k \cdot y_k}{A} \end{aligned}\right\} \tag{3-14}$$

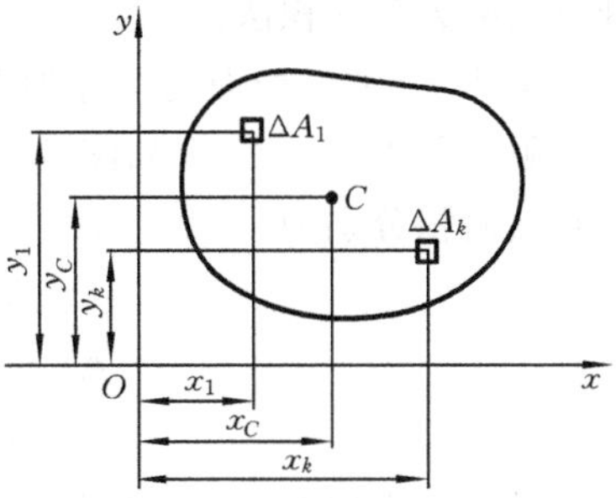

图 3-14

简单形状的平面图形的形心，如工程中常用的型钢（工字钢、角钢、槽钢等）的截面的形心，一般可以从有关工程手册中查到，表 3-1 列出了常见的部分简单形状的平面图形的形心。

表 3-1　部分简单形状的平面图形的形心

图　形	形心坐标	图　形	形心坐标
三角形 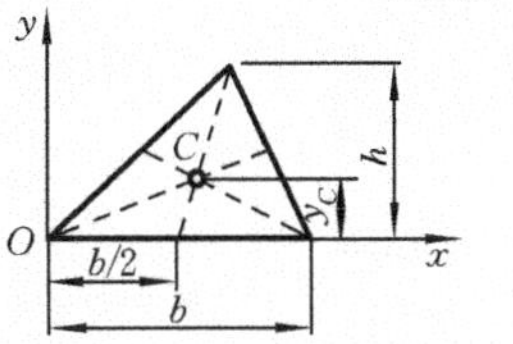	$y_C=\frac{1}{3}h$ $A=\frac{1}{2}bh$	弓形 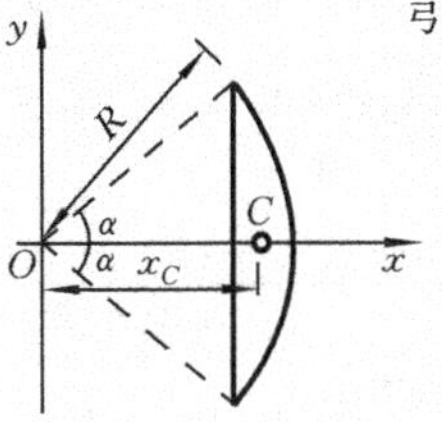	$x_C=\frac{2R^3\sin^3\alpha}{3A}$ $A=\frac{R^2(2\alpha-\sin 2\alpha)}{2}$
梯形 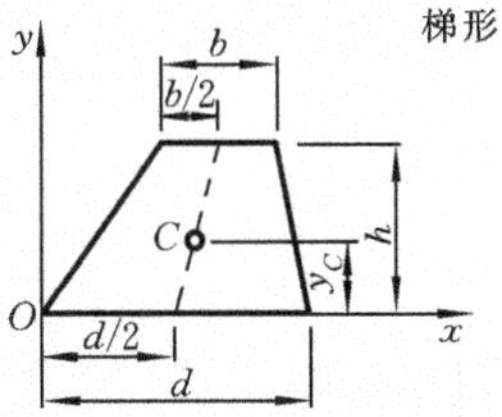	$y_C=\frac{(2b+d)}{3(b+d)}h$ $A=\frac{1}{2}(b+d)h$	$\frac{1}{4}$椭圆 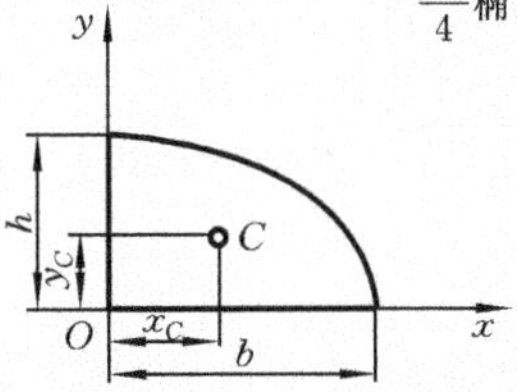	$x_C=\frac{4b}{3\pi}$ $y_C=\frac{4h}{3\pi}$ $A=\frac{1}{4}\pi bh$
圆弧 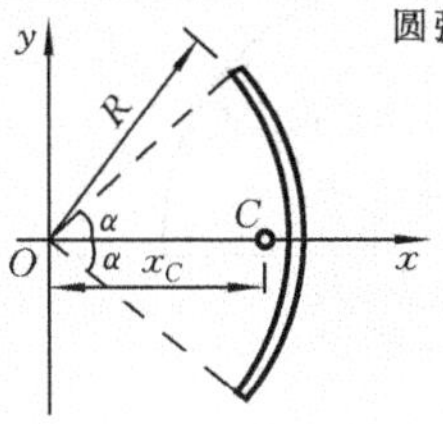	$x_C=\frac{R\sin\alpha}{\alpha}$ $\left(当\ \alpha=\frac{\pi}{2}时，x_C=\frac{2R}{\pi}\right)$	抛物线三角形 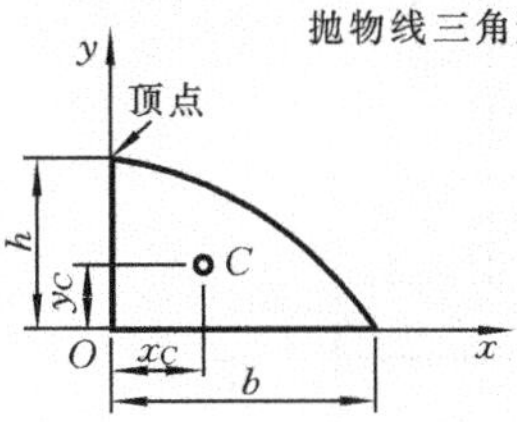	$x_C=\frac{3}{8}b$ $y_C=\frac{2}{5}h$ $A=\frac{2}{3}bh$
扇形 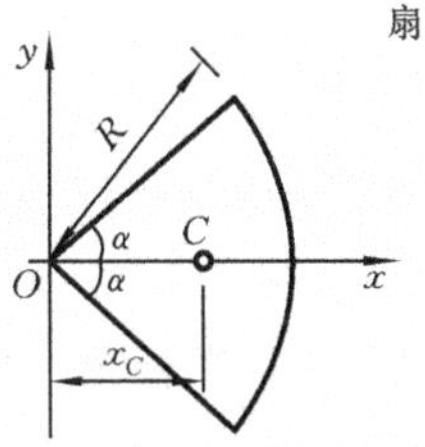	$x_C=\frac{2R\sin\alpha}{3\alpha}$ $A=R^2\alpha$ $\left(当\ \alpha=\frac{\pi}{2}时，x_C=\frac{4R}{3\pi}\right)$	抛物线三角形 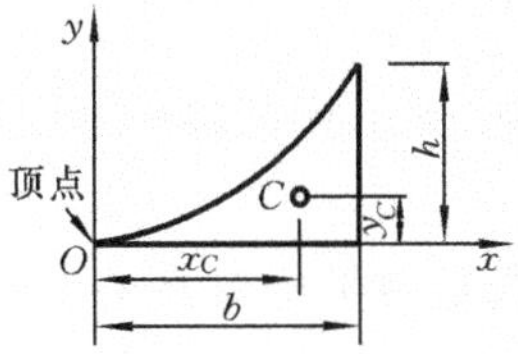	$x_C=\frac{3}{4}b$ $y_C=\frac{3}{10}h$ $A=\frac{1}{3}bh$

有些形状比较复杂的平面图形往往是由几个简单的平面图形组合而成的，每个简单平面图形的形心位置可以根据对称性或查表确定，整个图形的形心坐标可以用式(3-14)求出。这

种求形心的方法称为分割法。

如果平面图形可以看成是从某个简单(或有规则的)平面图形中挖去另一个简单平面图形而成的,则可把被挖去部分的面积取为负值,仍然应用式(3-14)求整个平面图形的形心。这种方法称为负面积法。

例 3-7 Z 形截面的尺寸如图 3-15 所示。求其形心的位置。

解 取坐标系 Oxy 如图 3-15 所示,Z 形截面可以分割为三个矩形(分割线如图中虚线所示),其面积分别为

$$A_1 = 10 \times 30\ \text{mm}^2 = 300\ \text{mm}^2$$
$$A_2 = 10 \times (10 + 30)\ \text{mm}^2 = 400\ \text{mm}^2$$
$$A_3 = 10 \times 30\ \text{mm}^2 = 300\ \text{mm}^2$$

这三个矩形的形心的位置是显然的,分别为

$$C_1: x_1 = -15\ \text{mm},\quad y_1 = 45\ \text{mm}$$
$$C_2: x_2 = 5\ \text{mm},\quad y_2 = 30\ \text{mm}$$
$$C_3: x_3 = 15\ \text{mm},\quad y_3 = 5\ \text{mm}$$

将以上数值代入式(3-14),得该 Z 形截面的形心坐标为

$$x_C = \frac{\sum A_k \cdot x_k}{A} = \frac{A_1 \cdot x_1 + A_2 \cdot x_2 + A_3 \cdot x_3}{A_1 + A_2 + A_3}$$
$$= \frac{300 \times (-15) + 400 \times 5 + 300 \times 15}{300 + 400 + 300}\ \text{mm} = 2\ \text{mm}$$

$$y_C = \frac{\sum A_k \cdot y_k}{A} = \frac{A_1 \cdot y_1 + A_2 \cdot y_2 + A_3 \cdot y_3}{A_1 + A_2 + A_3}$$
$$= \frac{300 \times 45 + 400 \times 30 + 300 \times 5}{300 + 400 + 300}\ \text{mm} = 27\ \text{mm}$$

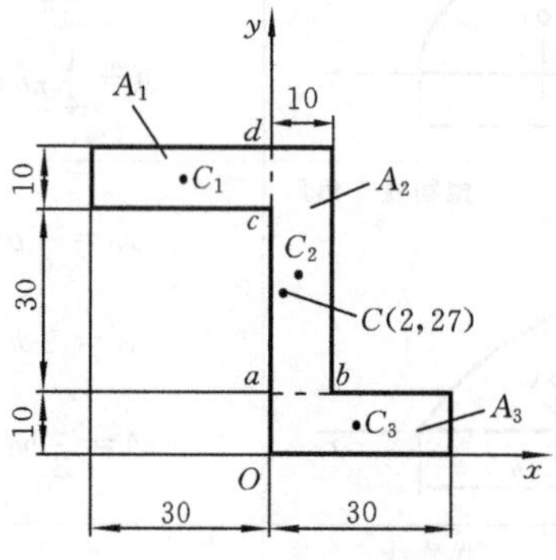

图 3-15

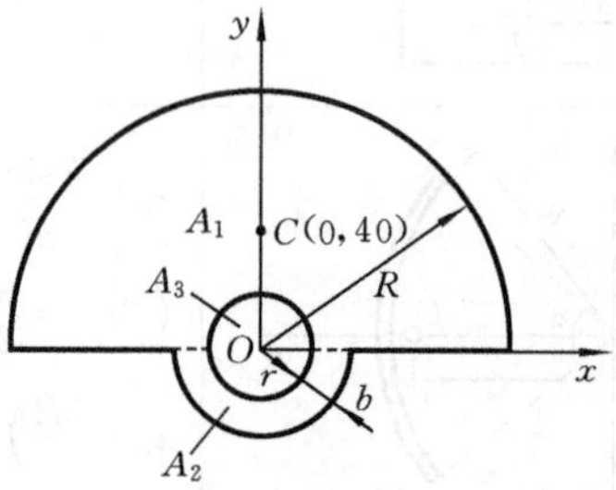

图 3-16

例 3-8 求如图 3-16 所示振动器中偏心块的形心。已知 $R=100$ mm,$r=17$ mm,$b=13$ mm。

解 偏心块可以看成是由半径为 R 的半圆 A_1、半径为 $r+b$ 的半圆 A_2 及半径为 r 的小圆 A_3 所组成。因为 A_3 是被挖空的小圆,所以其面积应取负值。取坐标系如图 3-16 所示,由对称性可知,偏心块的形心必在 y 轴上,故 $x_C=0$。

查表 3-1 可知

$$y_1 = \frac{4R}{3\pi} = \frac{400}{3\pi},\quad y_2 = \frac{-4(r+b)}{3\pi} = -\frac{40}{\pi}$$

因挖空的小圆的形心恰好是坐标原点，则有 $y_3=0$。于是

$$y_C = \frac{A_1 y_1 + A_2 y_2 + A_3 y_3}{A_1 + A_2 + A_3}$$

$$= \frac{\frac{1}{2}\pi\times 100^2\times\frac{400}{3\pi} + \frac{1}{2}\pi\times(17+13)^2\times\left(-\frac{40}{\pi}\right)+0}{\frac{1}{2}\pi\times 100^2 + \frac{1}{2}\pi\times(17+13)^2 - \pi\times 17^2}\ \text{mm} \approx 40\ \text{mm}$$

3.5.4　确定重心位置的实验法

对于形状复杂或质量分布不均匀的物体，有时用计算的方法求重心位置是很困难的，这时常用实验方法来测定其重心的位置。下面介绍两种常用的实验方法。

1. 悬挂法

求平板物体或具有对称面的薄零件的重心时，可将该物体(或将纸板按物体的截面形状剪成一平面图形)先悬挂于点 A，根据二力平衡条件，重心必在过点 A 的竖直线上，画出此线，如图 3-17(a)所示。再将物体悬挂于点 B，画出另一条竖直线，如图 3-17(b)所示。这两条竖直线的交点 C 就是物体的重心。

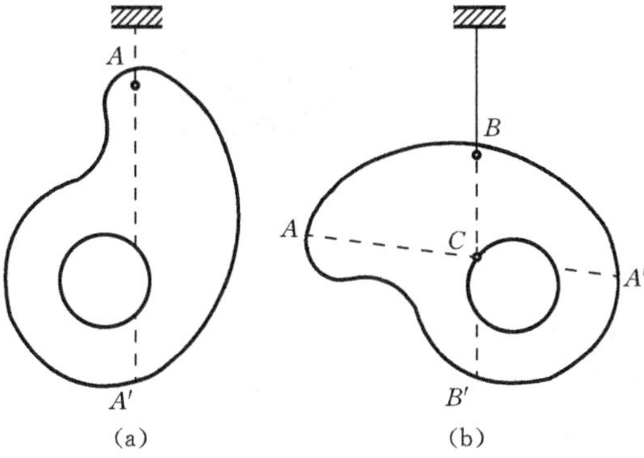

图 3-17

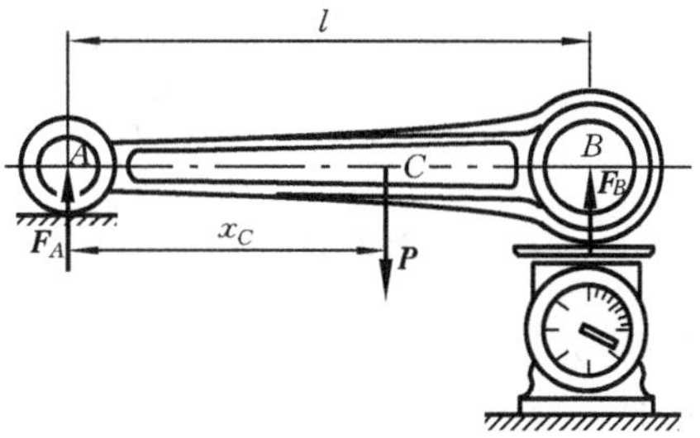

图 3-18

2. 称重法

有些形状复杂、体积庞大的物体可用称重法求其重心。例如内燃机的连杆，因为它具有对称轴，故只需确定重心在此轴上的位置 x_C。具体方法是：先称出连杆的重量 P，然后将连杆的一端 B 放在台秤上，另一端 A 搁在水平面上，使中心线保持水平，如图 3-18 所示，用台秤测得 B 端反力 $\boldsymbol{F}_B$ 的大小。建立如下平衡方程：

$$\sum M_A(\boldsymbol{F}) = 0,\quad F_B l - P x_C = 0$$

解得

$$x_C = \frac{F_B}{P} l$$

其中　l——连杆大小两头的中心距。

习　题　3

3-1　如图 3-19 所示，已知 $F_1=30$ N，$F_2=50$ N，$F_3=40$ N。求各力在三坐标轴上的投影。

3-2　如图 3-20 所示的六面体，边长 $a=12$ cm，$b=16$ cm，$c=10$ cm，其上分别作用有力 $F_1=2$ kN、$F_2=2$ kN、$F_3=4$ kN。求各力在三坐标轴上的投影。

3-3　镗刀杆如图 3-21 所示。已知刀尖作用于镗刀杆上的切削力 $F_z=5$ kN、径向力 $F_y=1.5$ kN、轴向力 $F_x=0.75$ kN，刀尖位于 Oxy 面内。求此三力分别对 x 轴、y 轴、z 轴的矩。

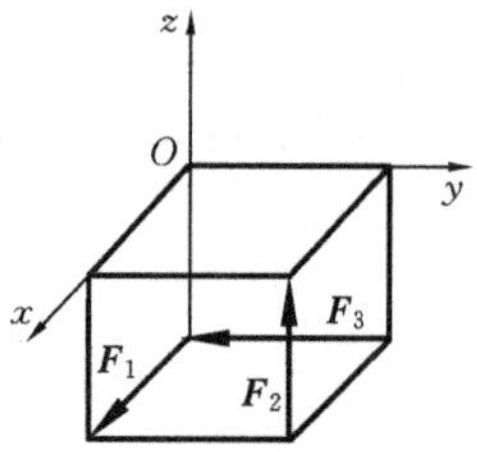

图 3-19

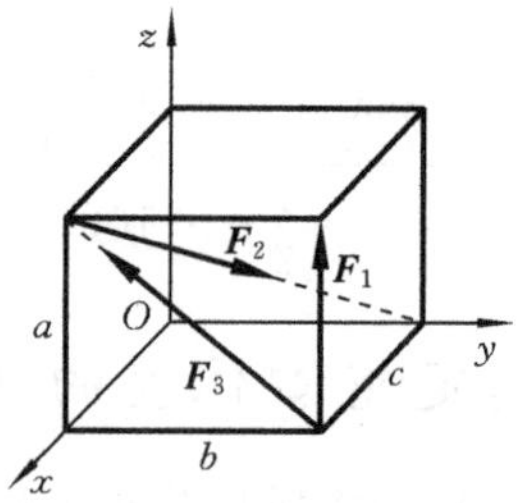

图 3-20

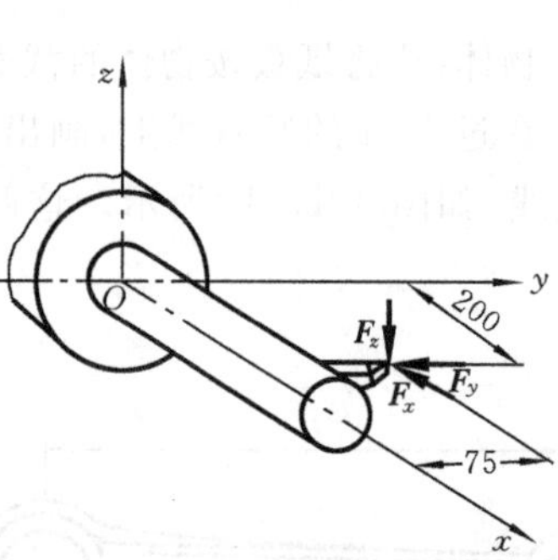

图 3-21

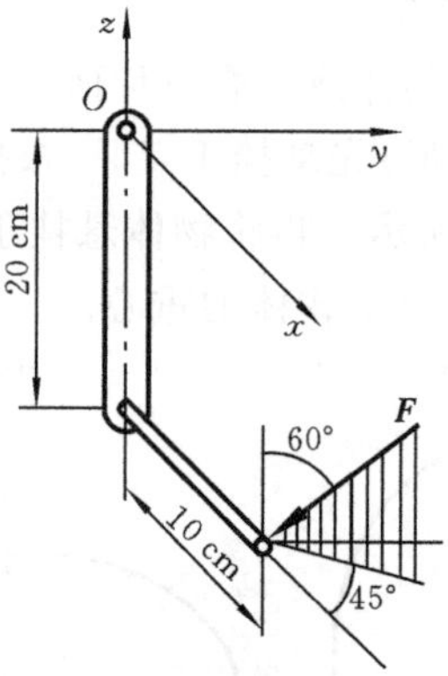

图 3-22

3-4　如图 3-22 所示，已知作用于手柄上的力 $F=100$ N。求 $\boldsymbol{F}$ 对 x 轴的矩。

3-5　如图 3-23 所示，水平轮上点 A 作用有力 $\boldsymbol{F}$，其作用线与过点 A 的切线成 60°角，且在过点 A 而与轮子相切的平面内，OA 与通过点 O 平行于 y 轴的直线成 45°角。已知 $F=1\ 000$ N，$h=r=1$ m。分别求力 $\boldsymbol{F}$ 在三坐标轴上的投影与对三坐标轴的矩。

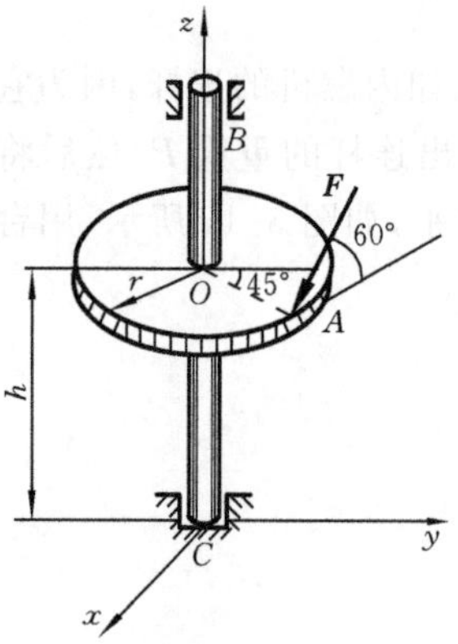

图 3-23

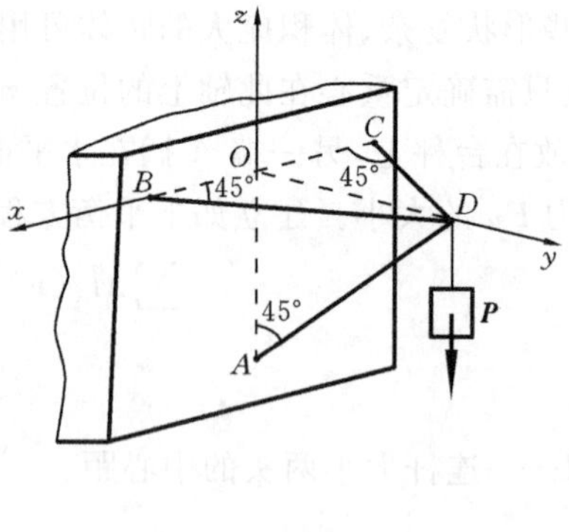

图 3-24

3-6　挂物架如图 3-24 所示，三杆的自重不计，用铰链连接于点 D，平面 BDC 是水平的，

且 $DB=DC$。已知在点 D 挂一重物，其重量 $P=1\ 000\ \mathrm{N}$。求三杆所受的力。

3-7　由杆 AD、BD、CD 组成的三脚架和绞车用来从矿井中提升重量 $P=30\ \mathrm{kN}$ 的重物。绞车和三脚架的相对位置如图 3-25 所示，$\triangle ABC$ 为等边三角形，三脚架及绳索 DE 分别与水平面成 60°角。求当重物被等速吊起时各脚所受的力。

3-8　如图 3-26 所示，变速箱中间轴上有两个齿轮，其分度圆半径 $r_1=50\ \mathrm{mm}$、$r_2=100\ \mathrm{mm}$。大齿轮啮合点在其最高位置，小齿轮啮合点在水平面 Axy 内。齿轮压力角 $\alpha=20°$，大齿轮上的圆周力 $F_{t2}=500\ \mathrm{N}$。求当轴平衡时，作用在小齿轮上的圆周力 F_{t1} 及 A、B 两处的轴承反力。

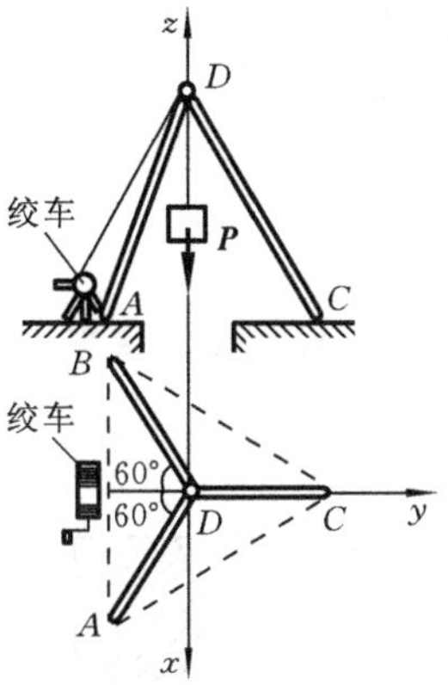

图 3-25

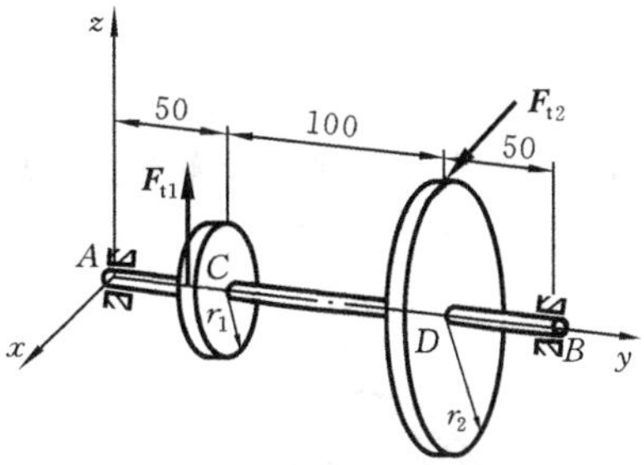

图 3-26

3-9　如图 3-27 所示，水平传动轴上两个带轮Ⅰ、Ⅱ，其半径 $r_1=300\ \mathrm{mm}$、$r_2=150\ \mathrm{mm}$，距离 $b=500\ \mathrm{mm}$。带的拉力都在垂直于 y 轴的横截面内，且与带轮相切。已知 $\boldsymbol{F}_{T1}$ 和 $\boldsymbol{F}_{T2}$ 沿水平方向，而 $\boldsymbol{F}_{T3}$ 和 $\boldsymbol{F}_{T4}$ 则与竖直线的夹角 $\theta=30°$。设 $F_{T1}=2F_{T2}=2\ \mathrm{kN}$，$F_{T3}=2F_{T4}$。求平衡时的拉力 $\boldsymbol{F}_{T3}$、$\boldsymbol{F}_{T4}$ 和轴承 A、B 的反力。

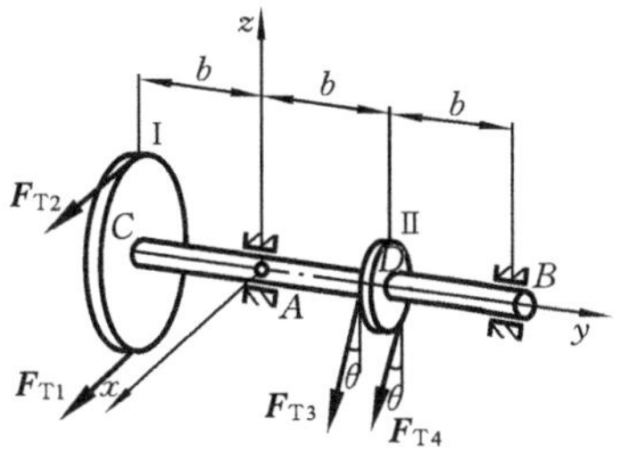

图 3-27

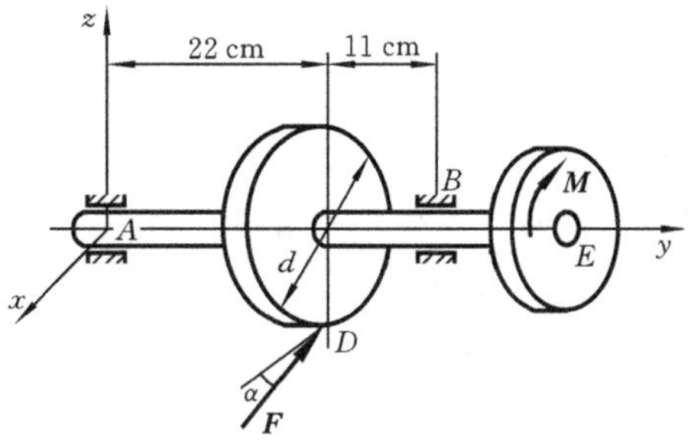

图 3-28

3-10　某传动轴以 A、B 处的两轴承支承，如图 3-28 所示。圆柱直齿轮的分度圆直径 $d=17.3\ \mathrm{cm}$，压力角 $\alpha=20°$，在法兰上作用一力偶，力偶矩 $M=1\ 030\ \mathrm{N\cdot m}$。轮轴自重和摩擦不计。求传动轴匀速转动时 A、B 处的两轴承的反力。

3-11　求如图 3-29 所示各平面图形的形心(图中尺寸单位为 cm)。

3-12　如图 3-30 所示，在半径为 R 的圆形内挖去一半径为 r 的圆孔。求阴影部分的形心。

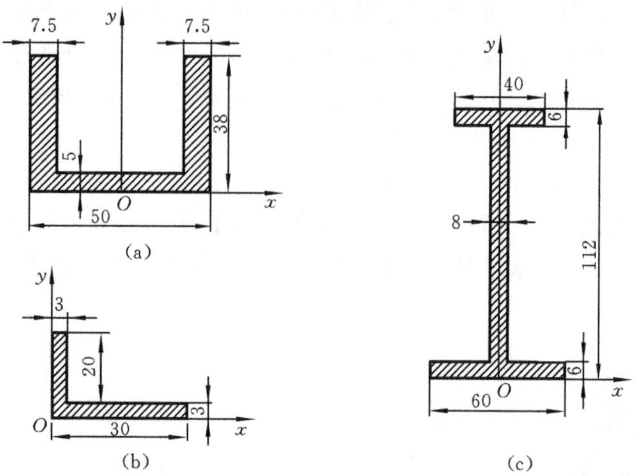

图 3-29

3-13 如图 3-31 所示,梯形板 $ABED$ 在点 E 被挂起,已知 $AD=a$。欲使 AD 边保持水平,问:BE 的长度应为多少?

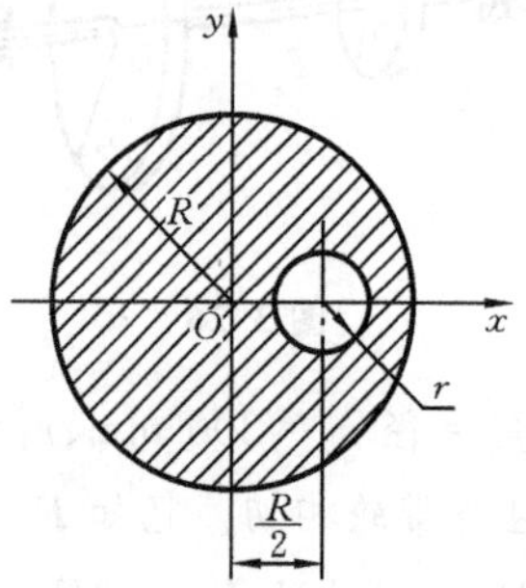

图 3-30

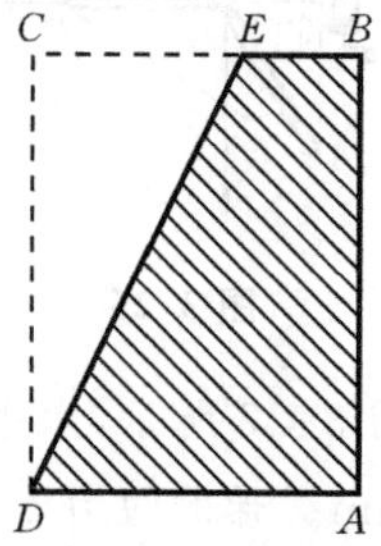

图 3-31

综合训练 3

【1】 说明在下列几种情况下力 F 与空间坐标轴 y 的关系:

(1) $F_y=0, M_y(F)=0$;

(2) $F_y=0, M_y(F)\neq 0$;

(3) $F_y\neq 0, M_y(F)=0$。

【2】 用称重法确定某机床的重心。已知机床重量 $P=25$ kN,长 $l=2.4$ m。机床平放在地面上,用拉力使机床的一端 A 刚刚离开地面(设机床另一端 B 与地面的摩擦力足够),拉力计读数 $F_A=17.5$ kN,求机床重心的位置。又问:在此方法中,哪些因素会影响结果的准确性?

第2篇　杆件的基本变形及承载能力计算

在静力分析及平衡计算中把物体抽象为刚体，但是实际上刚体并不存在。任何物体在外力作用下都将产生变形，而且当外力的大小达到一定值时物体会发生破坏。在静力分析中，假定构件的微小变形对平衡计算的影响很小，可以忽略，但在工程实际中，常需要考虑构件的变形及破坏。因此，本篇的研究对象是可变形固体，简称变形体。

由于实际变形体的微观结构和性态比较复杂，所以当考虑宏观变形时，需对变形体进行适当的抽象。因此，提出如下基本假设：材料是均匀、连续和各向同性的，即假设物体的整个体积内均匀地、毫无空隙地充满了物质，且材料沿任何方向都具有相同的力学性能。该假设与大多数由工程材料（如大多数金属材料以及玻璃、混凝土等非金属材料）制成的构件的实际情况是吻合的。

本篇在静力平衡的基础上，将研究构件是否具有足够的承受载荷的能力（简称承载能力）等问题。

对于构件的承载能力，一般有以下几方面的要求：

① 要有足够的强度。所谓强度，是指构件抵抗破坏的能力。

② 要有足够的刚度。所谓刚度，是指构件抵抗变形的能力。

③ 要有足够的稳定性。所谓稳定性，是指受压直杆保持其直线平衡状态的能力。如果受压杆的轴线由直线突然变成曲线，称为失稳。失稳会使杆件乃至整个工程结构失去承载能力，带来严重后果。

对构件的承载能力进行计算时，一般并不需同时考虑以上三个要求，而是因构件条件的不同，仅需考虑其中一个或两个要求。对于大量的工程问题，仍以强度计算为主，因此本篇主要讨论几种基本变形下的强度问题。

满足对构件承载能力的要求，即构件具有工作的安全可靠性，这是构件设计的一个基本和重要方面，但是，还必须考虑材料的适用、尺寸的合理及自重的减轻，即构件设计的经济性。因此，要协调安全可靠性与经济性这一对矛盾。

本篇的任务即在保证构件安全可靠工作的条件下，为选择合适的材料、合理的截面尺寸提供理论基础及计算方法。

实际工程构件的形状比较复杂，本篇仅讨论杆件（某一方向的尺寸远大于另外两个方向的尺寸的构件）的变形及强度问题。

作用于杆件的外力多种多样，杆件的变形也较为复杂，但基本变形可归纳为以下四种：轴向拉伸与压缩、剪切与挤压、扭转、弯曲。还有一些杆件同时发生两个或两个以上的基本变形，这种变形称为组合变形。

第 4 章　拉伸与压缩

本章通过对直杆轴向拉伸与压缩的研究，阐述材料力学的一些基本概念和基本方法，主要讨论内力、截面法、应力、强度计算、变形计算以及典型材料在拉伸或压缩时的力学性能等问题。

4.1　拉伸与压缩的概念

工程实际中常遇到承受拉伸与压缩的杆件。例如，承受拉伸的紧固螺栓(见图 4-1)，在燃气爆发过程中承受压缩的内燃机连杆(见图 4-2)。此外，起吊重物时用的钢丝绳、油压千斤顶的丝杆等，都是承受轴向拉伸或压缩的构件。

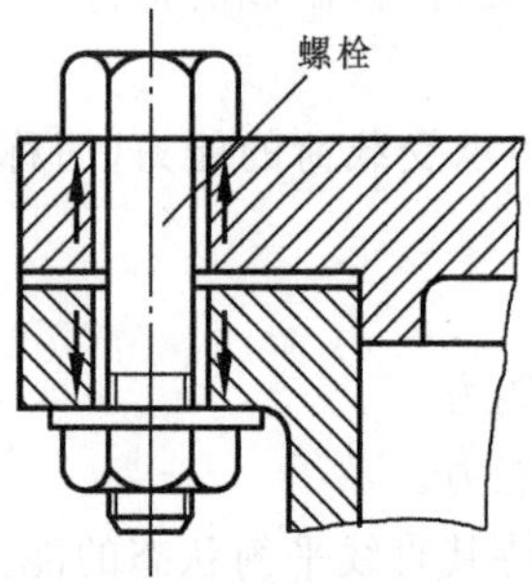

图 4-1

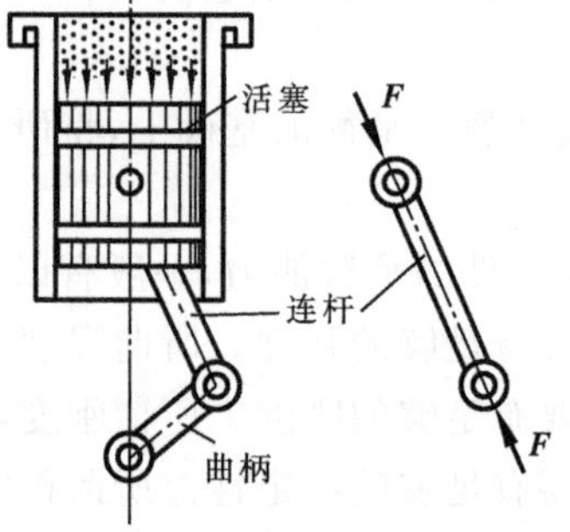

图 4-2

这些受拉或受压的杆件虽外形各异，承载方式也不相同，但它们的共同特点是：作用于杆件上的外力合力的作用线与杆轴线重合，杆件变形是沿轴线方向的伸长或缩短。这种变形形式称为轴向拉伸或轴向压缩。若把这些杆件的形状和受力状况进行简化，都可简化成如图4-3所示的受力图。图中用虚线表示杆件变形后的形状。

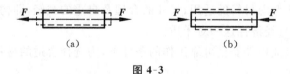

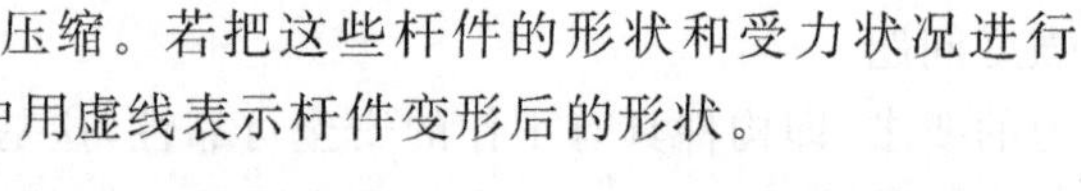

(a)　(b)

图 4-3

4.2　拉(压)杆的内力与截面法

首先介绍内力的一般概念，然后以拉杆为例介绍求内力的一般方法——截面法，以及拉(压)杆的内力图——轴力图。

构件在受外力作用之前，其内部相邻质点间就存在相互作用的内力，使构件保持固有的形状和大小。构件在受到外力作用而变形时，其内部各质点间的相对位置会有变化，与此同时，各质点间相互作用的力也发生了改变。这种由外力作用而引起的内力的改变量，称为附加内力，简称内力。材料力学研究的就是这种内力。

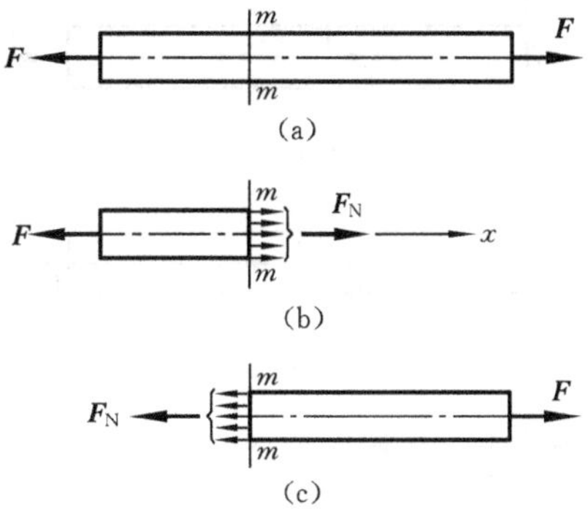

图 4-4

内力是物体内部的相互作用力，求内力时必须将物体分成两部分才能使内力体现出来。求构件内力的一般方法是在所欲求内力处假想用一横截面将构件截开。以图4-4(a)所示拉杆为例，为显示其横截面上的内力，可沿假想截面 m—m 把杆件分成左右两段，任选其中一段为研究对象，弃去另一段，并将弃去的一段对留下的一段的作用力以内力来代替。由于假设杆件内部的材料是连续的，所以在横截面内的内力分布也必然是连续的。这种连续分布内力的合力(力或力偶)称为内力。拉(压)杆的内力可用 $\boldsymbol{F}_{\mathrm{N}}$ 表示。

由于整个杆件在外力作用下处于平衡状态，杆件每一段也必然处于平衡状态，因此，根据截开后杆件任一段平衡的条件，即可求出内力的大小。如图 4-4(b) 所示，考虑左段，建立如下平衡方程：

$$\sum F_x = 0,\quad F_{\mathrm{N}} - F = 0$$

解得
$$F_{\mathrm{N}} = F$$

因为外力 $\boldsymbol{F}$ 的作用线与杆件轴线重合，内力 $\boldsymbol{F}_{\mathrm{N}}$ 的作用线也必然与杆件的轴线重合，所以，拉(压)杆的内力称为轴力。其正、负号可根据杆件的变形情况来规定：当杆件受拉伸时，轴力方向背离截面，这样的轴力取正号；当杆件受压缩时，轴力的方向指向截面，这样的轴力取负号。按这种符号规定，无论以杆件左段或右段为研究对象，所求得的同一截面上两侧的内力，不但大小相等，而且符号也一致。

求拉(压)杆的内力——轴力的方法称为截面法。该方法不但对拉伸或压缩变形适用，而且对其他变形形式也适用。截面法是材料力学中求内力的基本方法，可归纳为以下三个步骤：

① 截开。在需求内力的截面处，用一假想截面将构件分成两段。

② 代替。将两段中的任一段留下，并以内力代替弃去的一段对留下的一段的作用。

③ 平衡。对留下的一段建立静力平衡方程，从而确定内力的大小和方向。

当杆件受到多个轴向外力作用时，在杆的不同段内，其轴力会不同。为了表明杆内的轴力随横截面位置的改变而变化的情况，最好画出轴力图。所谓轴力图，就是用杆件轴线为坐标表示横截面的位置，并用垂直于杆件轴线的坐标值表示横截面上轴力的值，从而绘出轴力沿杆轴变化规律的图线。

例 4-1 直杆受力状况如图 4-5(a)所示。已知 $F_1=15\ \mathrm{kN}$，$F_2=13\ \mathrm{kN}$，$F_3=8\ \mathrm{kN}$。计算杆各段的轴力并作轴力图。

解 首先求出支座 A 的约束反力 F_{r}。如图 4-5(b)所示，建立如下平衡方程：

$$\sum F_x = 0,\quad -F_{\mathrm{r}} + F_1 - F_2 + F_3 = 0$$

解得
$$F_{\mathrm{r}} = F_1 - F_2 + F_3 = (15-13+8)\ \mathrm{kN} = 10\ \mathrm{kN}$$

由于杆在截面 B、C 处也作用有外力，所以 AB、BC 和 CD 三段的轴力各不相同，因此要分段计算。

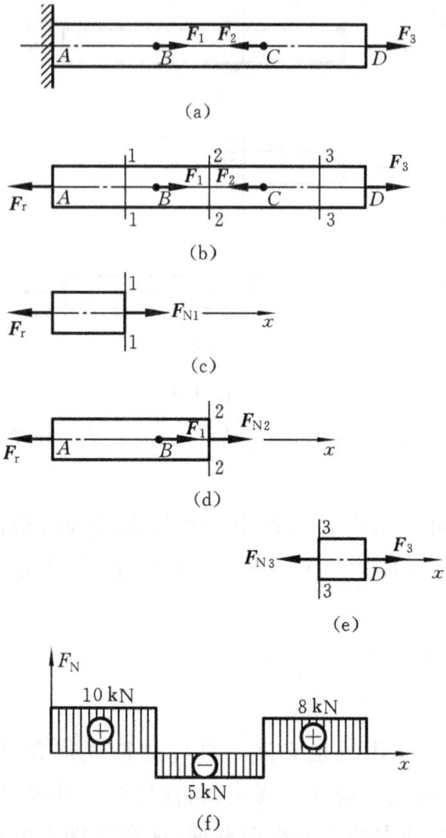

图 4-5

(1) 计算 AB 段的轴力。用假想截面 1—1 将杆截成两段,以左段为研究对象(见图 4-5(c)),设该截面上的轴力 $\boldsymbol{F}_{N1}$ 为拉力。建立如下平衡方程:

$$\sum F_x = 0,\quad F_{N1} - F_r = 0$$

解得　　$F_{N1} = F_r = 10\ \text{kN}$

所得结果为正值,表示所设 $\boldsymbol{F}_{N1}$ 的方向与实际方向一致,$\boldsymbol{F}_{N1}$ 为拉力。

(2) 计算 BC 段的轴力。用假想截面 2—2 将杆截成两段,以左段为研究对象(见图 4-5(d)),设该截面上的轴力 $\boldsymbol{F}_{N2}$ 为拉力。建立如下平衡方程:

$$\sum F_x = 0,\quad -F_r + F_1 + F_{N2} = 0$$

解得

$$F_{N2} = F_r - F_1 = (10-15)\ \text{kN} = -5\ \text{kN}$$

所得结果为负值,表示所设 $\boldsymbol{F}_{N2}$ 的方向与实际方向相反,$\boldsymbol{F}_{N2}$ 为压力。

(3) 计算 CD 段的轴力。用假想截面 3—3 将杆截成两段,以右段为研究对象(见图4-5(e)),设该截面上的轴力 F_{N3} 为拉力。建立如下平衡方程:

$$\sum F_x = 0,\quad -F_{N3} + F_3 = 0$$

解得　　$F_{N3} = F_3 = 8\ \text{kN}$

所得结果为正值,表示所设 $\boldsymbol{F}_{N3}$ 的方向与实际方向相反,$\boldsymbol{F}_{N3}$ 为拉力。

根据以上计算结果,并选取适当的比例尺,便可作出轴力图(见图 4-5(f))。由图可见,杆的最大轴力发生在 AB 段内,其值为 $F_{N\max} = 10\ \text{kN}$。

4.3　拉(压)杆的应力

4.3.1　应力的概念

求出轴力后,一般还不能够判断杆件是否会破坏。例如,有两根材料相同而粗细不同的杆件,在相同的拉力下,两杆的轴力是相等的。随着拉力的逐渐增大,细杆必定先被拉断。这说明杆件的强度不仅与轴力有关,而且与杆的横截面面积有关。所以,要判断杆在外力作用下是否会破坏,不仅要知道内力的大小,还要知道内力在横截面上的分布规律及分布密集程度。这就引出了应力的概念。内力分布的密集程度称为应力。应该指出,材料力学中所研究的杆,其截面上的内力一般是不均匀的。为了描述截面上某点处的应力,可在该点处取微面积 ΔA,设其上作用的内力的合力为 $\Delta \boldsymbol{F}$,则比值 $\Delta F/\Delta A$ 称为 ΔA 面积上的平均应力,即

$$p_m = \frac{\Delta F}{\Delta A}$$

当 ΔA 趋于零时,p_m 的极值即为该点处的应力 p,即

$$p=\lim_{\Delta A\to 0}\frac{\Delta F}{\Delta A}=\frac{\mathrm{d}F}{\mathrm{d}A}$$

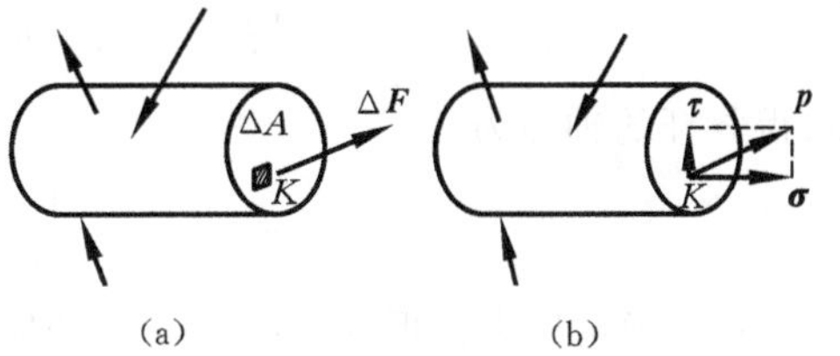

图 4-6

p 是一矢量，一般既不与截面垂直，也不与截面相切。通常把应力 **p** 分解成垂直于截面的分量 **σ** 和相切于截面的分量 **τ**（见图 4-6(b)）。**σ** 称为正应力，**τ** 称为切应力。在国际单位制中，应力的单位是帕斯卡(Pascal)，简称帕(Pa)，1 Pa=1 N/m²。在实际应用中这个单位太小，通常使用兆帕(MPa)或吉帕(GPa)，1 MPa=10^6 Pa，1 GPa=10^9 Pa。

4.3.2　拉(压)杆横截面上的应力

下面具体研究拉(压)杆横截面上内力分布规律及分布密集度，从而求得其横截面上任一点的应力。从研究杆件的变形着手。为了便于观察变形，变形前在等直杆的外表面上画垂直于杆轴线的直线 ab 和 cd（见图4-7(a)）。拉伸变形后，发现 ab 和 cd 仍为直线，且仍然垂直于轴线，只是相对地平移至 $a'b'$ 和 $c'd'$。由此可假设：变形前为平面的横截面，变形后仍为平面。这个假设称为平面假设。

设想杆是由许多纵向纤维所组成的，则根据平面假设和杆表面的变形情况，可以推断：当杆受到的轴向拉伸时，杆的表面至内部所有纵向纤维的伸长都相同；又因材料是均匀的，所以各纤维受到的内力也是一样的，且方向沿轴向。由此推知：当杆轴向拉伸时，在横截面上只有正应力，且均匀分布。轴向拉伸或压缩时横截面上正应力的计算公式为

$$\sigma=\frac{F_{\mathrm{N}}}{A} \tag{4-1}$$

其中　F_{N}——横截面上的轴力；

　　　A——横截面面积。

正应力与轴力的正、负号规定相同：拉应力为正，压应力为负。

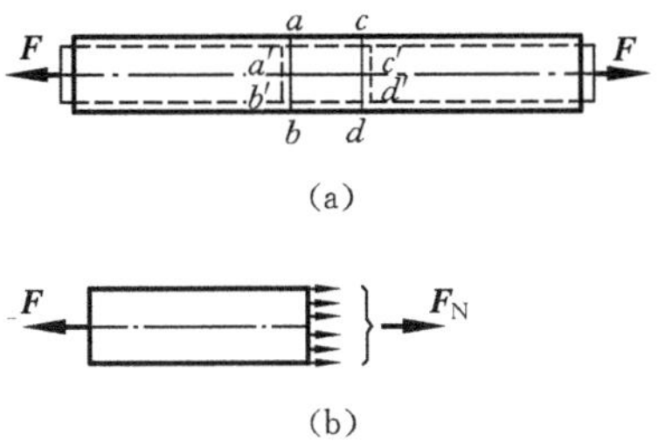

图 4-7

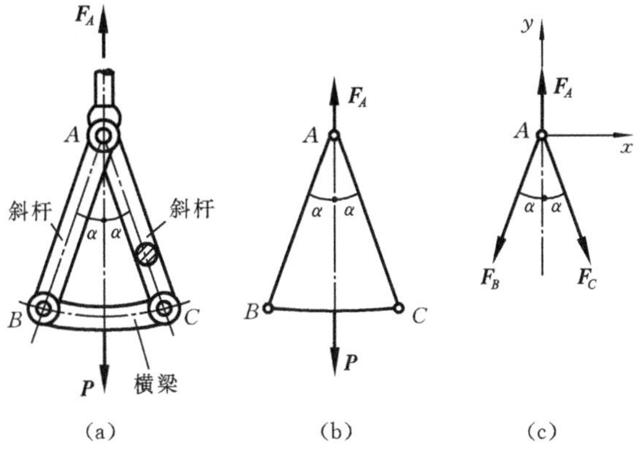

图 4-8

例 4-2　如图 4-8 所示的吊环由斜杆 AB、AC 与横梁 BC 组成，$\alpha=20°$，斜杆的直径 $d=55$ mm，材料为锻钢。已知吊环的最大吊重 $P=500$ kN。求斜杆内的应力。

解　(1) 内力分析。吊环的简图和点 A 的受力图分别为图 4-8(b)、(c)，显然，$P=F_A$，$F_B=F_C$。建立如下平衡方程：

$$\sum F_y = 0, \quad F_A - F_B\cos\alpha - F_C\cos\alpha = 0$$

求得斜杆的轴力为

$$F_B = F_C = \frac{F_A}{2\cos\alpha} = \frac{500}{2\cos 20^\circ}\ \text{kN} = 266\ \text{kN}$$

(2) 确定应力。根据式(4-1),斜杆横截面上的正应力为

$$\sigma = \frac{F_B}{A} = \frac{F_C}{A} = \frac{266\times10^3}{\frac{\pi\times55^2}{4}}\ \text{MPa} = 112\ \text{MPa}$$

4.3.3　拉(压)杆斜截面上的应力

前面讨论了直杆受轴向拉伸或压缩时横截面上的正应力。实验表明,拉(压)杆的破坏并不总是沿横截面发生,有时断口发生在斜截面上。为此,我们进一步讨论斜截面上的应力。

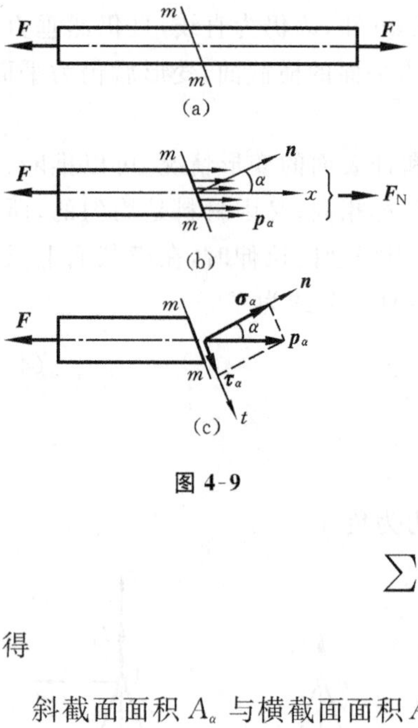

图 4-9

如图 4-9 所示为一轴向受拉的直杆。已知该杆件横截面上有均匀分布的正应力 $\sigma=\dfrac{F_N}{A}$,那么该杆件其他截面上的应力状况如何呢?

首先,假想用一与横截面成 α 角的斜截面 m—m 将杆件截为左右两段(见图 4-9(a)),以左段为研究对象,并把右段对左段的作用以应力 $\boldsymbol{p}_\alpha$ 表示(见图 4-9(b))。根据平面假设可以推知:斜截面上的应力是均匀分布的。

设斜截面面积为 A_α,该截面的外法线 $\boldsymbol{n}$ 与 x 轴的夹角为 α,α 的正负号规定如下:自 x 轴按逆时针旋转到斜截面外法线 $\boldsymbol{n}$ 时,α 为正值;反之,α 为负值。

建立如下平衡方程:

$$\sum F_x = 0, \quad p_\alpha A_\alpha - F_N = 0$$

解得

$$p_\alpha = \frac{F_N}{A_\alpha}$$

斜截面面积 A_α 与横截面面积 A 有以下关系:

$$A_\alpha = \frac{A}{\cos\alpha}$$

故

$$p_\alpha = \frac{F_N}{A}\cos\alpha = \sigma\cos\alpha \tag{4-2}$$

将斜截面上的应力 $\boldsymbol{p}_\alpha$ 沿斜截面的法线和切线方向分解,得到垂直于斜截面的正应力 $\boldsymbol{\sigma}_\alpha$ 和相切于斜截面的切应力 $\boldsymbol{\tau}_\alpha$(见图 4-9(c)),并利用式(4-2)的关系可得

$$\sigma_\alpha = \sigma\cos^2\alpha \tag{4-3}$$

$$\tau_\alpha = \frac{\sigma}{2}\sin 2\alpha \tag{4-4}$$

式(4-3)和式(4-4)分别是求拉(压)杆中任意斜截面上的正应力和切应力的计算公式。应力的正负号规定如下:正应力规定拉应力为正值,压应力为负值;切应力规定绕研究对象体内任一点有顺时针转动趋势时为正值,反之为负值。

以上两式表达了通过直杆任一点的斜截面上正应力和切应力随截面位置(以角度 α 表示)而变化的规律。

当 $\alpha=0°$时,在横截面上 σ_α 达到最大值,且

$$\sigma_{\max}=\sigma$$

当 $\alpha=45°$时,在斜截面上 τ_α 达到最大值,且

$$\tau_{\max}=\frac{\sigma}{2}$$

当 $\alpha=90°$时,表示平行于杆件轴线的纵向截面上无任何应力。

4.4　拉(压)杆的强度计算

构件要安全工作,必须满足强度要求。实验表明,当应力达到某一极限时,材料就会发生破坏。这个引起材料破坏的应力极限值称为极限应力或危险应力,用 σ_u 表示。为了保证构件不发生强度失效(破坏或产生塑性变形),其最大应力 $\sigma_{\max}$应小于 σ_u。若再考虑其他一些因素,如载荷估计的准确度、计算方法的精确度、材料性质的均匀程度以及结构破坏后造成事故的严重程度等,为保证构件具有一定的强度储备或安全裕度,一般把材料的极限应力除以一个大于1的系数 n,以这个结果作为构件工作时所允许的最大应力,称为材料的许用应力,以$[\sigma]$表示,即

$$[\sigma]=\frac{\sigma_u}{n} \tag{4-5}$$

其中　n——安全系数。关于 σ_u 和 n,将在了解了材料的力学性能后再进一步讨论。

材料的许用应力是指构件实际工作应力的最大限度值。因此,为了保证构件安全、可靠地工作,构件的最大应力必须小于材料的许用应力。于是得构件轴向拉伸或压缩时的强度条件,即

$$\sigma_{\max}=\frac{F}{A}\leqslant[\sigma] \tag{4-6}$$

根据强度条件,可解决以下三类强度问题:

(1) 强度校核。已知载荷大小、横截面尺寸和材料的许用应力,则可用式(4-6)验算构件是否安全,若满足 $\sigma_{\max}\leqslant[\sigma]$,则构件能安全地工作,否则就不能安全地工作。

(2) 截面设计。已知构件承受的载荷和材料的许用应力,可设计构件的横截面尺寸。对于等直杆,其横截面面积应满足

$$A\geqslant\frac{F_{\max}}{[\sigma]}$$

(3) 确定许可载荷。已知构件尺寸及材料的许用应力,由式(4-6)可求得构件所能承受的最大轴力为

$$F_{\max}\leqslant A[\sigma]$$

然后,通过静力平衡条件确定机器或构件所能承受的最大载荷。

下面举例说明强度条件的应用。

例 4-3　一阶梯轴(见图 4-10(a))的 AB 段截面面积 $A_1=500\ \text{mm}^2$,BC 段截面面积 $A_2=$

200 mm²。材料的许用拉应力$[\sigma]_L=40$ MPa,许用压应力$[\sigma]_Y=100$ MPa。校核该阶梯轴的强度。

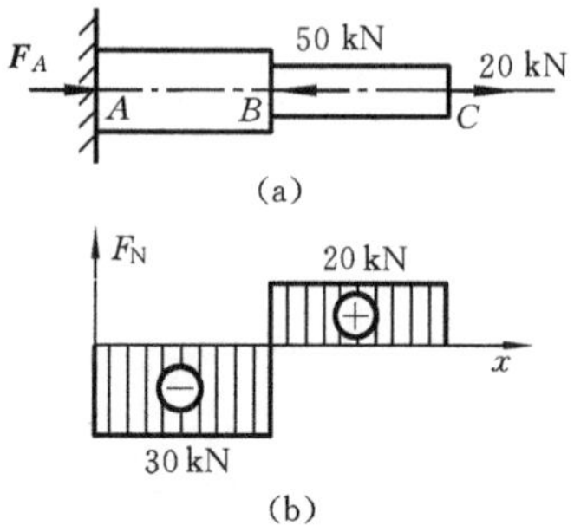

图 4-10

解　(1) 求约束反力(见图 4-10(a)),建立如下平衡方程:

$$\sum F_x=0,\quad F_A-50+20=0$$

解得　$$F_A=30\ \text{kN}$$

(2) 绘制杆的轴力图(见图 4-10(b))。

(3) 计算各段应力。

AB 段:

$$\sigma_{AB}=-\frac{F_{AB}}{A_1}=-\frac{30\times10^3}{500}\ \text{MPa}=-60\ \text{MPa}$$

所得结果为负值,表示 AB 段受到的应力为压应力。

BC 段:　$$\sigma_{BC}=\frac{F_{BC}}{A_2}=\frac{20\times10^3}{200}\ \text{MPa}=100\ \text{MPa}$$

所得结果为正值,表示 BC 段受到的应力为拉应力。

(4) 强度情况。

AB 段:受压,压应力为

$$\sigma_{AB}=60\ \text{MPa}<[\sigma]_Y=100\ \text{MPa}$$

BC 段:受拉,拉应力为

$$\sigma_{BC}=100\ \text{MPa}>[\sigma]_L=40\ \text{MPa}$$

故该阶梯轴强度不够。

例 4-4　用绳索起吊混凝土管(见图 4-11(a)),若管的重量 $P=10$ kN,绳索的直径 $d=20$ mm,许用应力$[\sigma]=10$ MPa,此时 $\alpha=45°$。问:

(1) 绳索是否安全?

(2) 若要安全工作,绳索直径应为多大?

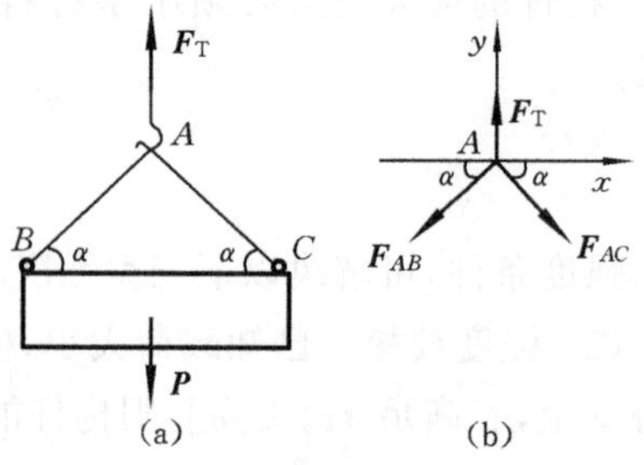

图 4-11

解　(1) 求两绳索所受的拉力。取吊钩 A 为研究对象,设两绳索拉力分别为 F_{AC}、F_{AB},画其受力图(见图 4-11(b))。此时,吊钩受绳索拉力为 $F_T\leqslant P$。建立如下平衡方程:

$$\sum F_x=0,\quad F_{AB}\cos\alpha-F_{AC}\cos\alpha=0$$

即　$$F_{AB}=F_{AC}$$

$$\sum F_y=0,\quad -F_{AB}\sin\alpha-F_{AC}\sin\alpha+F_T=0$$

即　$$2F_{AB}\sin\alpha=F_T$$

解得　$$F_{AB}=\frac{F_T}{2\sin\alpha}=\frac{P}{2\sin\alpha}=\frac{10}{2\sin45°}\ \text{kN}=\frac{10\sqrt{2}}{2}\ \text{kN}=7.07\ \text{kN}$$

(2) 绳索强度校核。

$$\sigma=\frac{F_{AB}}{A}=\frac{7.07\times10^3}{\pi20^2/4}\ \text{MPa}=22.5\ \text{MPa}>[\sigma]=10\ \text{MPa}$$

故绳索强度不够。

重新设计绳索直径，设直径为 d_1，则

$$A = \frac{\pi}{4}d_1^2 \geqslant \frac{F_{AB}}{[\sigma]} = \frac{7.07 \times 10^3}{10 \times 10^6}\ \mathrm{mm}^2$$

$$d_1 \geqslant \sqrt{\frac{4 \times 7.07 \times 10^3}{\pi \times 10 \times 10^6}}\ \mathrm{m} = 0.03\ \mathrm{m} = 30\ \mathrm{mm}$$

因此，绳索直径最小应为 30 mm。

例 4-5　一悬臂吊车如图 4-12(a)所示。已知斜杆 AB 为直径 $d=25$ mm 的圆杆，横杆由两根规格为 36 mm×36 mm×4 mm 的 3.6 等边角钢连接成一体，材料的许用应力$[\sigma]=$ 120 MPa，夹角 $\alpha=20°$。忽略自重。求吊车的许可载荷。

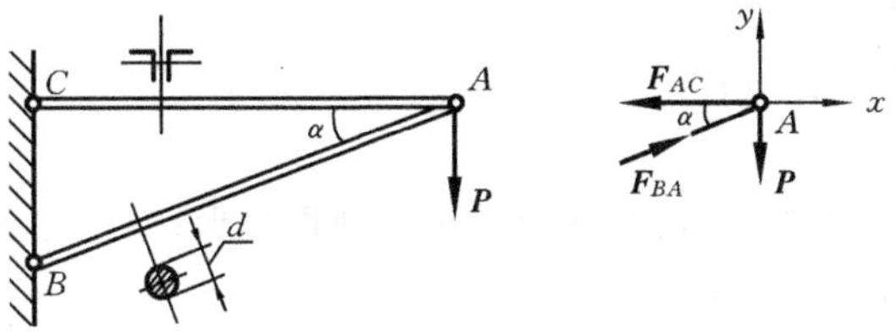

(a)　(b)

图 4-12

解　(1) 受力分析。取铰点 A 为研究对象，并设两杆的轴力分别为 $\boldsymbol{F}_{AC}$ 和 $\boldsymbol{F}_{BA}$，其受力图如图 4-12(b)所示。建立如下汇交力系的平衡方程：

$$\sum F_x = 0,\quad F_{BA}\cos\alpha - F_{AC} = 0$$

$$\sum F_y = 0,\quad F_{BA}\sin\alpha - P = 0$$

解得

$$F_{BA} = \frac{P}{\sin\alpha} = \frac{P}{\sin 20°} = 2.92P$$

$$F_{AC} = P\cot\alpha = P\cot 20° = 2.75P$$

(2) 计算最大轴力。在图 4-12(a)所给定的结构形式下，建立了轴力 $\boldsymbol{F}_{AC}$ 和 $\boldsymbol{F}_{BA}$ 与起吊载荷 $\boldsymbol{P}_{\max}$之间应满足的平衡关系。现在来计算斜杆和横杆实际所能承担的最大轴力。设斜杆的横截面面积为 A_1，斜杆的最大轴力为

$$F_{BA\max} = A_1[\sigma] = \frac{\pi \times 25^2}{4} \times 120\ \mathrm{N} = 58.9 \times 10^3\ \mathrm{N} = 58.9\ \mathrm{kN}$$

横杆为两根 3.6 等边角钢，在附录 A 中查得其横截面面积为 $A_2=2.756\times 2\ \mathrm{cm}^2= 5.51\ \mathrm{cm}^2$。于是可得横杆的最大轴力为

$$F_{AC\max} = A_2[\sigma] = 5.51 \times 10^2 \times 120\ \mathrm{N} = 66.1 \times 10^3\ \mathrm{N} = 66.1\ \mathrm{kN}$$

(3) 确定许可载荷。将 $F_{BA}=58.9$ kN 代入平衡方程，可得按斜杆强度确定的许可载荷为

$$P_{1\max} = \frac{F_{BA\max}}{2.92} = \frac{58.9}{2.92}\ \mathrm{kN} = 20.2\ \mathrm{kN}$$

将 $F_{AC}=66.1$ kN 代入平衡方程，可得按横杆强度确定的许可载荷为

$$P_{2\max} = \frac{F_{AC\max}}{2.75} = \frac{66.1}{2.75}\ \mathrm{kN} = 24\ \mathrm{kN}$$

因此，要使两杆都能安全工作，吊车的最大许可载荷应取

$$P_{\max} \leqslant 20.2\ \mathrm{kN}$$

即悬臂吊车的最大起吊载荷约为 20 kN。

工程中有时也采用安全系数法来校核构件的强度。这种校核方法要求构件的工作安全系数 n 不得小于构件规定的安全系数$[n]$。$[n]$通常称为规定安全系数。工作安全系数 n 为材料的极限应力 σ_u 与构件的工作应力 σ 之比，即

$$n=\frac{\sigma_u}{\sigma}$$

由此得构件的强度条件为

$$n=\frac{\sigma_u}{\sigma}\geqslant[n] \tag{4-7}$$

4.5　拉(压)杆的变形计算

若外力除去后变形随之消失，则这种变形称为弹性变形；外力除去后不能恢复的变形称为塑性变形或残余变形。本节只讨论弹性变形计算。

杆件在轴向拉伸或压缩时，除产生沿轴线方向的伸长或缩短外，其横向尺寸也相应发生改变，前者称为纵向变形，后者称为横向变形。

4.5.1　纵向变形与胡克定律

1. 纵向变形

设正方形截面等直杆在轴向拉力 $\boldsymbol{F}$ 作用下，杆件长度由原长 l 伸长到 l_1（见图 4-13），等直杆沿轴线方向的绝对伸长量为

$$\Delta l=l_1-l$$

Δl 称为杆的绝对变形或纵向变形。杆件的绝对变形量与杆件的原长有关，它还不能确切地说明杆件的变形程度。为了消除杆件原长的影响，引入相对变形的概念，采用单位长度杆件的绝对伸长量或缩短量来度量其纵向变形程度，将 Δl 除以杆件的原长 l，即

$$\varepsilon=\frac{\Delta l}{l} \tag{4-8}$$

其中　ε——杆的相对变形量或纵向线应变，为无量纲量。

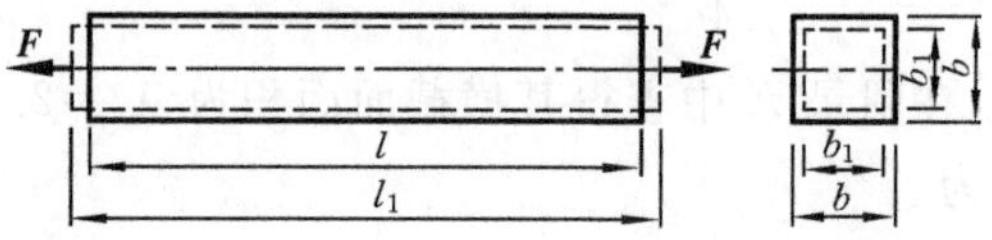

图 4-13

2. 胡克定律

试验表明：杆件所受轴向拉伸或压缩的外力 $\boldsymbol{F}$ 的大小不超过某一限度时，Δl 与外力 F 及杆长 l 成正比，与横截面面积 A 成反比，即

$$\Delta l\propto\frac{Fl}{A}$$

引进比例常数 E，并注意到 $F=F_N$，可将上式改写为

$$\Delta l=\frac{F_N l}{EA} \tag{4-9}$$

式(4-9)即为胡克定律。它表明了在线弹性范围内杆件轴力与纵向变形间的线性关系。

E 为拉压弹性模量,表明材料的弹性性质,其单位与应力单位相同。不同的材料 E 值不同,E 值可由试验测得。EA 称为拉(压)杆截面的抗拉(压)刚度。

将式(4-8)和式(4-9)代入式(4-1),可得胡克定律的另一种表达形式,即

$$\sigma = E\varepsilon \tag{4-10}$$

式(4-10)表示在材料线弹性范围内,正应力与线应变成正比关系。

Δl 与 ε 的正负号规定,应与轴力和正应力的正负号规定一致,即:杆件伸长时取正号,并分别称为纵向伸长和拉应变;杆件缩短时取负号,并分别称为纵向缩短和压应变。

4.5.2 横向变形与泊松比

杆件在拉伸或压缩时不仅有纵向变形,还有横向变形(见图 4-13)。设正方形等直杆变形前和变形后的横向尺寸分别用 b 和 b_1 表示,则其横向缩短量

$$\Delta b = b - b_1$$

其相应的横向线应变

$$\varepsilon' = \frac{\Delta b}{b}$$

试验结果表明:在线弹性范围内,同一种材料的横向线应变与纵(轴)向线应变之比的绝对值为一常数,即

$$\mu = \left| \frac{\varepsilon'}{\varepsilon} \right|$$

其中 μ——泊松比或横向变形系数。μ 也是材料的一种弹性常数,且是一个无量纲量,其值可通过试验测定。

当杆件轴向伸长时横向缩小,而当轴向缩短时横向增大,即 ε' 和 ε 的符号总是相反的,故

$$\varepsilon' = -\mu\varepsilon \tag{4-11}$$

表 4-1 列出了工程中几种常用材料的弹性模量 E 和泊松比 μ 的值。

表 4-1 几种常用材料的弹性模量和泊松比的值

材料名称	E/GPa	μ
钢	186～216	0.25～0.33
灰铸铁	78～147	0.23～0.27
球墨铸铁	158	0.25～0.29
铜及其合金(黄铜、青铜)	73.5～127	0.31～0.42
铝锌合金	71.5	0.33
混凝土	13.7～35.3	0.16～0.18
橡胶	0.007 8	0.47
木材(顺纹)	9.8～11.7	—
木材(横纹)	0.49	—

例 4-6 一钢制阶梯轴如图 4-14(a)所示。已知轴向力 $F_1=50$ kN、$F_2=20$ kN,轴段的长度 $l_1=120$ mm,$l_2=l_3=100$ mm,横截面面积 $A_1=A_2=500$ mm^2、$A_3=250$ mm^2,材料的弹性模量 $E=200$ GPa。求各段轴的纵向变形。

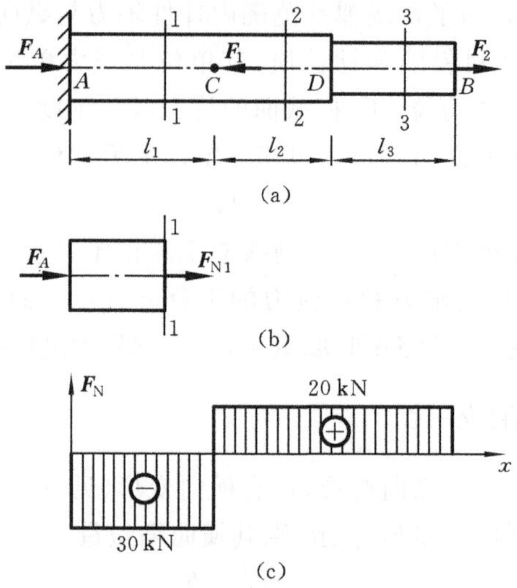

图 4-14

解　(1) 求约束反力。为了运算方便,先求约束反力 $\boldsymbol{F}_A$(见图 4-14(a)),建立如下平衡方程:

$$\sum F_x = 0,\quad F_A - F_1 + F_2 = 0$$

解得

$$F_A = F_1 - F_2 = (50 - 20)\ \text{kN} = 30\ \text{kN}$$

(2) 计算内力。用截面法将轴在截面 1—1 处截开,以左段为研究对象,并设该截面的轴力 $\boldsymbol{F}_{N1}$ 为拉力(见图 4-14(b)),建立平衡方程并解得

$$F_{N1} = -F_A = -30\ \text{kN}$$

计算结果为负值,说明 $\boldsymbol{F}_{N1}$ 实际方向与假设方向相反,为压力。

同理可得截面 2—2、截面 3—3 的轴力

$$F_{N2} = F_{N3} = 20\ \text{kN}$$

计算结果为正值,说明 $\boldsymbol{F}_{N2}$、$\boldsymbol{F}_{N3}$ 实际方向与假设方向相同,为拉力。

根据计算结果并选取适当比例尺可绘制轴力图(见图 4-14(c))。

(3) 计算纵向变形。全杆总的变形量等于各段轴变形量的代数和,即

$$\begin{aligned}\Delta l_{AB} &= \Delta l_1 + \Delta l_2 + \Delta l_3 = \frac{F_{N1} l_1}{EA_1} + \frac{F_{N2} l_2}{EA_2} + \frac{F_{N3} l_3}{EA_3} \\ &= \left(\frac{-30\times 10^3\times 120}{200\times 10^3\times 500} + \frac{20\times 10^3\times 100}{200\times 10^3\times 500} + \frac{20\times 10^3\times 100}{200\times 10^3\times 250}\right)\ \text{mm} \\ &= 0.024\ \text{mm}\end{aligned}$$

计算结果为正值,表示整个轴伸长了。

4.6　材料在拉伸或压缩时的力学性能

所谓材料的力学性能,主要是指材料受力时在强度和变形方面表现出来的性能。如危险应力、弹性模量、泊松比等等。材料的力学性能不但是进行构件的强度计算、变形计算和选择材料的主要依据,也是制订材料机械加工工艺和研制新型材料的重要依据。

本节主要介绍工程中广泛使用的两种金属材料——低碳钢和铸铁在常温和静载下受轴向

拉伸或压缩时的力学性能。

4.6.1　金属材料拉伸时的力学性能

金属材料的力学性能是通过试验测定的。拉伸试验按照国家标准 GB/T 228.1—2010 进行。为了便于试验结果的比较，规定使用标准拉伸试样。横截面为圆形（也可以为矩形、多边形、环形等）的拉伸试样如图 4-15 所示，图中，d_o 为试样平行长度的原始直径，A_o 为试样平行长度的原始横截面面积，L_o 为原始标距。圆形横截面的拉伸试样有两种，一般优先采用 $L_o=5d_o=5.65\sqrt{A_o}$ 的试样；若采用 $L_o=10d_o=11.3\sqrt{A_o}$ 的试样，测定结果应加以说明。

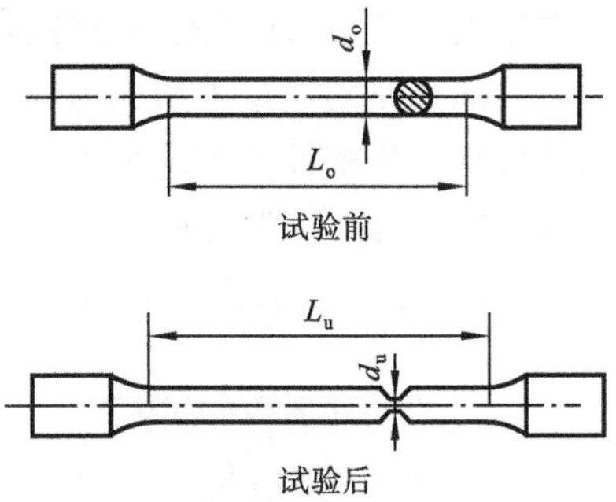

图 4-15

1. 低碳钢拉伸时的力学性能

试验时，将试样装在拉伸试验机上，缓慢加载使试样发生变形直至断裂。试验机一般可以自动记录拉力 F 与伸长量 ΔL 的关系，并绘成 F-ΔL 曲线，如图 4-16 所示。

F-ΔL 曲线没有考虑 L_o、A_o 的因素。为了消除尺寸的影响，将试验期间任一时刻的力 F 除以原始截面面积 A_o 之商记为应力 R，将伸长量 ΔL 除以原始标距 L_o 之商记为延伸率 e，以 R 为纵坐标、以 e 为横坐标绘成 R-e 曲线，称之为拉伸曲线（见图 4-17）。

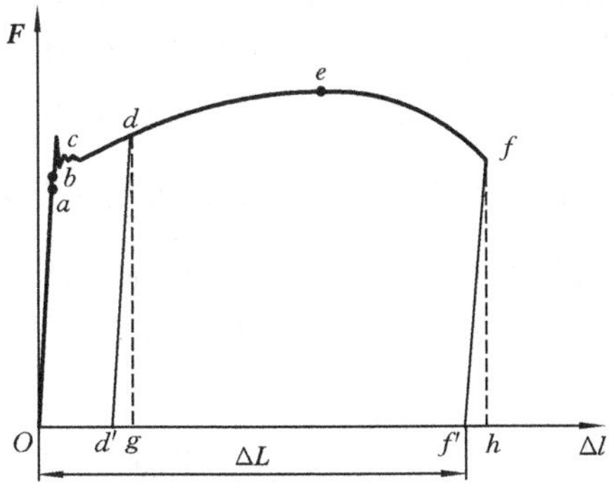

图 4-16

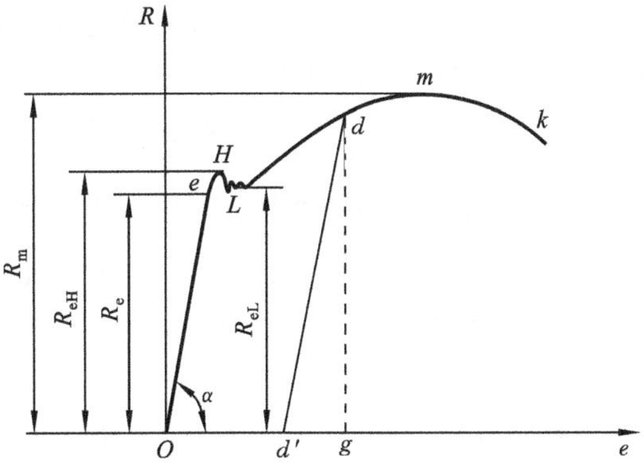

图 4-17

1）拉伸变形过程的四个阶段

（1）弹性阶段。在 R-e 曲线上，Oe 段表现出弹性变形特性，即去掉外力后变形立即恢复，点 e 对应的应力 R_e 为不产生永久变形的最大应力，称为弹性极限。Oe 段中有一部分为直线，在此段内，应力与延伸率始终成比例，所对应的最大应力称为比例极限 R_p。应力超过 R_p 后，R-e 曲线开始微弯，即应力与延伸率不再保持线性关系，但材料的变形仍然是弹性的。试验表明，R_e 与 R_p 很接近，工程上对它们不作严格区分，故常说材料在弹性范围内服从胡克定律，即公式 $R=Ee$ 适用，E 称为弹性模量。

（2）屈服阶段。当应力超过弹性极限 R_e 后，除产生弹性变形以外，还会产生塑性变形，表现出应力几乎不增大而延伸率继续增大的特点，材料暂时失去抵抗变形的能力。这种现象称为屈服或流动。这时是若撤销外加载荷，试样变形不能完全消失，而保留一部分残余变形，即塑性变形。试样屈服时承受的最小应力称为屈服强度或屈服极限。

屈服强度分为上屈服强度和下屈服强度。上屈服强度 R_{eH} 是指材料发生屈服而应力首次下降前的最大应力(对应 R-e 曲线的点 H),下屈服强度 R_{eL} 是指材料不计初始效应时的最小应力(对应 R-e 曲线的点 L)。

在屈服阶段,表面磨光的试件表面会出现与轴线成45°角的条纹,如图4-18所示。这是因为材料内部晶格间沿最大切应力作用面发生滑移而出现的,故称之为滑移线。一般认为,晶格间的滑移是产生塑性变形的根本原因。

材料屈服时出现明显的塑性变形,这将影响构件的正常工作,所以屈服强度是衡量材料强度的一个重要指标。工程上一般用 R_{eL} 作为材料屈服变形的力学性能指标。

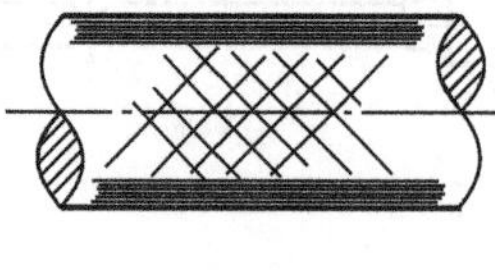

图 4-18

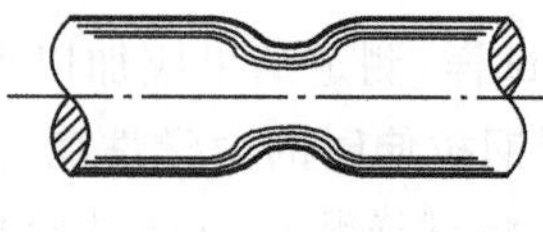

图 4-19

(3) 强化阶段。经过屈服阶段后,材料内部组织起了变化,要使它继续变形就必须增加拉力,这表示材料又恢复了抵抗变形的能力,这种现象称为材料的强化。强化阶段的最高点 m 所对应的应力是材料被拉断前所能承受的最大应力,称为强度极限或抗拉强度,用 R_m 表示。它是衡量材料强度的另一个重要指标。

(4)颈缩阶段。过了点 m 后,试样的变形将由纵向的均匀伸长和横向的均匀缩小变为集中于某一局部范围内的变形,该范围的横截面出现突然急剧收缩的现象,这种现象称为颈缩(见图4-19)。由于颈缩处的横截面面积显著减小,试样继续伸长所需的拉力也相应减小。在 R-e 曲线中用原始横截面面积算出的应力 $R=\frac{F_N}{A}$ 随之下降,直到点 k,试件在颈缩处发生断裂。

上述每一阶段,都是由量变到质变的过程。四个阶段的质变点就是比例极限 R_p、屈服极限 $R_{eL}(R_{eH})$ 和强度极限 R_m。$R_{eL}(R_{eH})$ 表示材料的屈服强度,R_m 表示材料的抗拉强度。

2) 塑性指标

试样拉断后,弹性变形随着外力的撤除而消失了,只残留下塑性变形。材料的塑性变形能力也是衡量材料力学性能的重要指标,一般称为塑性指标。工程中常用的塑性指标有两个:断后伸长率 A 和断面收缩率 Z。

$$A=\frac{L_u-L_o}{L_o}\times 100\% \tag{4-12}$$

$$Z=\frac{A_o-A_u}{A_o}\times 100\% \tag{4-13}$$

其中 L_o—— 试样原始标距;

L_u—— 试样断后标距;

A_o—— 试样原始横截面面积;

A_u—— 试样断后最小横截面面积。

A 和 Z 都表示材料直到拉断时其塑性变形所能达到的最大程度,它们的值愈大说明材料的塑性愈好。

工程上按常温、静载拉伸试验所得断后伸长率的大小，将材料分为两类：$A \geqslant 5\%$的材料称为塑性材料（如低碳钢、低合金钢、青铜、塑料等）；$A < 5\%$的材料称为脆性材料（如铸铁、砖石、玻璃等）。但应指出，材料的塑性和脆性并不是固定不变的，它们会随温度、载荷性质、制造工艺等条件的变化而变化。例如，某些脆性材料在高温下会呈现塑性，而有些塑性材料在低温下则呈现脆性；又如，在灰铸铁中加入球化剂可使其变为塑性较好的球墨铸铁；等等。

3）卸载定律和冷作硬化

如果试件拉伸到强化阶段任一点 d 处（见图 4-17），然后逐渐卸载，则 R-e 曲线将沿与 Oe 近乎平行的直线 dd'下降到点 d'。这说明：在卸载过程中，应力和延伸率按直线规律变化。这就是卸载定律。$d'g$ 表示消失的弹性变形，Od'表示不能消失的塑性变形。

如果在卸载后不久又重新加载，R-e 曲线基本上沿着卸载时的同一直线 dd'上升到点 d，然后沿着原来的 R-e 曲线直到断裂。由此可见，在第二次加载时，材料的比例极限（即弹性阶段）有所提高，而塑性变形却减小了，这种现象称为材料的冷作硬化。工程上常利用冷作硬化来提高材料在弹性范围内的承载能力。例如，建筑钢筋和起重机的钢丝绳等，一般用冷拔工艺来提高强度；又如，对某些零件进行喷丸处理，使其表面发生塑性变形，形成冷硬层，以提高零件的表面强度。另一方面，零件初加工后，由冷作硬化而使材料变脆变硬，给下一步加工造成困难，且容易产生裂纹，因此需要在工序之间安排退火，消除冷作硬化的影响。

2. 其他材料在拉伸时的力学性能

其他材料的拉伸试验和低碳钢的拉伸试验的做法相同。现将这些材料的 R-e 曲线和低碳钢的 R-e 曲线相比较，分析其力学性能。

1）塑性材料在拉伸时的力学性能

图 4-20 所示为几种塑性材料的 R-e 曲线。这些塑性材料的共同特点是断后伸长率较大。差别在于有些材料没有明显的屈服现象。屈服强度是塑性材料的重要强度指标，因此，对于没有明显屈服现象的塑性材料，通常取试件塑性变形时产生的延伸率为 0.2%所对应的应力作为材料的屈服极限，称为规定塑性延伸率为 0.2%时的强度（也有人称之为名义屈服强度），以 $R_{p0.2}$表示（见图 4-21）。

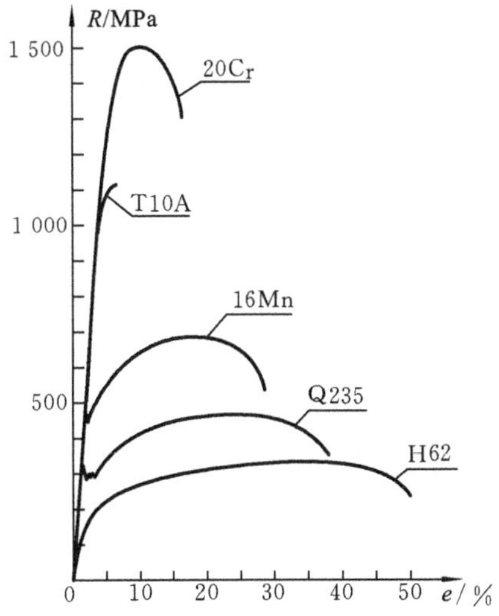

图 4-20

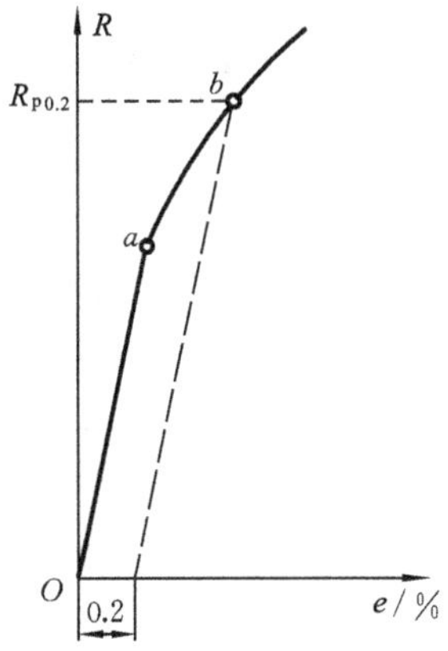

图 4-21

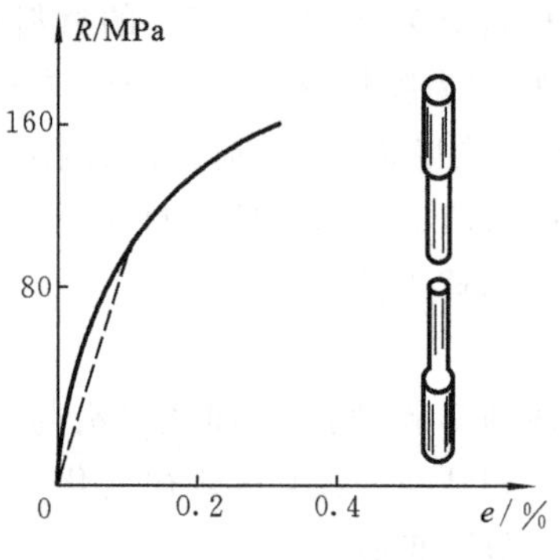

图 4-22

2) 铸铁在拉伸时的力学性能

铸铁为典型的脆性材料，其拉伸时的 R-e 曲线如图 4-22所示。这类材料明显的特点是：无屈服和颈缩现象；直到拉断时，试件的变形都很小；只能测得断裂时抗拉强度 R_m。因此，抗拉强度是衡量脆性材料强度的唯一指标。脆性材料抗拉强度很低，不宜用来承受拉伸。

此外，从铸铁的 R-e 曲线还可看出，即使应力很小也无明显的直线段，但在工程使用的应力范围内，与胡克定律偏差不大，常以割线(图 4-22 中虚线)代替原来的曲线，近似将其看成线弹性材料。

4.6.2　材料压缩时的力学性能

金属压缩试样一般为圆柱体，为避免压弯，其高度为直径的 1.5～3 倍。混凝土、石料等试样则制成立方体。

1. 低碳钢

图 4-23 所示为低碳钢在压缩时的 R-e 曲线，将此曲线与低碳钢拉伸时的 R-e 曲线比较，可以看出：在屈服阶段以前，两者基本重合，即拉伸和压缩的弹性模量 E、比例极限 R_p 和屈服强度 R_{eL} 基本相同。但是，超过屈服强度后，随着压力的不断增加，试样将越压越扁，却不断裂。根据这种情况，一般不做压缩破坏试验，而是通常由拉伸试验测定像低碳钢这类塑性材料的力学性能。

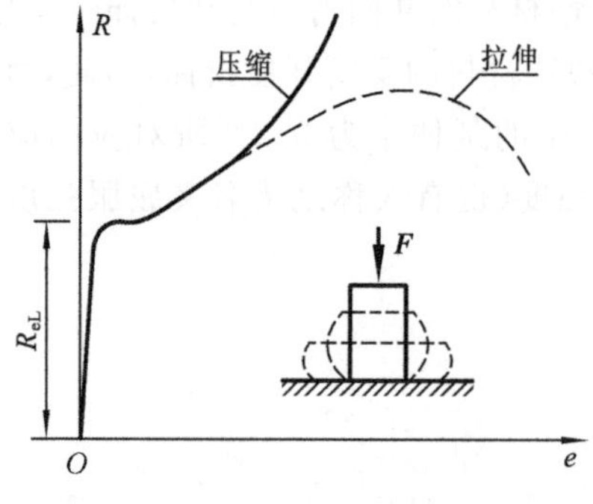

图 4-23

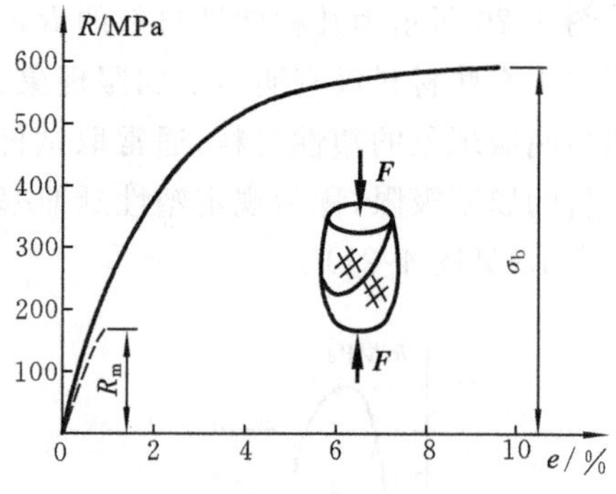

图 4-24

2. 铸铁

铸铁在压缩时的 R-e 曲线如图 4-24 所示。试样在延伸率不大时就突然发生破坏。破坏截面与轴线大致成 45°的倾角。铸铁没有屈服阶段，只能测出抗拉强度，且抗压强度比抗拉强度高4～5 倍，故以铸铁为代表的这类脆性材料多用来制作承压构件。

综上所述可以看出，塑性材料的强度和塑性都优于脆性材料，特别是拉伸时，两者差异更为显著，所以承受拉伸、冲击、振动或需要冷加工的零件，一般采用塑性材料。脆性材料也有其优点，如铸铁除具有抗压强度高、耐磨、价廉等优点外，还具有良好的铸造性能和减振性能，因此常用来制造机器的底座、外壳和轴承座等受压零部件。

表 4-2 列出了几种常用材料在常温、静载下的主要力学性能。

表 4-2 几种常用材料在拉伸和压缩时的力学性能(常温、静载下)

材料名称	牌号	屈服强度 R_{eL}/MPa	抗拉强度 R_m/MPa	塑性	
				A/%	Z/%
碳素结构钢	Q235	235	375～460	26	—
	Q275	275	490～610	20	—
优质碳素结构钢	35	315	530	20	45
	45	355	600	16	40
低合金结构钢	16Mn	345	510～660	22	—
	15MnTi	390	530～680	20	—
合金结构钢	40Cr	735	980	18	—
	45Cr	835	1 030	20	—
灰铸铁	HT150	—	120～175	—	—

4.7 许用应力与安全系数

在讨论强度计算时，曾提出按下式确定许用应力$[\sigma]$：

$$[\sigma]=\frac{\sigma_u}{n}$$

其中 σ_u——材料的极限应力；

n——安全系数。

在了解了材料的力学性能后，现在首先讨论材料极限应力的确定。当应力到达屈服极限时，塑性材料将发生明显的塑性变形，这是一般构件正常工作所不允许的，因此规定屈服极限$R_{eL}(R_{p0.2})$作为塑性材料的极限应力。而脆性材料直到断裂也无明显的塑性变形，只有在断裂后才丧失承载能力，故规定脆性材料以强度极限(抗拉强度)R_m作为极限应力。对于塑性材料，$\sigma_u=R_{eL}(R_{p0.2})$；对于脆性材料，$\sigma_u=R_m$。

安全系数n是表示构件安全储备大小的一个系数。如何正确地选择安全系数是十分重要而又非常复杂的问题，务必以科学的态度认真对待。影响安全系数的因素很多，确定安全系数时，一般考虑以下几点：

① 材料的品质，包括材料组织的均匀程度、质地的好坏、是塑性材料还是脆性材料等；

② 载荷情况，包括对载荷的估计是否准确、是静载荷还是动载荷等；

③ 简化过程和计算方法的精确程度；

④ 构件在设备中的重要性、工作条件、损坏后造成后果的严重程度、制造和维修的难易程度等；

⑤ 对减轻设备自重和提高设备机动性的要求。

安全系数的选取和许用应力的确定关系到构件的安全与经济。安全与经济往往是互相矛盾的，应正确处理两者的关系，片面地强调任何一方面都不恰当。若片面强调安全，安全系数选得过大，不仅浪费材料，并使结构笨重；若安全系数选得过小，虽然用材较为经济，但安全、耐用性就得不到可靠保证,甚至可能引发事故。

许用应力和安全系数的具体数据,我国有关部门有一些规范和手册可供参考。目前一般机械制造中常温、静载情况下,对塑性材料,取 $n_s=1.2\sim2.5$;对脆性材料,由于材料均匀性较差,且易突然破坏,有更大的危险性,所以取 $n_b=2\sim3.5$,甚至取 $n_b=3\sim9$。

4.8 压杆的稳定

4.8.1 压杆稳定的概念

在杆件的压缩计算中,当杆件的实际应力没有达到其材料的极限应力时,杆件是不会破坏的。如图 4-25 所示,一矩形截面松木杆,截面尺寸 $b\times h=5\ \text{mm}\times30\ \text{mm}$。若其长度为 30 mm,则能承受的力约为 6 000 N;但如该杆长为 1 m,则加力到 30 N 时杆件就会弯曲。如压力再增大,杆件会因过大的弯曲而折断,从而对整个工程结构造成严重后果。

细长的受压直杆在一定的条件下会突然发生弯曲,从而丧失工作能力,这种现象称为“失稳”。失稳同样会影响杆件的承载能力。

因此,对细长受压杆,还应建立维持其直线稳定平衡状态的计算方法。

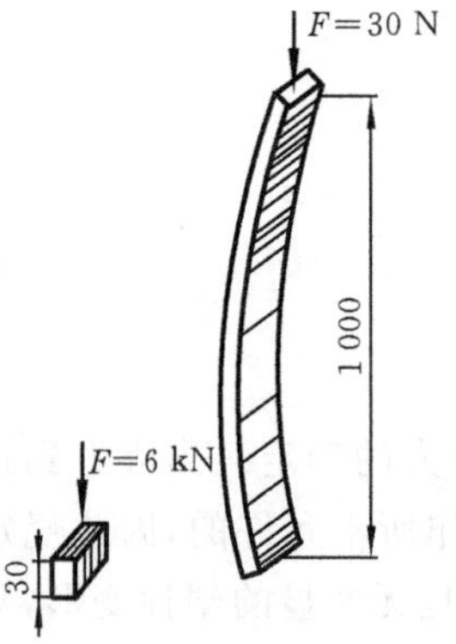

图 4-25

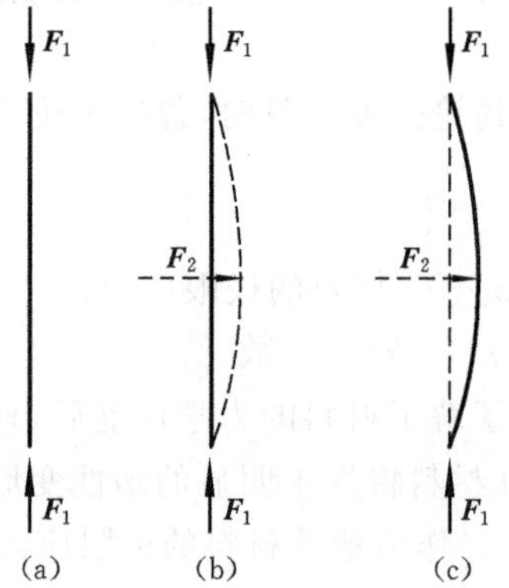

图 4-26

取一细长直杆,两端用铰链与另外的构件相连接(称为两端铰支),并沿杆的轴线加力 $\boldsymbol{F}_1$(见图 4-26(a))。当力 $\boldsymbol{F}_1$ 的值很小时,直杆仍保持直线平衡状态(可能产生微小的纵向变形),这时如以值很小的横向力 $\boldsymbol{F}_2$(或称水平干扰力)作用于杆的中部,杆会发生微小的弯曲变形,当 $\boldsymbol{F}_2$ 力撤除后,杆经过若干次摆动,会回复到原来的直线平衡状态(见图 4-26(b))。这说明杆有保持初始直线平衡状态的能力。原来的直线平衡状态称为稳定平衡。

当作用于杆上的轴向压力 $\boldsymbol{F}_1$ 的大小达到或超过某一值时,同样在干扰力 $\boldsymbol{F}_2$ 的作用下,杆无法恢复到原来的直线平衡状态,可能在微弯状态下暂时平衡(见图4-26(c)),这时,称杆原来的直线平衡状态为不稳定平衡。

由以上分析可知,杆件能否保持稳定,与其能承受的压力 $\boldsymbol{F}_1$ 有密切关系。当压力 $\boldsymbol{F}_1$ 的值逐渐增大时,杆由稳定平衡状态过渡到不稳定平衡状态。当压力刚好达到使压杆处于不稳定平衡状态时,这时的压力称为临界力,用 $\boldsymbol{F}_{cr}$ 表示。即杆上的压力达到临界值时,压杆会丧失稳定。

失稳对工程结构的影响往往非常严重。如 1907 年加拿大魁北克城圣劳伦斯河大铁桥在施工中倒塌，造成数十名工人遇难，其原因就在于数根下弦杆失稳。

因此，对工程中的受压细长杆，如桥梁中的某些弦杆、螺旋千斤顶的螺杆以及一些托架中的压杆、建筑施工中的脚手架及支柱等等，常常要进行稳定计算。

4.8.2　临界力的欧拉公式及临界应力

1. 临界力的欧拉公式

由弯曲变形的理论及数学推导（过程从略），可得出计算临界力的欧拉公式

$$F_{cr}=\frac{\pi^2 EI}{(ul)^2}$$

其中　I——压杆的横截面对中性轴的惯性矩（m^4）；

E——压杆材料的拉压弹性模量（GPa）；

u——与压杆两端的支座情况有关的长度系数，如表 4-3 所示；

l——压杆的长度（m）。

又称 ul 为相当长度。

表 4-3　不同支座情况下的长度系数

杆　端约束情况	两 端 铰 支	一端固定 一端自由	两端固定	一端固定 一端铰支
挠度曲线形状	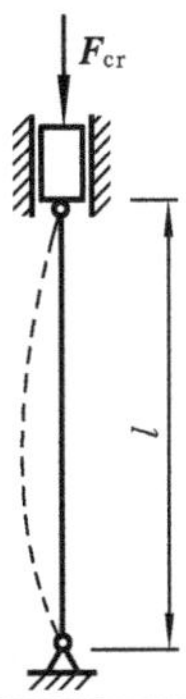	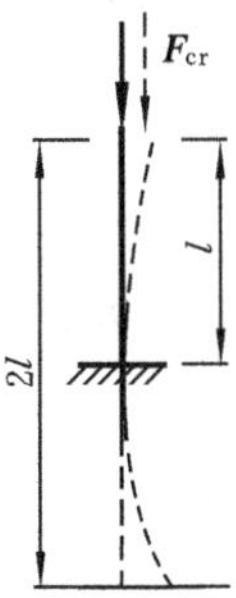	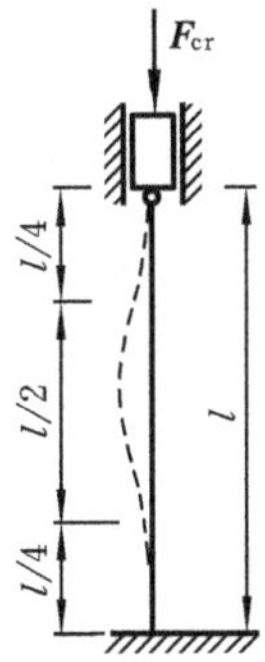	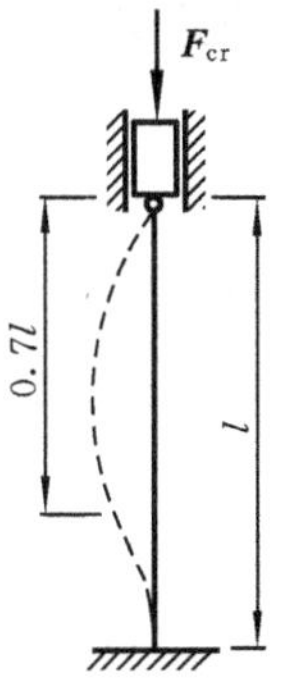
u	1	2	0.5	0.7

2. 临界应力

压杆在临界力的作用下，其横截面上的应力称为临界应力，以 σ_{cr} 表示，则

$$\sigma_{cr}=\frac{F_{cr}}{A}=\frac{\pi^2 EI}{A(ul)^2}$$

其中　A——杆的横截面面积（m^2）。

设截面的惯性半径为 i，并令 $i^2=\frac{I}{A}$，即 $i=\sqrt{\frac{I}{A}}$，则

$$\sigma_{cr}=\frac{\pi^2 E}{(ul)^2}i^2$$

又令
$$\lambda=\frac{ul}{i}$$

则
$$\sigma_{cr}=\frac{\pi^2 E}{\lambda^2}$$

其中　λ——压杆的长细比，又称为柔度。

由 $\lambda=\frac{ul}{i}$ 可以看出，杆细长，λ 较大，容易丧失稳定；杆粗短，λ 较小，不容易丧失稳定。

3. 欧拉公式的适用范围

临界力的欧拉公式是在材料服从胡克定律的条件下导出的。因此，临界应力应小于或等于材料的比例极限 R_p，即

$$\sigma_{cr}=\frac{\pi^2 E}{\lambda^2}\leqslant R_p$$

可得相应于比例极限时的柔度，即

$$\lambda_p=\pi\sqrt{\frac{E}{R_p}}$$

因此，可用 λ_p 来表示欧拉公式的适用范围，即受压杆的实际柔度 $\lambda\geqslant\lambda_p$ 时才能用欧拉公式。

由上式可计算出各种材料的 λ_p，如低碳钢的 $\lambda_p=100$，铸铁的 $\lambda_p=80$，木材的 $\lambda_p=110$。

$\lambda\geqslant\lambda_p$ 的杆件称为大柔度杆或细长杆。

4. 临界应力的经验公式

当压杆内的工作应力大于比例极限 R_p 但小于屈服强度 R_{eL}（塑性材料）时，可用经验公式。经验公式又分为直线公式和抛物线公式等。直线公式的形式为

$$\sigma_{cr}=a-b\lambda$$

其中　a、b——与材料有关的常数(MPa)。

直线公式的适用范围显然应为

$$\sigma_{cr}=a-b\lambda<R_{eL}$$

即
$$\lambda>\frac{a-R_{eL}}{b}$$

令应用经验公式时的最小柔度值为 λ_s，则

$$\lambda_s=\frac{a-R_{eL}}{b}$$

可得直线公式的适用范围为

$$\lambda_s<\lambda<\lambda_p$$

适用于直线公式的杆件常称为中柔度杆或中长杆。

几种常用材料的 a、b、λ_s、λ_p 值如表 4-4 所示。

表 4-4　几种常用材料的 a、b、λ_p、λ_s 值

材　　料	a/MPa	b/MPa	λ_p	λ_s
Q235 钢、10 钢、25 钢	310	1.14	100	60
35 钢	469	2.62	100	60
45 钢、55 钢	589	3.82	100	60
铸　铁	338.7	1.483	80	—
木　材	29.3	0.194	110	40

$\lambda \leqslant \lambda_p$ 的杆件则可称为小柔度杆或粗短杆，这类杆件一般只计算抗压强度即可。

例 4-7　一受压杆长 $l=800$ mm，两端固定，材料为低碳钢，$E=206$ GPa。分别计算压杆截面为矩形（见图 4-27(a)）和圆形（见图 4-27(b)，$d=\sqrt{\frac{4A}{\pi}}$）时的临界力和临界应力（设两杆的横截面面积 A 相等）。

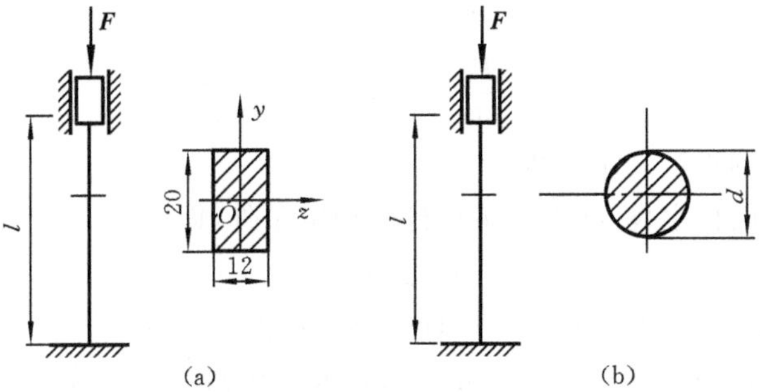

图 4-27

解　(1) 计算压杆的柔度 λ。查表 4-3 得，长度系数 $u=0.5$。

对于矩形截面，有

$$I_y=\frac{1}{12}\times 20\times 12^3\ \text{mm}^4=2\ 880\ \text{mm}^4$$

$$I_z=\frac{1}{12}\times 12\times 20^3\ \text{mm}^4=8\ 000\ \text{mm}^4$$

因 $I_y<I_z$，压杆必因截面绕 y 轴转动而失稳，故应计算的惯性半径 i_y，即

$$i_y=\sqrt{\frac{I_y}{A}}=\sqrt{\frac{2\ 880}{20\times 12}}\ \text{mm}=3.464\ \text{mm}$$

圆形截面的惯性半径为

$$i=\frac{d}{4}=\frac{1}{4}\sqrt{\frac{4A}{\pi}}=\frac{1}{4}\sqrt{\frac{4\times 20\times 12}{\pi}}\ \text{mm}=4.37\ \text{mm}$$

矩形截面柔度为

$$\lambda_y=\frac{ul}{i_y}=\frac{0.5\times 800}{3.464}=115.5$$

圆形截面柔度为

$$\lambda=\frac{ul}{i}=\frac{0.5\times 800}{4.37}=91.5$$

(2) 计算临界力和临界应力。因低碳钢 $\lambda_p=100$，则矩形截面杆用欧拉公式计算，于是，临界应力为

$$\sigma_{cr}=\frac{\pi^2 E}{\lambda_y^2}=\frac{\pi^2\times 206\times 10^9}{115.5^2}\ \text{Pa}=152.4\ \text{MPa}$$

临界力为

$$F_{cr}=\sigma_{cr}A=152.4\times 20\times 12\ \text{N}=36\ 578\ \text{N}=36.578\ \text{kN}$$

圆形截面杆用直线公式计算，于是，临界应力为

$$\sigma_{cr}=a-b\lambda=(310-1.14\times 91.5)\ \text{MPa}=205.69\ \text{MPa}$$

临界力为

$$F_{cr}=\sigma_{cr}A=205.69\times 20\times 12\ \text{N}=49\ 366\ \text{N}=49.366\ \text{kN}$$

4.8.3　压杆的稳定校核

临界力和临界应力是压杆丧失工作能力时的极限值。为了保证压杆具有足够的稳定性，压杆的轴向压力 F 或工作应力(实际应力)σ 不仅应小于临界力或临界应力，还应有相当的安全储备，即

$$F\leqslant\frac{F_{cr}}{[n_w]}\quad 或\quad \sigma\leqslant\frac{\sigma_{cr}}{[n_w]}$$

其中　$[n_w]$——规定的稳定安全系数。

压杆要具有足够的稳定性，必须满足压杆的稳定条件，即

$$n_w\geqslant[n_w]$$

其中　n_w——压杆工作稳定安全系数或压杆实际稳定安全系数。

$[n_w]$的取值涉及许多因素，一般情况下$[n_w]$大于强度安全系数 n，如钢的$[n_w]=1.8\sim3.0$，铸铁的$[n_w]=5.0\sim5.5$，木材的$[n_w]=2.8\sim3.2$。

在机械设计中，常根据强度条件和结构需要，初步确定压杆的截面形状尺寸，然后再校核其稳定性，并且多用 $n_w\geqslant[n_w]$的算式来进行，即

$$n_w=\frac{F_{cr}}{F}\geqslant[n_w]\quad 或\quad n_w=\frac{\sigma_{cr}}{\sigma}\geqslant[n_w]$$

这种方法称为安全系数法。

例 4-8　螺旋千斤顶如图 4-28(a)所示，螺杆的最大旋出长度 $l=375$ mm，螺纹的小径(内径)$d_0=40$ mm，材料为 45 钢。千斤顶的最大顶力 $F=80$ kN，规定的稳定安全系数$[n_w]=4$。校核螺杆的稳定性。

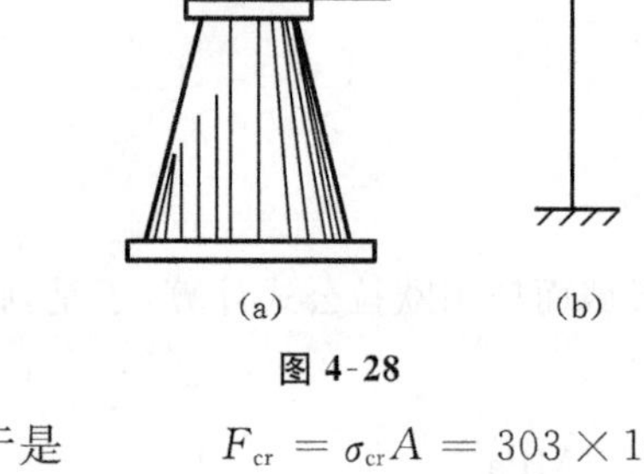

图 4-28

解　(1) 计算螺杆柔度。螺杆的支承情况属上端自由、下端固定，受力简图如图 4-28(b)所示。查表 4-3 得，长度系数 $u=2$。惯性半径为

$$i=\frac{d_0}{4}=\frac{40}{4}\ \text{mm}=10\ \text{mm}$$

柔度为　$$\lambda=\frac{ul}{i}=\frac{2\times375}{10}=75<\lambda_p=101$$

(2) 计算临界力。查表 4-4 得，$\lambda_s=60$，即此螺杆的柔度属于$\lambda_s<\lambda<\lambda_p$，应用直线公式计算临界力。查表 4-4 得，$a=589$ MPa，$b=3.82$ MPa，则

$$\sigma_{cr}=a-b\lambda=(589-3.82\times75)\ \text{MPa}=303\ \text{MPa}$$

于是　$$F_{cr}=\sigma_{cr}A=303\times10^6\times\frac{\pi\times40^2}{4}\times10^{-6}\ \text{N}=380\ 761\ \text{N}\approx381\ \text{kN}$$

(3) 校核螺杆的稳定性。

$$n_w=\frac{F_{cr}}{F}=\frac{381}{80}=4.76>[n_w]=4$$

故该千斤顶的螺杆稳定。

4.8.4　提高压杆稳定性的措施

由前面的分析和计算可以看出，压杆的临界力大，其稳定性就高；反之，其稳定性就差。因此，要设法提高压杆的临界力。

又由临界力的计算式

$$F_{cr}=\sigma_{cr}A=\frac{\pi^2 E}{\lambda^2}A \quad 及 \quad \lambda=\frac{ul}{i}$$

可知，F_{cr}的大小与材料的拉压弹性模量、支承情况、杆长、截面的惯性半径（截面的形状及面积）等有关。因此，在可能情况下，宜减小杆的长度（或增加中间支承）；选择合理的截面形状以增大 I/A 的值，在截面的 $I_x \neq I_y$ 时，防止在 I 偏小的方向上失稳；改善杆端支承情况；合理选择材料，以提高 E 值。但应当注意，各种钢的 E 值相近，故对于大柔度杆不宜用高强度钢，而对于中柔度杆，因为高强度钢的 a、b 值较大，则用高强度钢有利于提高压杆的稳定性。

习　题　4

4-1　辨别图 4-29 中杆件的受力状况哪些属于拉伸，哪些属于压缩。

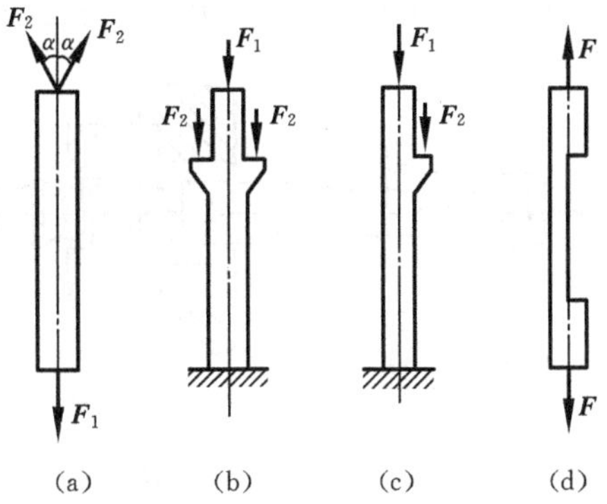

图 4-29

4-2　求图 4-30 中各杆指定截面的轴力，并绘轴力图。

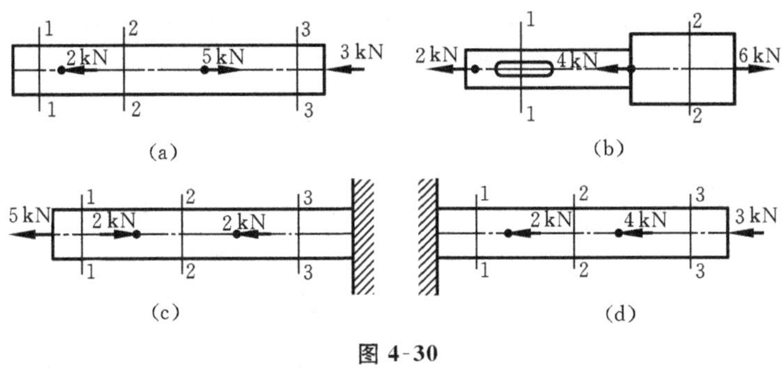

图 4-30

4-3　作用于图 4-31 所示零件上的拉力 $F=38$ kN。问：零件内最大拉应力发生于哪个截面上？并求其值。

4-4　如图 4-32 所示为飞机着陆部分的结构。支撑杆 AB 与杆 BC 成 53.1°角，飞机着陆时轮子受到的反力 $F=20$ kN。已知杆 AB 的外径 $D=40$ mm，内径 $d=30$ mm。求支撑杆 AB 的应力。

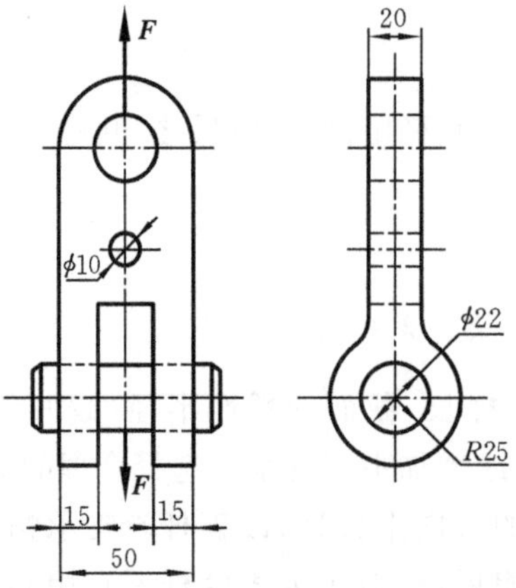

图 4-31

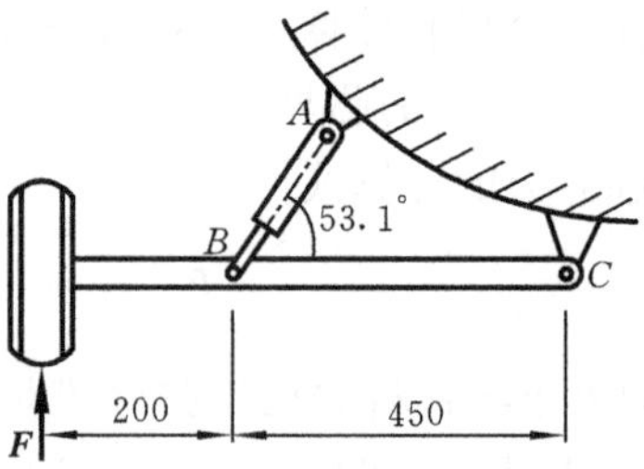

图 4-32

4-5　如图 4-33 所示，钢杆的横截面面积为 1 000 mm^2。已知 $F=20$ kN，材料的弹性模量 $E=210$ GPa。作轴力图并求杆的总伸长量及杆下端横截面上的正应力。

4-6　如图 4-34 所示为拉刀的工作情况。切削时的拉力 $F=10$ kN，设拉刀有两圈齿同时切削，且切削力相同，拉刀材料的许用应力 $[\sigma]=25$ MPa。校核拉刀的强度。

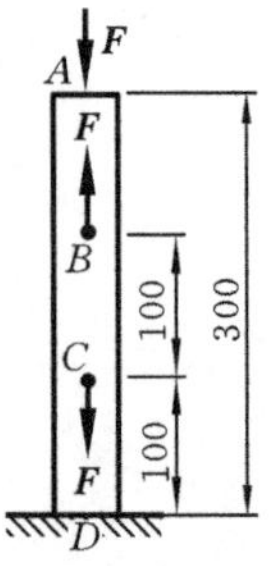

图 4-33

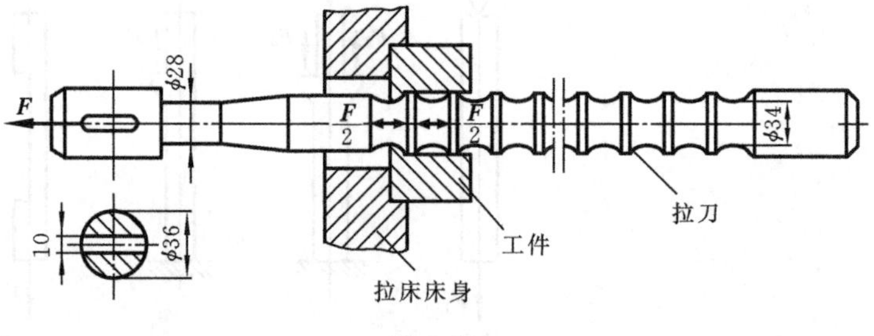

图 4-34

4-7　在图 4-35 所示木构架中，D 端有载荷 $P=5$ kN，已知斜撑杆 AB 的截面为正方形，边长为 $a=7$ cm，木材的许用应力 $[\sigma]=8$ MPa。校核该斜杆的强度。

4-8　在如图 4-36 所示，吊车可在托架的梁 AC 上移动，斜钢杆 AB 的截面为圆形，直径为 20 mm，$[\sigma]=120$ MPa。问：斜杆的强度是否足够？（提示：应考虑危险工况。）

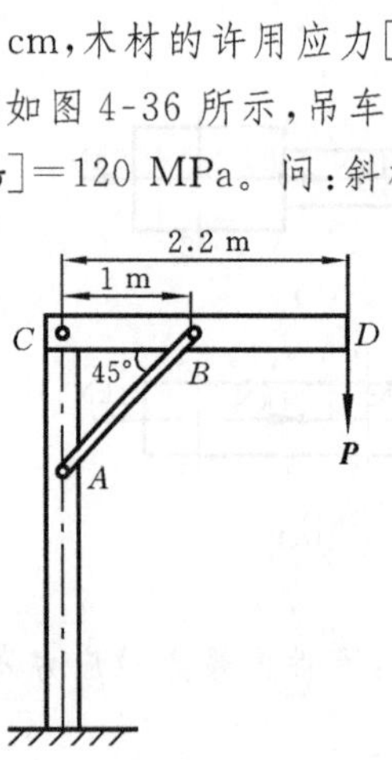

图 4-35

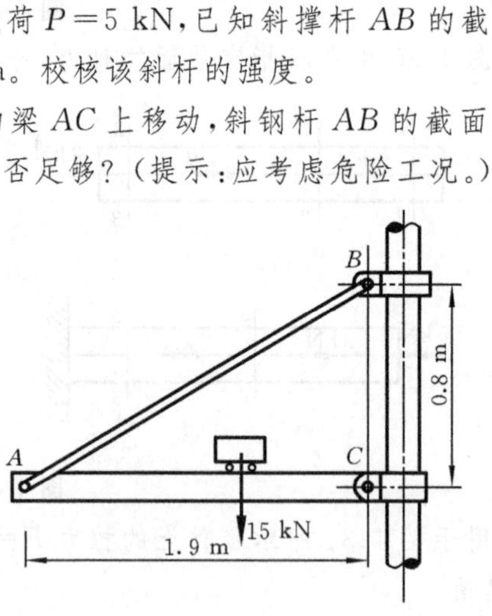

图 4-36

4-9　如图 4-37 所示，起重机吊钩的上端用螺母固定，若吊钩螺栓部分内径 $d=55$ mm，材料许用应力 $[\sigma]=100$ MPa。校核螺栓部分的强度。

4-10　桁架的尺寸及受力情况如图 4-38 所示。$P=30$ kN，材料的许用拉应力$[\sigma]_L=60$ MPa，许用压应力$[\sigma]_Y=120$ MPa。设计杆 AC 及 AD 所需的等边角钢的尺寸。

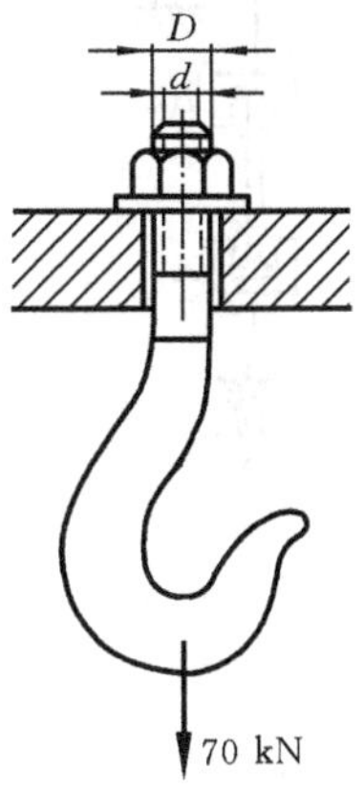

图 4-37

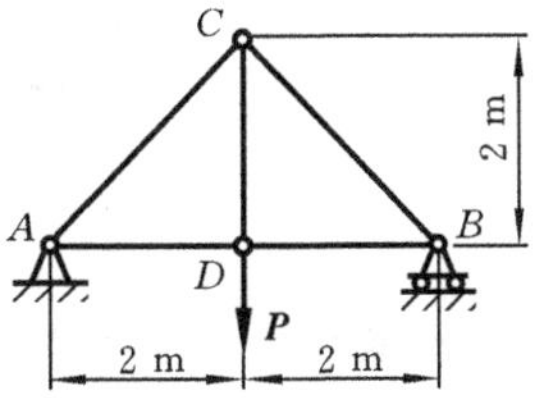

图 4-38

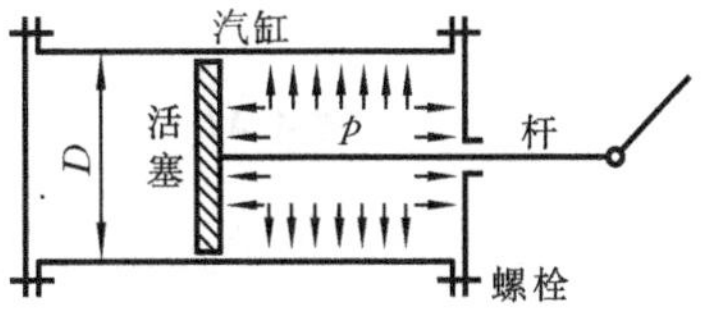

图 4-39

4-11　蒸汽机的汽缸如图 4-39 所示。汽缸内径 $D=560$ mm，内压力 $p=2.5$ MPa，活塞杆直径 $d=100$ mm，所有材料的屈服强度 $R_{eL}=300$ MPa。

(1) 求活塞杆的正应力及工作安全系数。

(2) 若连接汽缸和汽缸盖的螺栓直径为 30 mm，其许用应力$[\sigma]=60$ MPa，求连接每个汽缸盖所需的螺栓数。

4-12　如图 4-40 所示，气动夹具的活塞杆直径 $d=10$ mm，杆 AB 和 BC 的截面为 15 mm×32 mm 的矩形，三者的材料相同，$[\sigma]=100$ MPa。按它们的强度确定该夹具的最大夹紧力。

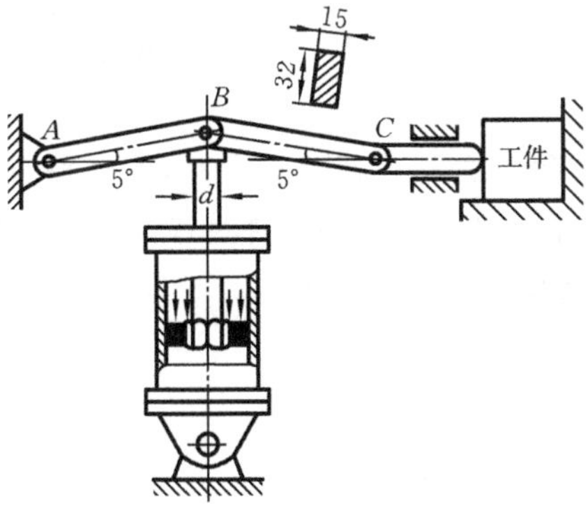

图 4-40

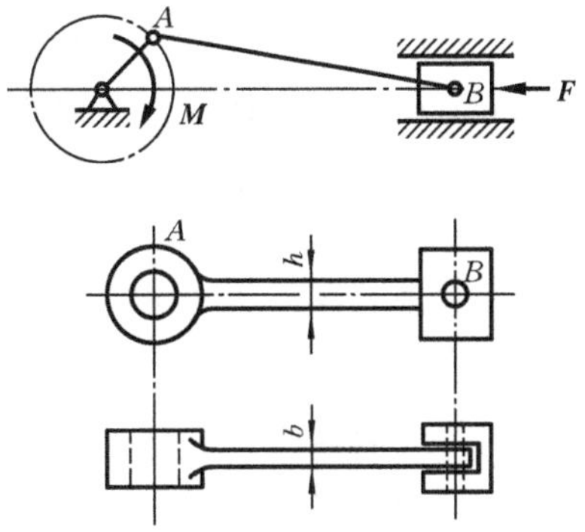

图 4-41

4-13　冷镦机的曲柄滑块机如图 4-41 所示。镦压工件时，连杆 AB 接近水平位置，承受镦压力 $F=1\ 100$ kN。连杆截面为矩形，其高宽比 $h/b=1.4$，许用应力$[\sigma]=58$ MPa。确定截面尺寸 h 和 b。

4-14　在如图 4-42 所示简易吊车中，BC 为钢杆，AB 为木杆。木杆 AB 的横截面面积 $A_1=100\ \text{cm}^2$，许用应力$[\sigma]_1=7$ MPa；钢杆的横截面面积 $A_2=300\ \text{mm}^2$，许用应力$[\sigma]_2=160$ MPa。求许可吊重 P。

4-15　某拉伸试验机的结构如图 4-43 所示。设试验机的杆 CD 与试件 AB 材料同为低碳钢，其$R_p=200$ MPa，$R_{eL}=240$ MPa，$R_m=400$ MPa。试验机最大拉力为 100 kN。

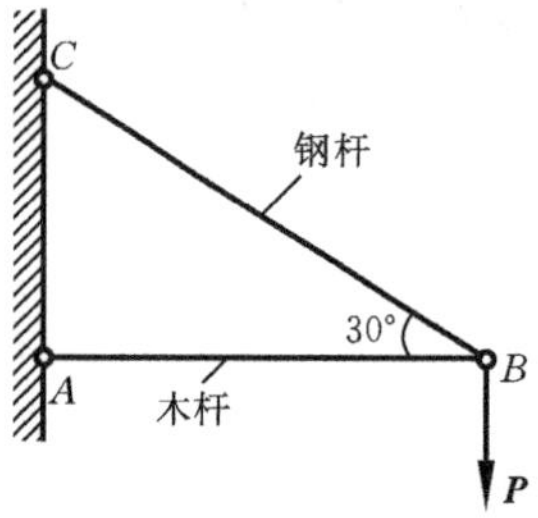

图 4-42

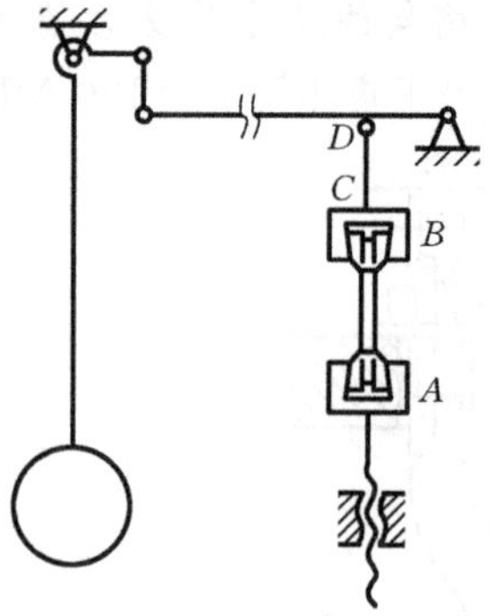

图 4-43

(1) 用这一试验机做拉伸试验时,试件直径最大可达多大?

(2) 若设计时取试验机的安全系数 $n=2$,杆 CD 的横截面面积应为多少?

(3) 若试件直径 $d=1$ cm,今欲测弹性模量 E,所加载荷最大不能超过多少?

4-16 如图 4-44 所示横截面面积 $A=400\ \text{mm}^2$ 的拉杆由两部分胶接而成,承受的轴向拉力 $F=80$ kN。求胶接面上的正应力和切应力。

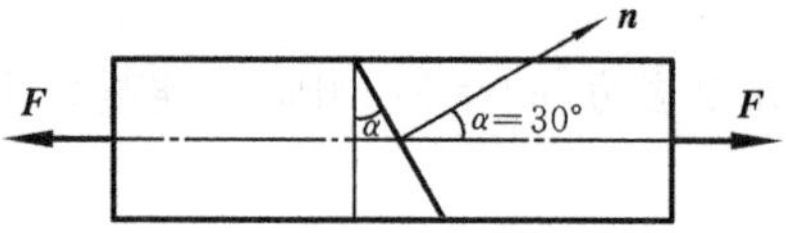

图 4-44

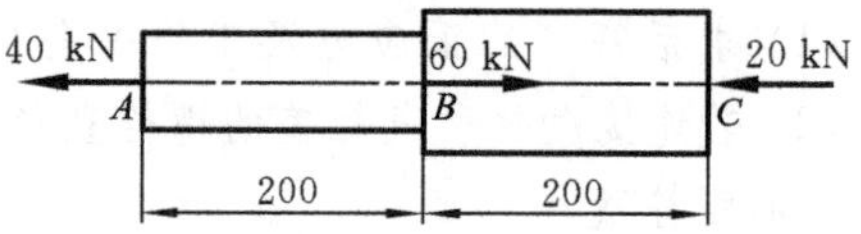

图 4-45

4-17 变截面直杆如图 4-45 所示,已知:AB 段横截面面积为 $A_1=4\ \text{cm}^2$,BC 段横截面面积 $A_2=8\ \text{cm}^2$,$E=200$ GPa。求杆的总伸长量 Δl。

4-18 如图 4-46 所示板状试件,在其表面沿纵向和横向粘贴两片应变片,用以测量试件的应变。已知 $b=30$ mm,$h=4$ mm。试验时,力 F 每增加 3 kN,测得试件的纵向应变 $\varepsilon=120\times10^{-6}$、横向应变 $\varepsilon'=-38\times10^{-6}$。求试件材料的弹性模量 E 和泊松比 μ。

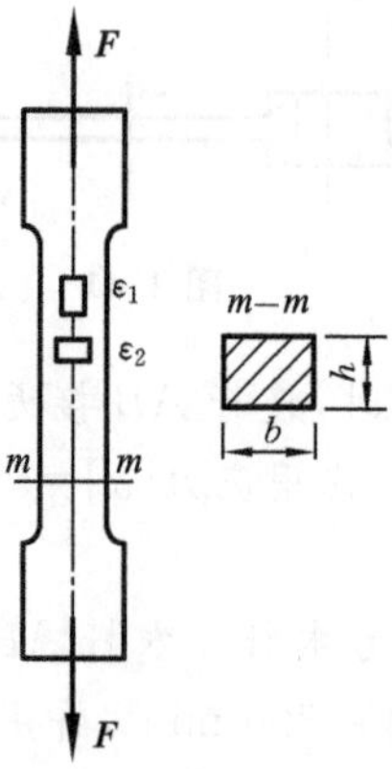

图 4-46

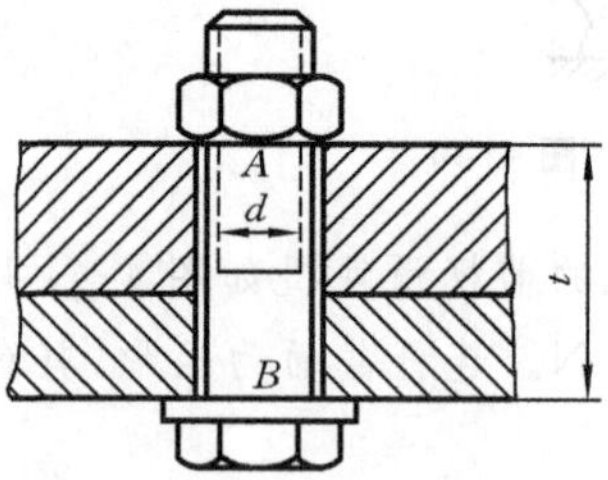

图 4-47

4-19 如图 4-47 所示连接螺栓内径 $d=15.3$ mm,被连接钢板厚度 $t=54$ mm,拧紧时螺

栓段的伸长量 $\Delta l=0.04$ mm，螺栓的弹性模量 $E=200$ GPa。问：螺栓的预紧力是多少？

4-20　电子秤的传感器是一空心圆筒，该圆筒受轴向压缩，筒外径 $D=80$ mm，壁厚 $t=9$ mm，材料的弹性模量 $E=200$ GPa，称重时筒壁的轴向应变 $\varepsilon=-4.98\times10^{-6}$。确定所称物品的重量。

4-21　铸铁压杆直径 $d=50$ mm，长度 $l=1$ m，一端固定一端自由，弹性模量 $E=180$ GPa。求杆的临界力。

4-22　三根同截面受压杆，其直径 d 均为 80 mm，材料为低碳钢，$E=200$ GPa，屈服强度 $R_{eL}=240$ MPa，两端均为铰支，长度分别为 $l_1=2l_2=2.2$ m，$l_3=1.6$ m。计算各杆的临界力。

4-23　图 4-48 所示压杆的材料为低碳钢，$E=210$ GPa，图(a)为正视图，在该平面内压杆两端铰支，图(b)为俯视图，在该平面内压杆两端固定。求此杆的临界力。

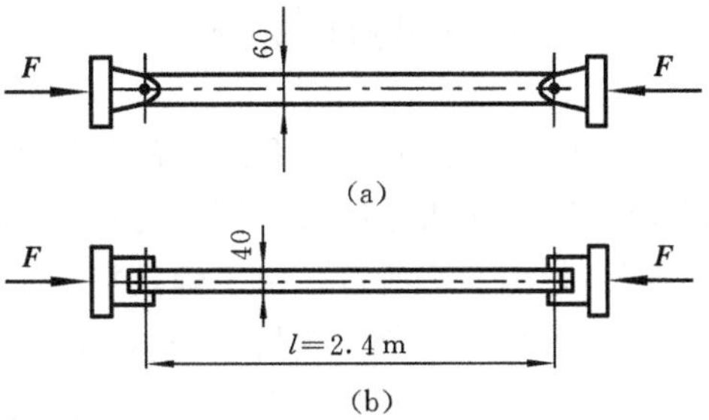

图 4-48

4-24　某千斤顶能承受的最大顶力 $F=150$ kN，螺杆的小径(内径)$d_0=52$ mm，最大长度 $l=520$ mm，材料为 45 钢。求螺杆的工作稳定安全系数。

4-25　某柴油机的挺柱两端铰支，其截面为圆形，直径 $d=8$ mm，长度 $l=257$ mm，材料的 $E=210$ GPa，比例极限 $R_p=240$ MPa，所受最大压力 $F=1.76$ kN，规定的稳定安全系数$[n_w]=2.5$。校核挺柱的稳定性。

4-26　一根 25a 工字钢支柱，两端固定，长度 $l=7$ m，规定的稳定安全系数$[n_w]=2$，材料为低碳钢，$E=210$ GPa。求支柱的许可载荷。

综合训练 4

某提升系统如图 4-49 所示，已知起吊重量 $P=50$ kN，钢绳自重 23.8 N/m，直径 $d=1.78$ cm，抗拉强度 $R_m=1\ 600$ MPa，取安全系数 $n=7.5$。校核钢绳的强度，并画出钢绳的轴力图。

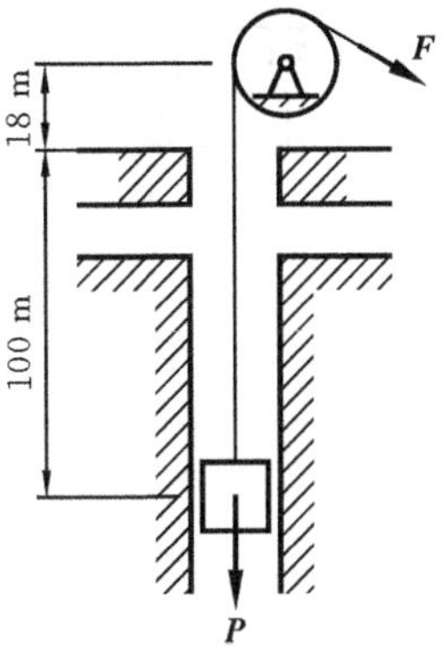

图 4-49

第 5 章　剪切和挤压

本章首先介绍剪切构件的受力和变形特点以及剪切构件可能的破坏方式，最后介绍螺栓、键等一类典型连接件的剪切和挤压的实用计算。

5.1　工程中的连接件

在工程实际中，机械和结构的各组成部分，通常采用不同类型的方式进行连接。例如，在桥梁结构中，钢板之间常采用铆钉连接，如图 5-1 所示；在机械工程中，传动轴和齿轮之间常用键连接，如图 5-2 所示。由于焊接接头可靠性的提高，近年来焊接在工程中得到广泛应用，图 5-3所示为采用直角焊缝搭接方式的两块钢板。此外，工程中还采用螺栓、销钉等进行连接。这些起连接作用的铆钉、螺栓、销钉、键及焊缝等统称为连接件。

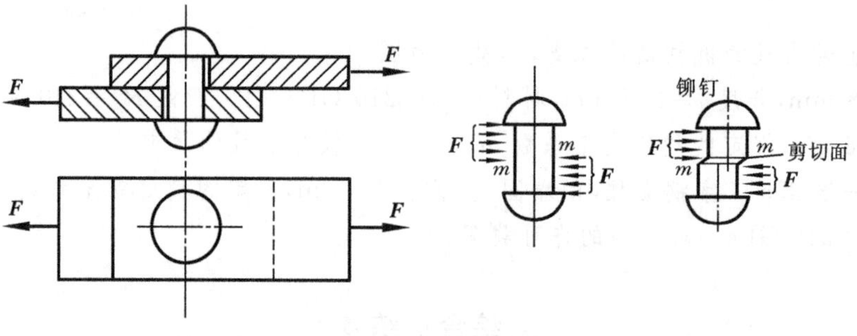

(a)　(b)　(c)

图 5-1

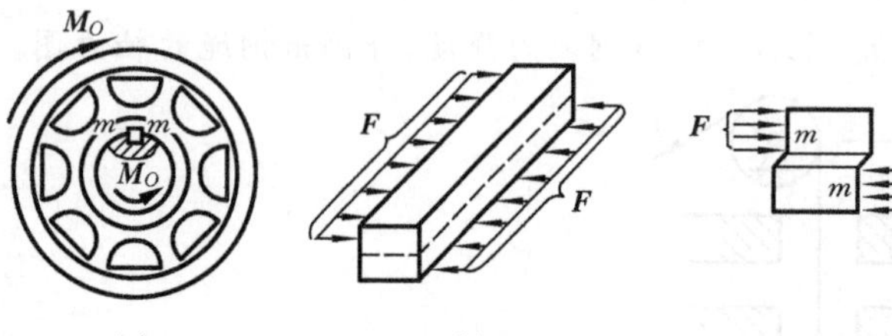

(a)　(b)　(c)

图 5-2

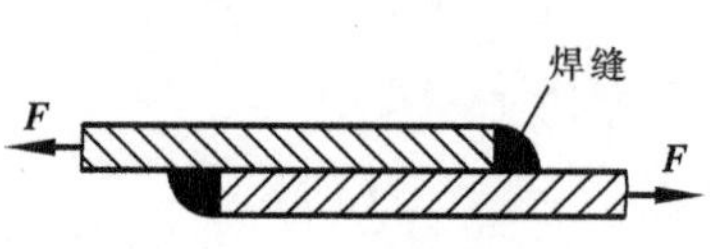

图 5-3

连接件这类构件的受力特点是：作用在构件两侧面上的外力的合力大小相等、方向相反，且作用线相距很近（见图 5-1(b)、5-2(b)）。其变形特点是：位于两力间的截面发生错动（见图 5-1(c)、图 5-2(c)）。这种变形形式称为剪切。发生相对错动的截面称为剪切面，剪切面平行于作用力的方向。由图 5-1(c)和图 5-2(c)可见，这样连接的铆钉和键等都各具有一个剪切面，称为单剪；拖车挂钩的销钉（见图 5-4）有两个剪切面，称为双剪。

承受剪切的构件大多为短粗杆，剪切变形发生在受剪构件的某一局部，而且外力也作用在此局部附近。因此应力和变形规律比较复杂，理论分析十分困难。工程上对此通常采用实用计算或称假定计算方法。所谓实用计算一般有两层含意：其一是假定剪切面上的应力分布规律；其二是利用试件或实际构件进行确定危险应力的试验时，尽量使试件与实际构件的受力状况相似或相同。

由以上构件还可观察到，钢板与铆钉、轮毂与键相接触的面上会互相压紧，这种作用称为挤压。在挤压面上可能产生局部变形或凹陷，这种现象称为挤压破坏。因此，对于构件的这类受力情况，在工程中有时也应予以考虑。

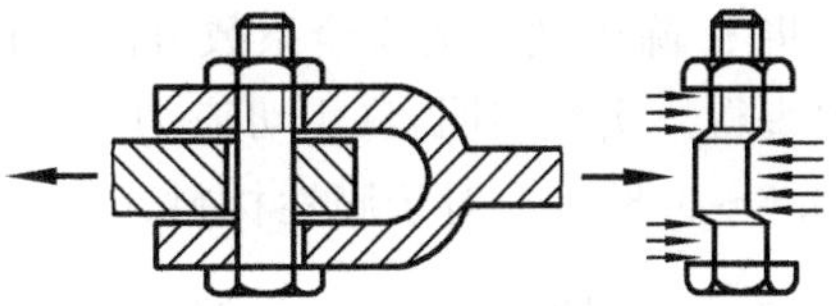

图 5-4

5.2 剪切和挤压的实用计算

5.2.1 剪切的实用计算

设有两块钢板用螺栓连接（见图 5-5(a)），当钢板受外力 $\boldsymbol{F}$ 作用时，螺栓的受力如图 5-5(b)所示。当外力 F 过大时，螺栓可能沿剪切面 $m—m$ 被剪断，故用截面法求剪切面上的内力。假想沿剪切面将螺栓截成上下两部分，并以其中任一部分为研究对象。由其平衡条件可知，剪切面上必然存在一个与外力 $\boldsymbol{F}$ 大小相等、方向相反、作用线与剪切面相切的内力 $\boldsymbol{F}_S$（见图 5-5(c)）。此内力称为剪力，其值为

$$F_S = F$$

假定剪切面上切应力均匀分布（见图 5-5(d)），于是

$$\tau = F_S/A \tag{5-1}$$

其中　τ —— 剪切面上的切应力(MPa)；

F_S —— 剪切面上的剪力(N)；

A —— 剪切面面积(m^2)。

由式(5-1)计算出的切应力实际上是剪切面上的平均切应力，所以也称为名义切应力。

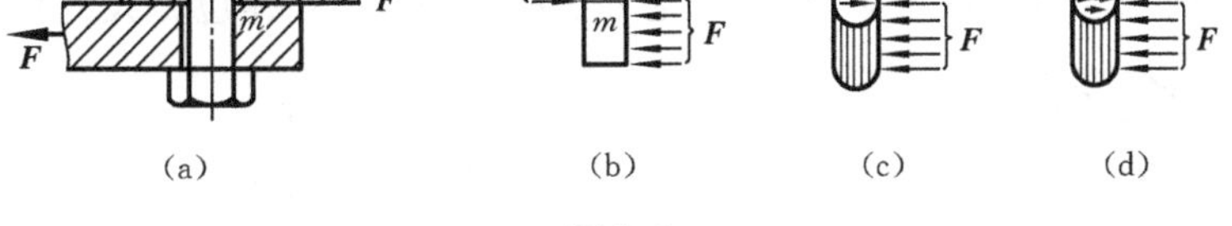

图 5-5

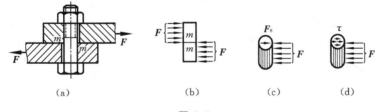

为了保证螺栓安全、可靠地工作，要求剪切面上的切应力不得超过材料的许用切应力，由此得剪切强度条件为

$$\tau = F_S/A \leqslant [\tau] \tag{5-2}$$

其中　$[\tau]$——材料的许用切应力。

许用切应力$[\tau]$常采用下述方法加以确定：用与受剪构件相同的材料制成试件，试件的受力情况要与受剪构件的工作时的受力情况尽可能相似，加载直到试件被剪断，测得破坏载荷 $\boldsymbol{F}_b$，从而求得破坏时的剪力 F_{Sb}。然后由式(5-1)求得名义剪切强度极限为

$$\tau_b = F_{Sb}/A$$

再将 τ_b 除以适当的安全系数，即得到材料的许用切应力[τ]。[τ]的具体值可从有关设计规范中查得。实验表明，许用切应力[τ]与许用正应力[σ]之间有以下关系：对于塑性材料，[τ]=(0.6～0.8)[σ]；对于脆性材料，[τ]=(0.8～1.0)[σ]。

5.2.2 挤压实用计算

仍以螺栓连接为例。螺栓在承受剪切作用的同时，与钢板孔壁也彼此压紧，螺栓与钢板孔壁的接触表面称为挤压面。当挤压面上的挤压力比较大时，可能导致螺栓或钢板产生明显的局部塑性变形而被压陷。这种局部接触面受压的现象称为挤压。图 5-6 所示为钢板孔壁挤压破坏的情形，孔被挤压成长圆孔，导致连接松动，使构件丧失工作能力。同理，螺栓本身也有类似问题。因此，对受剪构件除进行剪切强度计算外，还要进行挤压强度计算。

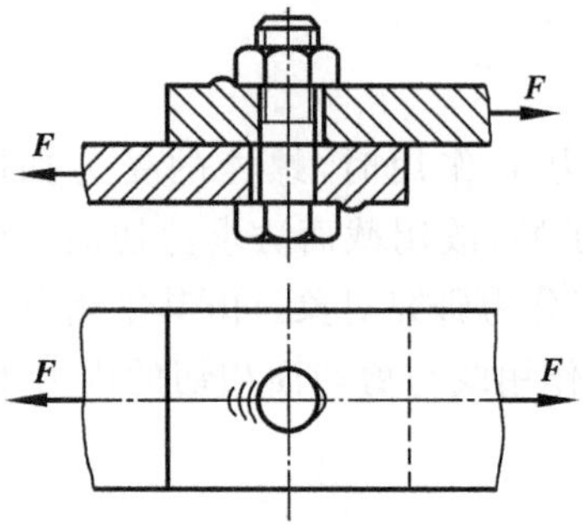

图 5-6

接触面上的总压紧力称为挤压力，用 $\boldsymbol{F}_{JY}$ 表示；由此引起的应力称为挤压应力，用 $\boldsymbol{\sigma}_{JY}$ 表示。挤压应力与直杆压缩中的压应力不同：压应力在横截面上是均匀分布的；而挤压应力只局限于接触面附近的区域，在接触面上的分布也比较复杂。为简化计算，工程上亦采用实际计算方法，即假设挤压应力在挤压计算面积上均匀分布，则

$$\sigma_{JY} = F_{JY}/A_{JY} \tag{5-3}$$

其中　σ_{JY}—— 挤压面上的挤压应力；

F_{JY}—— 挤压面上的挤压力；

A_{JY}—— 挤压面面积。

挤压面的计算面积为实际挤压面的正投影面的面积。挤压面的计算面积要视接触面的具体情况而定。如图 5-2 所示的键连接，其接触面是平面，就以接触面面积为挤压计算面积，故 $A_{JY}=hl/2$，即如图 5-7 所示阴影部分的面积。对于像螺栓、铆钉等一类圆柱形连接件受挤压的情况(见图 5-8(a))，实际挤压面为半个圆柱面，挤压面的计算面积为接触面在直径平面上的投影面积，即如图 5-8(b)所示的阴影部分的面积 $A_{JY}=dh$。根据理论分析，在半圆柱挤压面上，挤压应力的实际分布情况如图 5-8(c)所示，最大挤压应力发生在半圆弧的中点处。采用挤压面的计算面积求得的挤压应力，与理论分析所得的最大挤压应力大致相等。

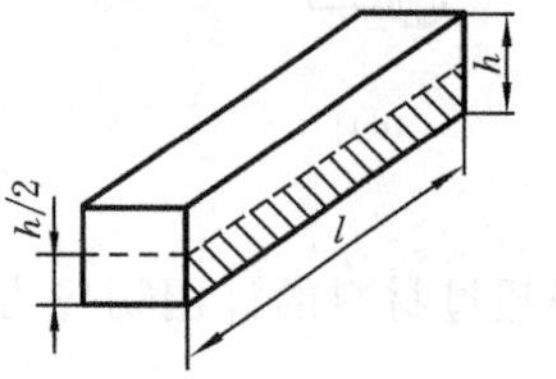

图 5-7

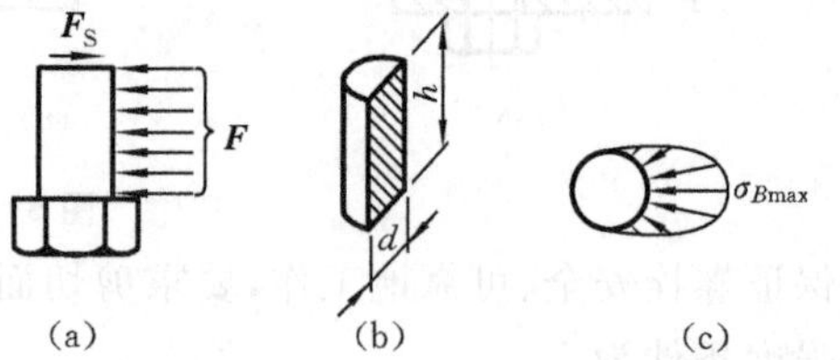

图 5-8

为保证构件的正常工作，要求挤压应力不超过某一许用值，即挤压强度条件为

$$\sigma_{JY} = F_{JY}/A_{JY} \leqslant [\sigma]_{JY} \tag{5-4}$$

其中　$[\sigma]_{JY}$——材料的许用挤压应力。

注意：如果两个接触构件的材料不同，$[\sigma]_{JY}$ 应按抗挤压能力较弱者选取。$[\sigma]_{JY}$ 可从有关

设计规范中查得。根据实验，对于塑性材料，许用挤压应力$[\sigma]_{JY}$与材料许用拉应力$[\sigma]_L$有如下关系：

$$[\sigma]_{JY} = (1.7 \sim 2)[\sigma]_L$$

由于剪切和挤压同时存在，为保证连接件的强度，必须同时满足剪切强度条件和挤压强度条件。与轴向抗拉压强度计算相类似，应用强度条件式(5-2)和式(5-4)，可解决受剪构件的强度校核、截面设计、确定许可载荷三类强度计算问题。

5.3　计算实例

例 5-1　一齿轮通过平键与轴连接在一起(见图 5-9(a))。已知轴传递的力偶矩 $M=1.5\ \mathrm{kN\cdot m}$，轴的直径 $d=100$ mm，根据国家标准选择键的尺寸：宽 $b=28$ mm，高 $h=16$ mm，长 $l=42$ mm。键的材料许用切应力$[\tau]=40$ MPa，许用挤压应力$[\sigma]_{JY}=100$ MPa。校核键的强度。

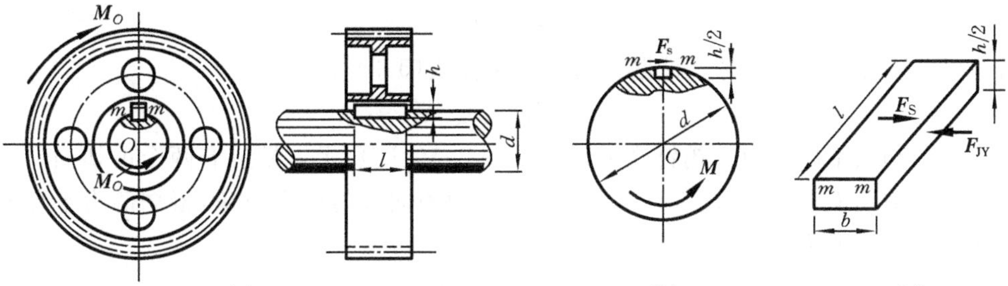

图 5-9

解　(1) 校核键的剪切强度。沿键的剪切面 m—m 将键截开，以键的下部分和轴一起为研究对象(见图 5-9(b))。已知作用在轴上的力偶矩为 $\boldsymbol{M}_O$。设剪切面上的剪力为 $\boldsymbol{F}_S$，建立如下平衡方程：

$$\sum M_O = 0,\quad M - F_S\frac{d}{2} = 0$$

解得

$$F_S = \frac{2M}{d} = \frac{2\times 1.5}{100\times 10^{-3}}\ \mathrm{kN} = 30\ \mathrm{kN}$$

键的剪切面面积为

$$A = bl = 28\times 42\ \mathrm{mm^2} = 1\ 176\ \mathrm{mm^2}$$

由剪切强度条件式(5-2)，得

$$\tau = \frac{F_S}{A} = \frac{30\times 10^3}{1\ 176}\ \mathrm{MPa} = 25.5\ \mathrm{MPa} < [\tau] = 40\ \mathrm{MPa}$$

(2) 校核键的挤压强度。将键的下半部分取出(见图 5-9(c))，由剪切面上的剪力 $\boldsymbol{F}_S$与挤压面上的挤压力 $\boldsymbol{F}_{JY}$的平衡条件，可得

$$F_{JY} = F_S = 30\ \mathrm{kN}$$

由于键与轴(或轮毂)相互挤压的接触面为平面，则该接触平面的面积即为挤压面面积，得

$$A_{JY} = \frac{h}{2}l = \frac{16}{2}\times 42\ \mathrm{mm^2} = 336\ \mathrm{mm^2}$$

由挤压强度条件式(5-4)，得

$$\sigma_{JY}=\frac{F_{JY}}{A_{JY}}=\frac{30\times10^3}{336}\text{ MPa}=89.5\text{ MPa}<[\sigma]_{JY}=100\text{ MPa}$$

计算结果表明，键的剪切强度和挤压强度都是足够的。

例 5-2 如图 5-10(a)所示，拖车挂钩靠销钉来连接。已知挂钩部分的钢板厚度 $\delta=8$ mm。销钉的材料为 20 钢，其许用切应力$[\tau]=60$ MPa，许用挤压应力$[\sigma]_{JY}=100$ MPa，又知拖车的拖力 $F=15$ kN。设计销钉的直径 d。

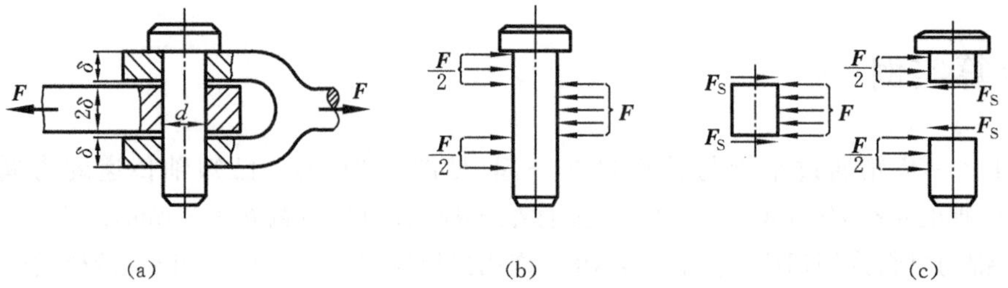

图 5-10

解 (1) 按剪切强度计算。根据剪切强度条件式(5-2)，即

$$\tau=F_S/A\leqslant[\tau]$$

首先应计算剪切面上的剪力。销钉受力情况如图 5-10(b)所示。销钉有两个剪切面。运用截面法将销钉沿剪切面截开(见图 5-10(c))，以销钉的中间段为研究对象，根据静力平衡条件可得每一剪切面上的剪力

$$F_S=F/2=15/2\text{ kN}=7.5\text{ kN}$$

销钉受剪切面的面积

$$A=\pi d^2/4$$

由式(5-2)，有

$$\tau=\frac{F_S}{A}=\frac{F_S}{\pi d^2/4}\leqslant[\tau]$$

所以，销钉的直径

$$d\geqslant\sqrt{\frac{4F_S}{\pi[\tau]}}=\sqrt{\frac{4\times7.5\times10^3}{3.14\times60}}\text{ mm}=13\text{ mm}$$

(2) 按挤压强度计算。根据挤压强度条件式(5-4)，即

$$\sigma_{JY}=F_{JY}/A_{JY}\leqslant[\sigma]_{JY}$$

进行计算。将挤压力 $F_{JY}=F$、挤压面积 $A_{JY}=2d\delta$ 代入上式，得

$$\sigma_{JY}=F/(2d\delta)\leqslant[\sigma]_{JY}$$

$$d\geqslant\frac{F}{2\delta[\sigma]_{JY}}=\frac{15\times10^3}{2\times8\times100}\text{ mm}=9\text{ mm}$$

综合考虑剪切强度和挤压强度并根据国家标准，决定选取销钉直径为 14 mm。

例 5-3 如图 5-11(a)所示起重机制动装置配用的制动钢板，用三排铆钉连接，5 个铆钉交错排列，两块钢板厚度 $\delta=6$ mm，宽度 $b=140$ mm。钢板及铆钉材料均相同，材料许用切应力$[\tau]=100$ MPa，许用挤压应力$[\sigma]_{JY}=300$ MPa，许用拉应力$[\sigma]_L=160$ MPa。钢板承受静拉力 $F=100$ kN。求铆钉所需的直径并校核钢板的强度。

解 (1) 根据剪切强度条件确定铆钉直径。设每个铆钉所承受的外力相等，则各个铆钉

所受的外力均为 $F/5$。取上面的钢板画受力图，由式(5-2)，有

$$\tau=\frac{F_S}{A}=\frac{F/5}{\pi d^2/4}\leqslant[\tau]$$

由此求得

$$d\geqslant\sqrt{\frac{4F}{5\pi[\tau]}}=\sqrt{\frac{4\times100\times10^3}{5\times\pi\times100}}\ \text{mm}=16\ \text{mm}$$

(2) 根据挤压强度条件确定铆钉直径。由于铆钉与钢板材料相同，故可以由铆钉的挤压强度条件确定其直径。设每个铆钉受的挤压力相等，即 $F_{JY}=F/5$，挤压面面积 $A_{JY}=\delta d$。由式(5-4)，有

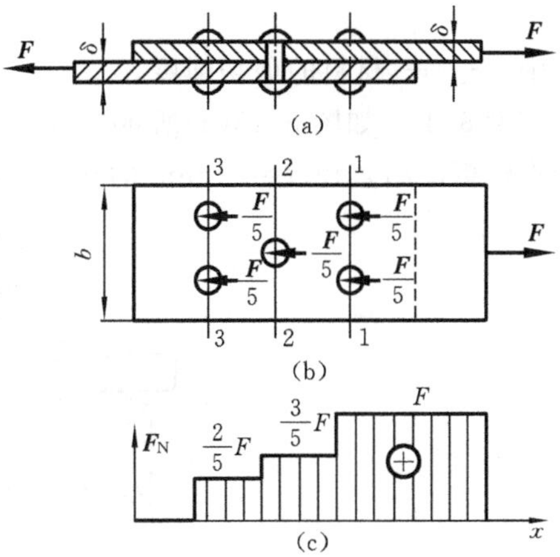

图 5-11

$$\sigma_{JY}=\frac{F_{JY}}{A_{JY}}=\frac{F/5}{\delta d}\leqslant[\sigma]_{JY}$$

由此求得

$$d\geqslant\frac{F}{5\delta[\sigma]_{JY}}=\frac{100\times10^3}{5\times6\times300}\ \text{mm}=11\ \text{mm}$$

综合考虑剪切强度和挤压强度，应取 $d=16$ mm。

(3) 校核钢板的抗拉强度。由于上下两钢板的材料相同，其宽度 b 和厚度 δ 也相同，故两者抗拉强度相等。现以上钢板为研究对象(见图 5-11(b))，绘制其轴力图(见图 5-11(c))。由图5-11(b)、(c)可看出，截面 1—1 上的正应力为

$$\sigma_1=\frac{F_{N1}}{A_1}=\frac{F}{(b-2d)\delta}=\frac{100\times10^3}{(140-2\times16)\times6}\ \text{MPa}$$

$$=154.3\ \text{MPa}<[\sigma]$$

截面 2—2 上的正应力为

$$\sigma_2=\frac{F_{N2}}{A_2}=\frac{3F/5}{(b-d)\delta}=\frac{3\times100\times10^3}{5\times(140-16)\times6}\ \text{MPa}=80.7\ \text{MPa}<[\sigma]$$

截面 3—3 与截面 1—1 的净面积相同，而轴力小于截面 1—1 的轴力，故无须校核。

综合以上计算可知，钢板是安全的。

以上是根据剪切强度条件计算和校核，防止连接件发生剪切破坏的例子。在工程中，我们也常利用剪切破坏现象，使它起到有益的作用。例如，用剪床剪切棒料(见图5-12(a))，用联轴器中的安全销(见图5-12(b))来保护设备的安全等。这类问题所要满足的条件为

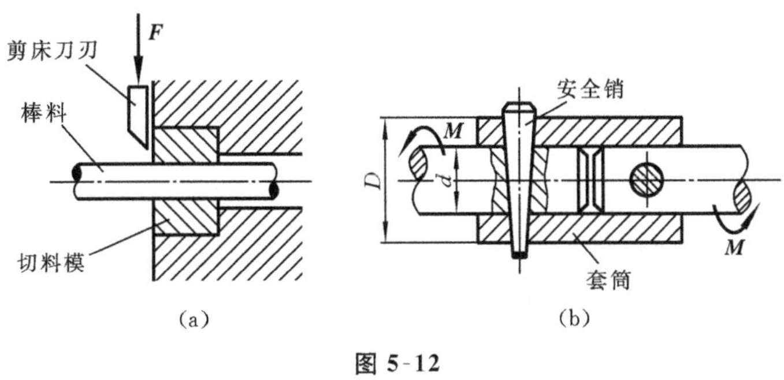

图 5-12

$$\tau = F_S / A \geqslant \tau_b \qquad (5\text{-}5)$$

其中　τ_b——材料的剪切强度。

例 5-4　如图 5-13(a)所示，已知钢板厚度 $\delta=10$ mm，其剪切强度 $\tau_b=300$ MPa。用冲床将钢板冲出直径 $d=25$ mm 的孔。问：需要多大的冲剪力 F？

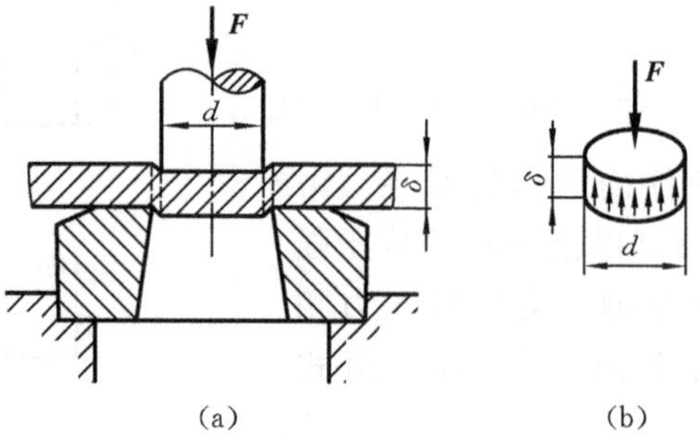

图 5-13

解　剪切面就是钢板内被冲头冲出的饼形圆柱体的侧面，如图 5-13(b)所示，其面积

$$A = \pi d\delta = \pi \times 25 \times 10 \text{ mm}^2 = 785 \text{ mm}^2$$

冲孔所需要的冲剪力

$$F \geqslant A\tau_b = 785 \times 300 \text{ N} = 236 \times 10^3 \text{ N} = 236 \text{ kN}$$

习　题　5

5-1　写出图 5-14 所示构件的剪切面和挤压面的面积计算式。

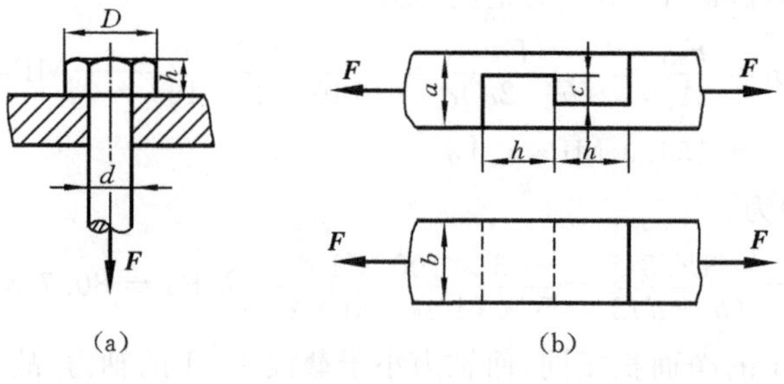

图 5-14

5-2　如图 5-15 所示轴的直径 $d=80$ mm，键的尺寸 $b=24$ mm、$h=14$ mm，键材料的许用挤压应力 $[\sigma]_{JY}=90$ MPa，许用切应力 $[\tau]=40$ MPa，轴传递的力矩 $M=3.2$ kN·m。求键的长度 l。

5-3　如图 5-16 所示，铸铁带轮通过平键与轴连接在一起。已知带轮传递的力偶矩 $M=350$ N·m，轴的直径 $d=40$ mm，根据国家标准选择键的尺寸 $b=12$ mm，$h=8$ mm，初步确定键长 $l=35$ mm。键的材料许用切应力 $[\tau]=60$ MPa，铸铁的许用挤压应力 $[\sigma]_{JY}=80$ MPa。校核键连接的强度。

5-4　如图 5-17 所示安装绞刀用的摇动套筒，已知 $M=50$ N·m，销钉平均直径 $d=6$ mm，材料的许用切应力 $[\tau]=80$ MPa 。校核销钉的剪切强度。

5-5　如图 5-18 所示剪切机，其最大剪切宽度 $b=0.5$ m，剪切钢板的最大厚度 $\delta=2$ mm，钢板的剪切强度 $\tau_b=360$ MPa。确定剪切机所需的剪力。

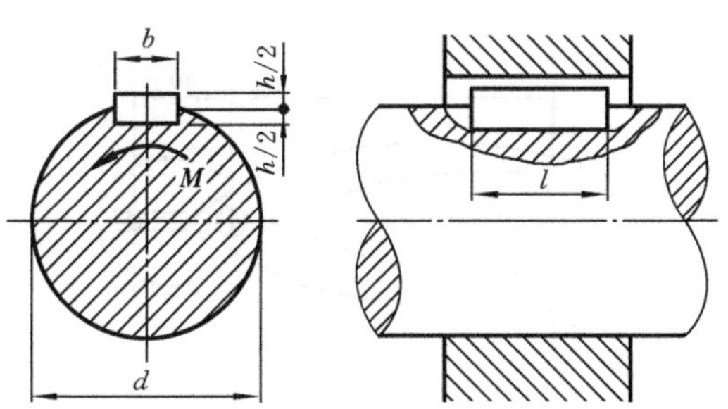

图 5-15

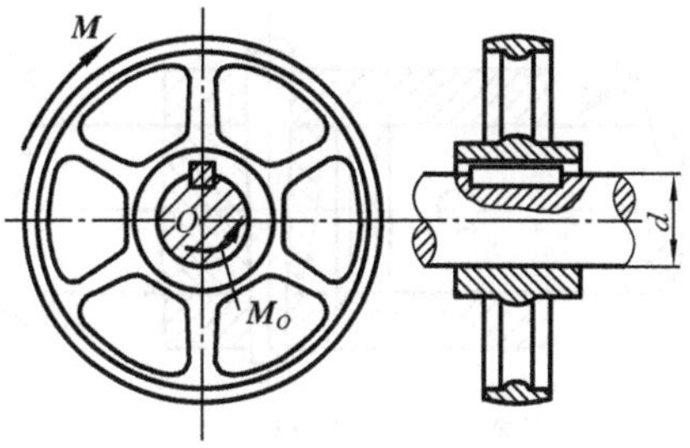

图 5-16

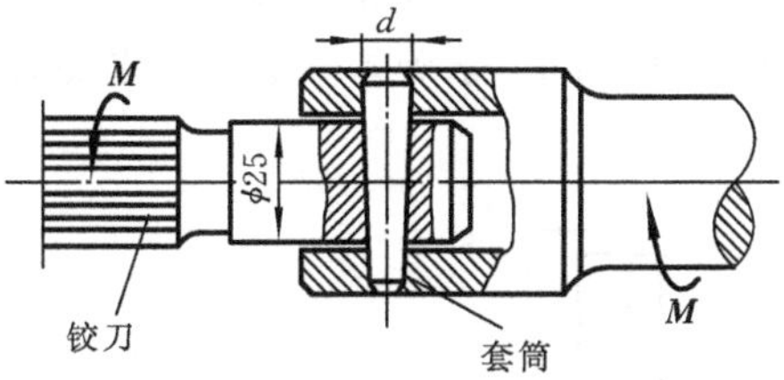

图 5-17

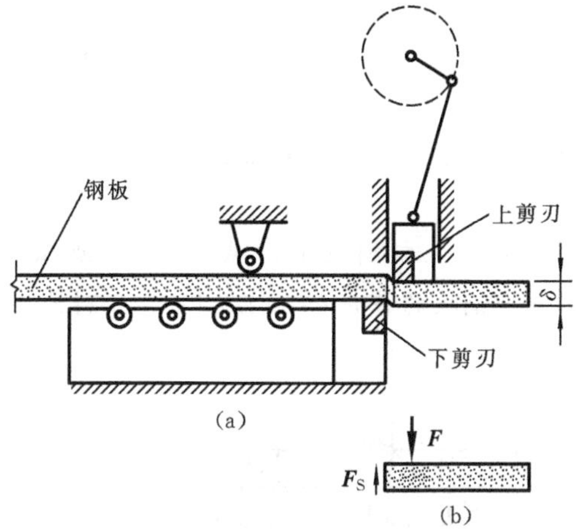

图 5-18

5-6　如图 5-19 所示两块钢板厚度 $\delta=6$ mm，用三个铆钉连接。已知 $F=50$ kN，材料的许用切应力$[\tau]=100$ MPa，许用挤压应力$[\sigma]_{JY}=280$ MPa。求铆钉直径。又问：若利用现有的直径 $d=12$ mm 的铆钉，则铆钉数 n 应该是多少？

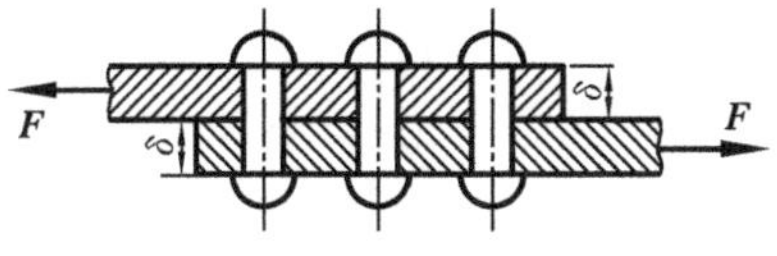

图 5-19

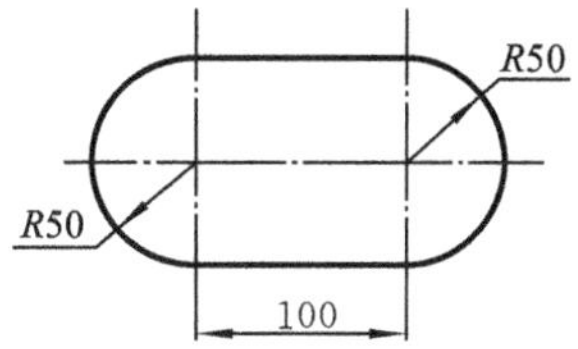

图 5-20

5-7　在厚度 $\delta=5$ mm 的钢板上，冲出一个形状如图 5-20 所示的孔，钢板剪断时的剪切强度 $\tau_b=300$ MPa。求冲床所需的冲剪力 F。

5-8　如图 5-21 所示，车床的传动光杠装有安全联轴器，当超过一定载荷时，安全销即被剪断。已知安全销的平均直径为 5 mm，材料为 45 钢，其剪切强度 $\tau_b=370$ MPa。求安全联轴器所能传递的力偶矩 M。

5-9　用图 5-22 所示夹剪剪断直径为 3 mm 的铁丝。若铁丝的剪切强度约为100 MPa，需要多大的力 F 才能将铁丝剪断？已知销钉 B 的直径为 8 mm。求销钉内的切应力。

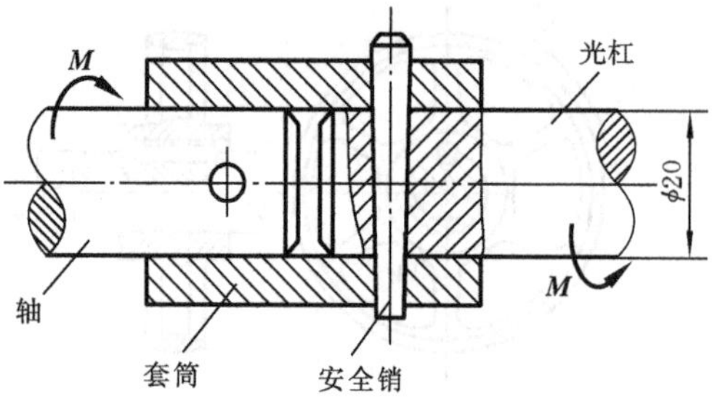

图 5-21

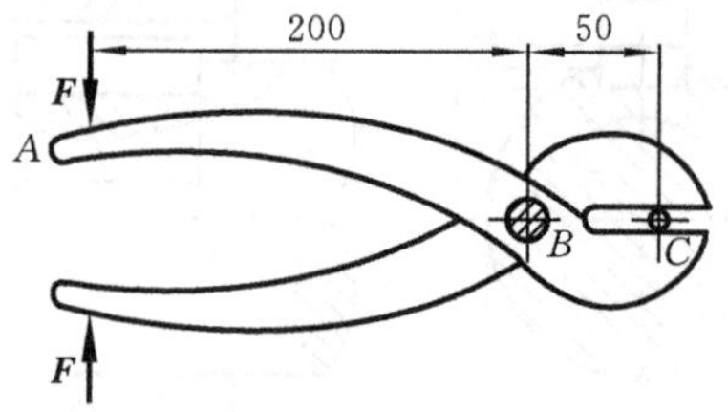

图 5-22

综合训练 5

【1】 如图 5-23 所示，两块钢板用圆锥销连接，写出销钉的剪切和挤压强度计算时的面积计算式。

【2】 用冲床在钢板上冲裁图 5-24 所示零件，钢板厚度 $\delta=4$ mm，剪切强度 $\tau_b=300$ MPa，冲头和钢板的许用挤压应力 $[\sigma]_{JY}$ 分别为 440 MPa 和 400 MPa。求加工该零件所需要的冲剪力。

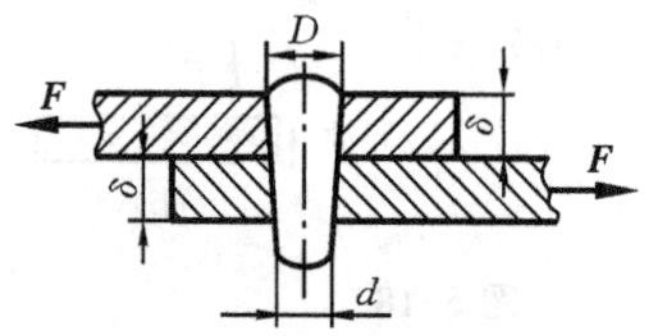

图 5-23

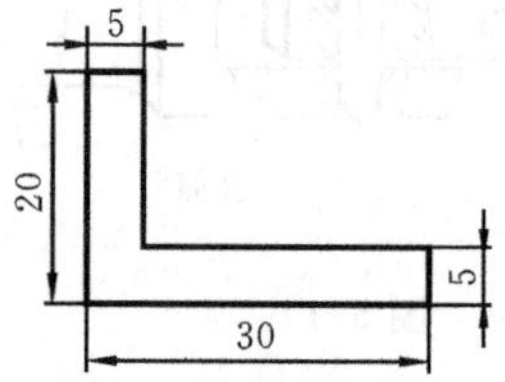

图 5-24

第6章　圆轴的扭转

本章主要介绍圆轴受到扭转作用时的内力的求法、内力图的画法、圆轴扭转强度的计算以及扭转变形。

6.1　扭转的概念

首先通过分析一些工程实例，来说明扭转的概念。如图6-1所示汽车方向盘的操纵杆，两端分别受到驾驶员作用于方向盘上的外力偶和转向器的反力偶的作用；如图6-2所示攻螺纹所用的铰杠，加在手柄上等值反向的两个力组成的力偶作用于丝锥的上端，工件的反力偶作用于丝锥的下端；如图6-3所示卷扬机轴的主动力偶和反力偶，使轴产生扭转变形。

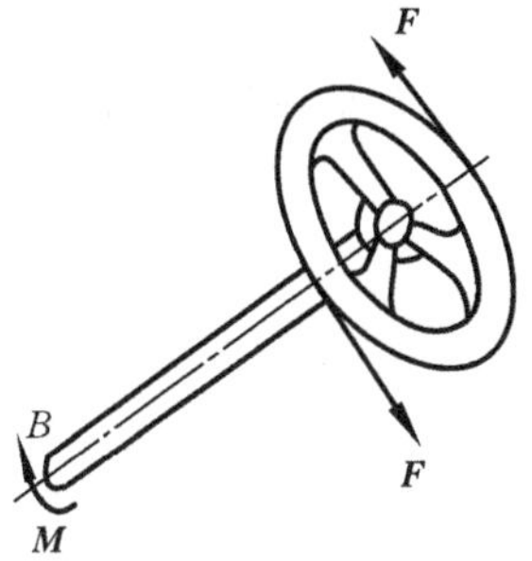

图6-1

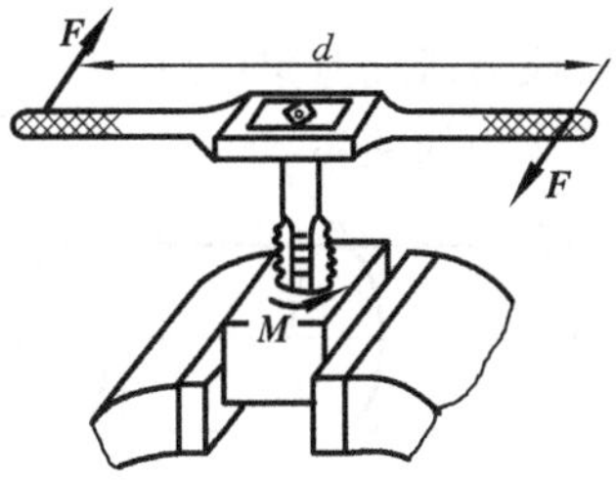

图6-2

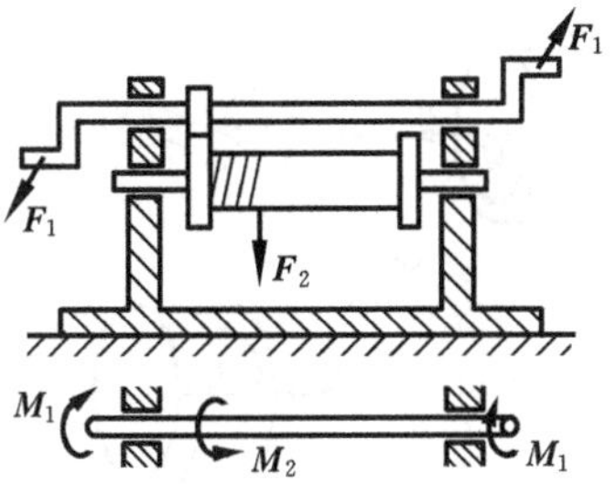

图6-3

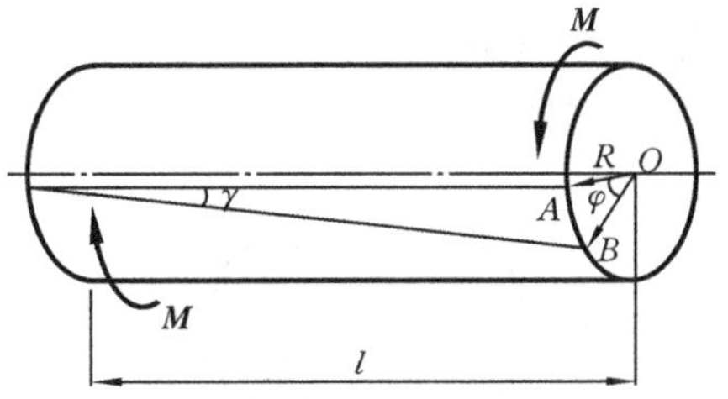

图6-4

从以上扭转变形的实例可以看出，杆件产生扭转变形的受力特点是：在垂直杆轴线的平面内，作用着一对大小相等、转向相反的力偶。

杆变形的特点是：各横截面绕轴线发生相对转动。这种变形称为扭转变形（见图6-4）。以扭转变形为主的杆称为轴。

6.2　扭矩和扭矩图

要求圆轴扭转时横截面上的内力，需先求外力偶矩。工程中，常常不直接给出作用于轴上的外力偶矩，而是给出轴的转速和轴所传递的功率。它们的关系式为

$$M = 9\ 550\,\frac{P}{n} \tag{6-1}$$

其中 M——外力偶矩(N·m);

P——轴所传递的功率(kW);

n——轴的转速(r/min)。

外力偶矩的方向规定如下:输入外力偶矩与轴的转向相同,则为主动力偶矩;输入外力偶矩与轴的转向相反,则为阻力偶矩。

6.2.1 扭矩

圆轴在外力偶矩作用下,其横截面上将产生内力,仍采用截面法求内力。如图 6-5(a)所示,在任意截面 $m—m$ 处,将轴分为两段。以左段为研究对象(见图6-5(b)),因 A 端有外力偶的作用,为保持平衡,在截面 $m—m$ 上必定有一个内力偶矩 $\boldsymbol{M}_n$ 与之平衡。$\boldsymbol{M}_n$ 即横截面上的内力,称为扭矩。

由平衡方程 $\sum M_x(F) = 0$

可得 $M_n = M$

如以右段为研究对象(见图 6-5(c)),求得扭矩与左端扭矩大小相等、方向相反。它们形成作用与反作用的关系。

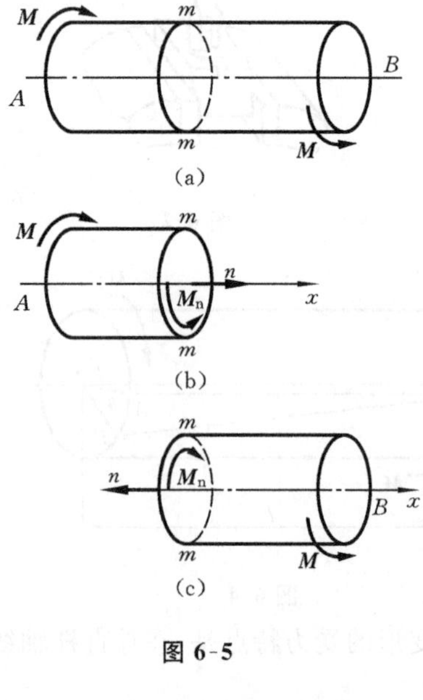

图 6-5

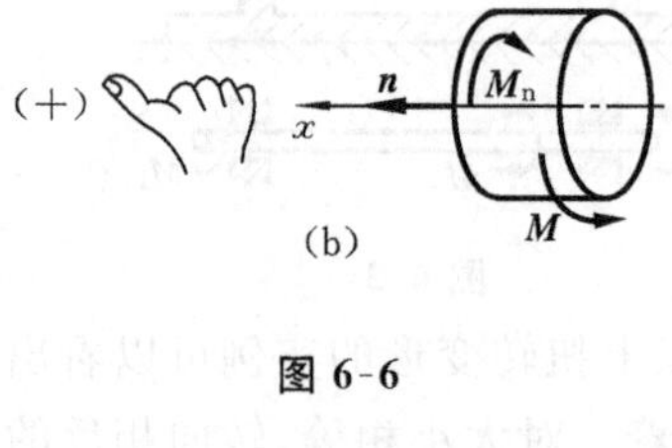

图 6-6

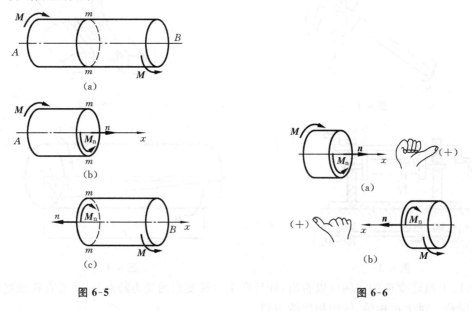

扭矩的正负用右手螺旋法则规定如下(见图 6-6):右手拇指与截面的外法线方向一致,若截面上扭矩的转向与其他四指弯曲的方向相同,则扭矩为正,否则为负。应用截面法时,一般都采用设正法,即先假设截面上的扭矩为正,若所得为负则说明扭矩转向与假设方向相反。

6.2.2 扭矩图

当轴上作用有多个外力偶矩时,以外力偶矩所在的截面将轴分成数段,然后逐段求出其扭矩。为了形象地表示扭矩沿轴线的变化情况,以便确定危险截面,通常把扭矩随截面位置的变化绘制成图形。此图称为扭矩图。绘图时，沿轴线方向取的坐标表示横截面的位置，沿垂直于轴线方向取的坐标表示扭矩。

例 6-1　如图 6-7 所示装有四个齿轮的传动轴，在四个齿轮上分别作用有主动力偶矩 $\boldsymbol{M}_1$ 和从动力偶矩 $\boldsymbol{M}_2$、$\boldsymbol{M}_3$、$\boldsymbol{M}_4$，外力偶矩 $M_1=110\ \text{N}\cdot\text{m}$、$M_2=60\ \text{N}\cdot\text{m}$、$M_3=20\ \text{N}\cdot\text{m}$、$M_4=30\ \text{N}\cdot\text{m}$。计算轴各段的扭矩，并绘制轴的扭矩图。

解　(1) 计算轴的内力——扭矩。将轴分为 AB、BC、CD 三段，由截面法建立平衡方程，逐段计算轴的扭矩。

在 AB 段内(见图 6-7(b))，建立如下平衡方程：

$$\sum M=0,\quad M_1+M_{n1}=0$$

解得

$$M_{n1}=-M_1=-110\ \text{N}\cdot\text{m}$$

在 BC 段内(见图 6-7(c))，建立如下平衡方程：

$$\sum M=0,\quad M_1-M_2+M_{n2}=0$$

解得

$$M_{n2}=M_2-M_1=(60-110)\ \text{N}\cdot\text{m}=-50\ \text{N}\cdot\text{m}$$

在 CD 段内(见图 6-7(a)截面 3-3)，同理可求得

$$M_{n3}=-M_1+M_2+M_3=(-110+60+20)\ \text{N}\cdot\text{m}=-30\ \text{N}\cdot\text{m}$$

(2) 绘制扭矩图。根据以上计算结果，按比例绘制扭矩图(见图 6-7(d))。

如果图 6-7 中左边两齿轮位置对调，齿轮布置是否更合理些？读者可试着解答。

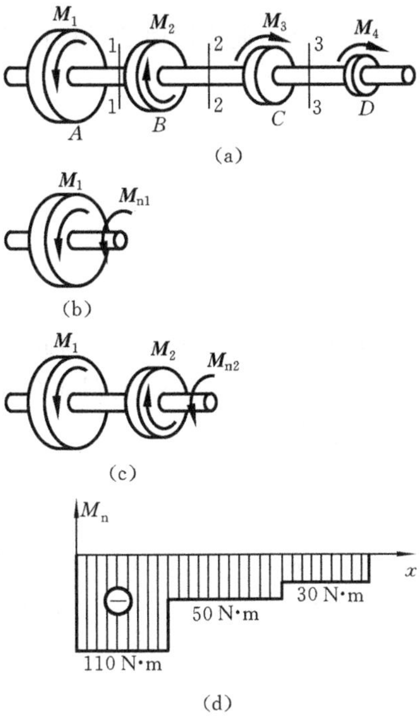

图 6-7

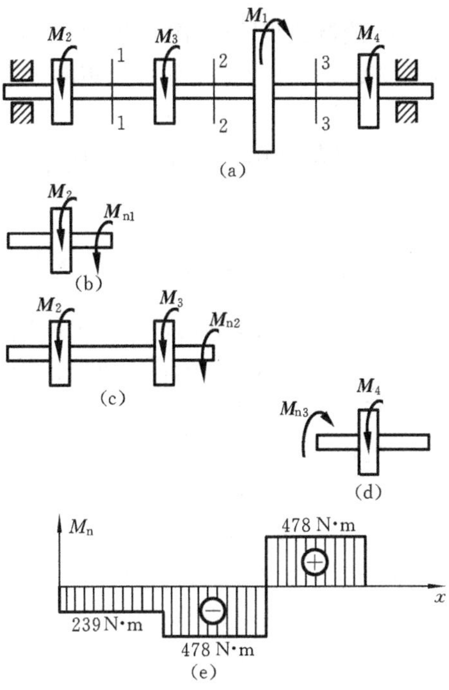

图 6-8

例 6-2　传动轴如图 6-8 所示。已知主动轮的输入功率 $P_1=20\ \text{kW}$，三个从动轮的输出功率 $P_2=5\ \text{kW}$、$P_3=5\ \text{kW}$、$P_4=10\ \text{kW}$，轴的转速 $n=200\ \text{r/min}$。绘制轴的扭矩图。

解　(1) 计算作用在主动轮上的外力偶矩 M_1 和从动轮上的外力偶矩 M_2、M_3、M_4。

$$M_1 = 9\ 550\ \frac{P_1}{n} = 9\ 550 \times \frac{20}{200}\ \text{N}\cdot\text{m} = 955\ \text{N}\cdot\text{m}$$

$$M_2 = 9\ 550\ \frac{P_2}{n} = 9\ 550 \times \frac{5}{200}\ \text{N}\cdot\text{m} = 239\ \text{N}\cdot\text{m}$$

$$M_3 = 9\ 550\ \frac{P_3}{n} = 9\ 550 \times \frac{5}{200}\ \text{N}\cdot\text{m} = 239\ \text{N}\cdot\text{m}$$

$$M_4 = 9\ 550\ \frac{P_4}{n} = 9\ 550 \times \frac{10}{200}\ \text{N}\cdot\text{m} = 478\ \text{N}\cdot\text{m}$$

(2) 求各段截面上的扭矩。

在截面 1—1 上,建立如下平衡方程:

$$\sum M = 0,\quad M_2 + M_{n1} = 0$$

解得

$$M_{n1} = -M_2 = -239\ \text{N}\cdot\text{m}$$

在截面 2—2 上,建立如下平衡方程:

$$\sum M = 0,\quad M_2 + M_3 + M_{n2} = 0$$

解得

$$M_{n2} = -M_2 - M_3 = (-239 - 239)\ \text{N}\cdot\text{m} = -478\ \text{N}\cdot\text{m}$$

在截面 3—3 上,建立如下平衡方程:

$$\sum M = 0,\quad M_4 - M_{n3} = 0$$

解得

$$M_{n3} = M_4 = 478\ \text{N}\cdot\text{m}$$

(3) 绘制扭矩图(见图 6-8(e))。由扭矩图可看出,在集中外力偶作用面处,扭矩值发生突变,其突变值等于该集中外力偶矩的大小。

6.3 扭转时的应力与强度计算

6.3.1 圆轴扭转时横截面上的应力

为了求得圆轴扭转时横截面上的应力,必须了解应力在截面上的分布规律。为此,可进行扭转试验。在圆轴表面画若干垂直于轴线的圆周线和平行于轴线的纵向线(见图 6-9(a)),两端作用有一对大小相等、方向相反的外力偶,此时,圆轴发生扭转。

当扭转变形很小时,可观察到如下现象:

① 轴的半径、各圆截面的形状、大小及圆截面的间距均保持不变;

② 各纵向线都倾斜了相同的角度 γ,原来轴上的小方格变成平行四边形(见图 6-9(b))。

由上述现象可知,圆轴在扭转前相互平行的各横截面,扭转后仍相互平行,且还是保持为平面,只是各自绕轴线相对地转过一个角度 φ。这就是扭转时的平面假设。根据平面假设,可

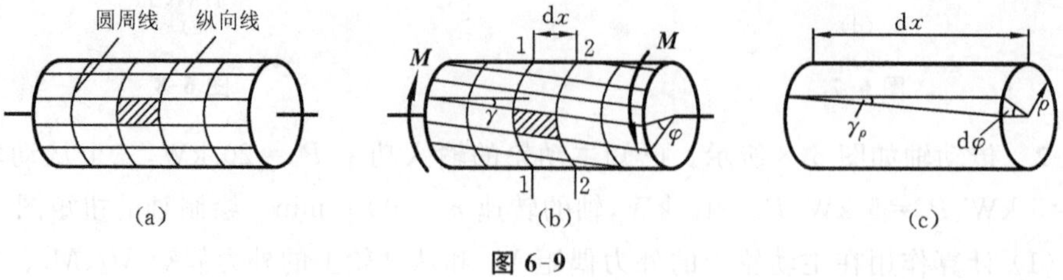

图 6-9

得如下结论：其一，因为各截面的间距均保持不变，故横截面上没有正应力；其二，由于各横截面绕轴线相对地转过一个角度，即横截面间发生了旋转式的相对错动，出现了剪切变形，故横截面上有切应力存在；其三，因半径长度不变，切应力方向必与半径垂直；其四，圆心处变形为零，圆轴表面变形最大。

在轴内取半径为 ρ 的轴的微段 dx（见图 6-9(c)），图中 γ_ρ 为该段表面的扭转切应变（单位：rad），τ_ρ 为该段表面的扭转切应力。按照剪切胡克定律，有

$$\tau_\rho = G\gamma_\rho \tag{6-2}$$

其中　G——剪切弹性模量（GPa）。另有

$$\gamma_\rho dx = \rho d\varphi$$

其中　$d\varphi$——横截面的扭转角（rad）。因此得

$$\gamma_\rho = \frac{d\varphi}{dx}\rho$$

代入式(6-2)，得

$$\tau_\rho = \frac{d\varphi}{dx}\rho G \tag{6-3}$$

在圆轴的横截面上距圆心为 ρ 处取微面积 dA（见图 6-10），则该面积上有微内力 $\tau_\rho dA$，对圆心的微力矩为 $\tau_\rho dA\rho$。

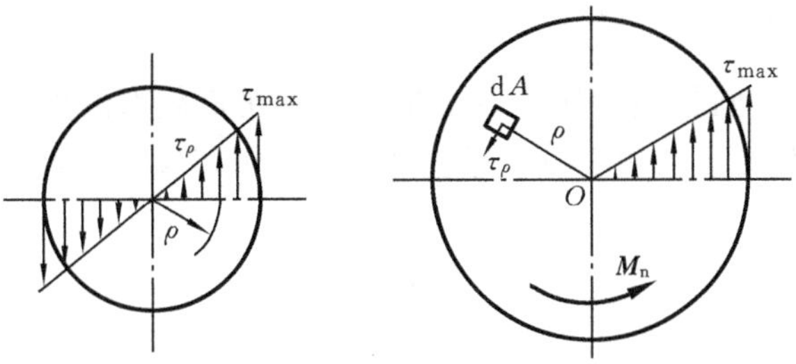

图 6-10

整个截面上所有微力矩之和应等于该截面上的扭矩 M_n，且

$$M_n = \int_A \tau_\rho \rho dA = \int_A \frac{d\varphi}{dx} G\rho \cdot \rho dA = \frac{d\varphi}{dx} G \int_A \rho^2 dA$$

令

$$I_\rho = \int_A \rho^2 dA$$

并定义 I_ρ 为截面的极惯性矩（单位：m^4），即

$$M_n = \frac{d\varphi}{dx} G I_\rho$$

亦即

$$\frac{d\varphi}{dx} = \frac{M_n}{GI_\rho}$$

代入式(6-3)，得

$$\tau_\rho = \frac{d\varphi}{dx}\rho G = \frac{M_n}{GI_\rho}\rho G = \frac{M_n}{I_\rho}\rho \tag{6-4}$$

显然，当 $\rho=0$ 时，切应力为零；当 $\rho=R$ 时，切应力最大。

当 $\rho=R$ 时，令 $W_n = I_\rho/R$，则

$$\tau_{max} = \frac{M_n}{W_n} \tag{6-5}$$

其中 W_n——抗扭截面系数。

式(6-4)及式(6-5)均以平面假设为基础推导而得,故只对圆轴的 τ_{max} 不超过材料的比例极限时方可应用。

6.3.2 极惯性矩 I_ρ 和抗扭截面系数 W_n

1. 圆形截面

极惯性矩为 $$I_\rho=\frac{\pi d^4}{32}\approx 0.1d^4$$

抗扭截面系数为 $$W_n=\frac{I_\rho}{d/2}=\frac{\pi d^3}{16}\approx 0.2d^3$$

2. 圆形环截面

极惯性矩为 $$I_\rho=\frac{\pi D^4}{32}-\frac{\pi d^4}{32}$$

令 $\alpha=\frac{d}{D}$,得 $$I_\rho=\frac{\pi D^4}{32}(1-\alpha^4)\approx 0.1D^4(1-\alpha^4)$$

抗扭截面系数为 $$W_n=\frac{I_\rho}{D/2}=\frac{\pi D^3}{16}(1-\alpha^4)\approx 0.2D^3(1-\alpha^4)$$

6.3.3 圆轴扭转强度计算

由式(6-4)可知,等直圆轴最大切应力发生在最大扭矩截面的外周边各点处。为了使圆轴能正常工作,应使工作时最大切应力不超过材料的许用切应力。等直圆轴扭转时的强度条件为

$$\tau_{max}=\frac{M_n}{W_n}\leqslant[\tau] \tag{6-6}$$

必须注意,M_n 是全轴中危险截面上的扭矩,对于阶梯轴,应找出最大切应力 τ_{max} 所在截面。所以在进行扭转强度计算时,必须绘制轴的扭矩图。

例 6-3 一汽车传动轴由无缝钢管制成,其外径 $D=90$ mm,壁厚 $\delta=2.5$ mm,材料为 45 钢,许用切应力 $[\tau]=60$ MPa,工作时最大外扭矩 $M=1.5$ kN·m。

(1) 校核轴的强度;

(2) 将轴改为实心轴,计算同条件下轴的直径;

(3) 比较实心轴与空心轴的重量。

解 (1) 校核轴的强度。

$$M=M_n=1.5\ \text{kN}\cdot\text{m}$$

$$\alpha=\frac{d}{D}=\frac{90-2\times 2.5}{90}=0.944$$

$$W_n=\frac{\pi D^3}{16}(1-\alpha^4)=\frac{\pi\times 90^3}{16}\times(1-0.944^4)\ \text{mm}^3\approx 29\ 500\ \text{mm}^3$$

$$\tau_{max}=\frac{M_n}{W_n}=\frac{1.5\times 10^3\times 10^3}{29\ 500}\ \text{MPa}=50.8\ \text{MPa}<[\tau]$$

故轴满足强度要求。

(2) 计算实心轴的直径。实心轴与空心轴的强度相同,两轴的抗扭截面系数相等。W_{n1} 为

实心轴的抗扭截面系数，W_{n2} 为空心轴的抗扭截面系数，有

$$W_{n1}=W_{n2}=29\ 500\ \text{mm}^3$$

则
$$\frac{\pi D_1^3}{16}=\frac{\pi D_2^3}{16}(1-\alpha^4)=29\ 500\ \text{mm}^3$$

故
$$D_1=\sqrt[3]{\frac{16\times 29\ 500}{\pi}}\ \text{mm}=53.2\ \text{mm}$$

（3）比较实心轴与空心轴的重量。实心轴与空心轴的材料、长度相同，重量之比等于面积之比。A_1 为实心轴横截面面积，A_2 为空心轴横截面面积，有

$$A_1=\frac{\pi D_1^2}{4},\quad A_2=\frac{\pi(D_2^2-d^2)}{4}$$

故
$$\frac{A_2}{A_1}=\frac{D_2^2-d^2}{D_1^2}=\frac{90^2-85^2}{53.2^2}=0.31$$

比较结果是，空心轴省材。从切应力分布规律来看，用空心轴时材料的利用较为充分。

例 6-4　一传动轴的受力情况如图 6-11(a)所示，已知材料的许用切应力$[\tau]=40$ MPa。设计轴的直径。

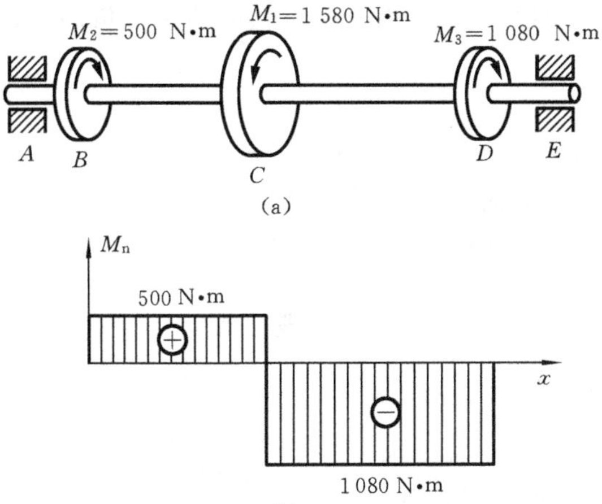

(b)

图 6-11

解　对于轴的 BC 段

$$M_n=500\ \text{N}\cdot\text{m}$$

对于轴的 CD 段

$$M_n=M_2-M_1=(500-1\ 580)\ \text{N}\cdot\text{m}=-1\ 080\ \text{N}\cdot\text{m}$$

由图 6-11(b)所示扭矩图，得

$$|M_{n\max}|=1\ 080\ \text{N}\cdot\text{m}$$

按强度条件设计轴的直径，由

$$\tau_{\max}=\frac{|M_{n\max}|}{W_n}=\frac{1\ 080\times 10^3}{0.2d^3}\leqslant 40$$

得
$$d\geqslant\sqrt[3]{\frac{1\ 080\times 10^3}{0.2\times 40}}\ \text{mm}=51.3\ \text{mm}$$

取轴的直径为 53 cm。

6.4　扭转变形与刚度条件

圆轴扭转时，各横截面绕轴线转动，两个横截面间相对转过的角度 φ 即为圆轴的扭转变形(见图 6-4)，φ 称为扭转角。

对某些重要的轴或者传动精度要求较高的轴，有时要进行扭转变形计算。由数学推导可得扭转角 φ 的计算式

$$\varphi = \frac{M_n l}{GI_\rho} \tag{6-7}$$

其中　φ——扭转角(rad)；

M_n——某段轴的扭矩(N·m)；

l——相应两横截面间的距离(m)；

G——轴材料的切变模量(GPa)；

I_ρ——横截面间的极惯性矩(m^4)。

为了消除轴的长度对变形的影响，引入单位长度的扭转角，并用度/米((°)/m)单位表示，则上式为

$$\theta = \frac{\varphi}{l} = \frac{M_n}{GI_\rho} \times \frac{180}{\pi} \quad ((°)/m) \tag{6-8}$$

不同用途的传动轴对于 θ 值的大小有不同的限制，即 $\theta \leqslant [\theta]$。$[\theta]$称为许用单位长度扭转角(可查有关工程手册)，对其进行的计算称为扭转刚度计算。

习　题　6

6-1　绘制如图 6-12 所示两轴的扭矩图。

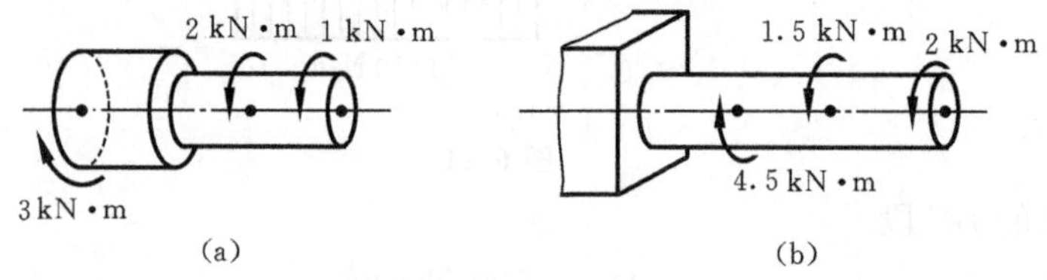

图 6-12

6-2　如图 6-13 所示，圆轴上作用四个外力偶矩 M_1=1 000 N·m、M_2=600 N·m、M_3=200 N·m、M_4=200 N·m。

(1) 绘制轴的扭矩图；

(2) 若 $\boldsymbol{M}_1$ 与 $\boldsymbol{M}_2$ 的作用位置互换，扭矩图有何变化？

6-3　如图 6-14 所示，轴上装有五个轮子，主动轮 2 的输入功率为 60 kW，从动轮 1、3、4、5 输出功率依次为 18 kW、12 kW、22 kW 和 8 kW，轴的转速 n=200 r/min，轴的直径 d=60 mm。

(1) 绘制轴的扭矩图，轮子布置是否合理？

(2) 最大切应力等于多少？

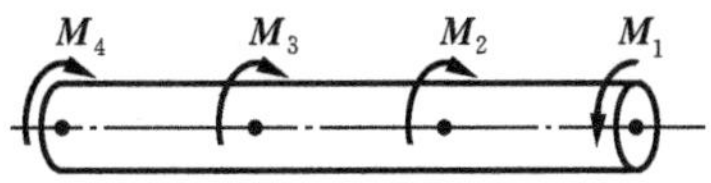

图 6-13

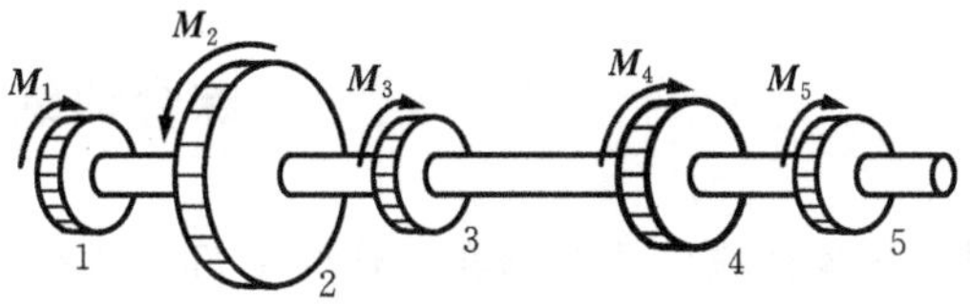

图 6-14

6-4　某实心轴的许用扭转切应力$[\tau]=35$ MPa，截面上的扭矩 $M_n=1\ 000$ N·m。求此轴应有的直径。

6-5　圆轴的直径 $d=50$ mm，转速 $n=120$ r/min，该轴横截面上的最大切应力为60 MPa。问：传递的功率是多少千瓦？

6-6　以外径 $D=120$ mm、内径 $d=110$ mm 的空心轴来代替直径 $d=100$ mm 的实心轴。问：在强度相同的条件下可节省材料百分之几？

6-7　如图 6-15 所示绞车由两人操作，若每人加在手柄上的力均为 200 N，已知轴 AB 的许用切应力$[\tau]=40$ MPa。设计轴的直径，并确定绞车的最大起吊重量 P。

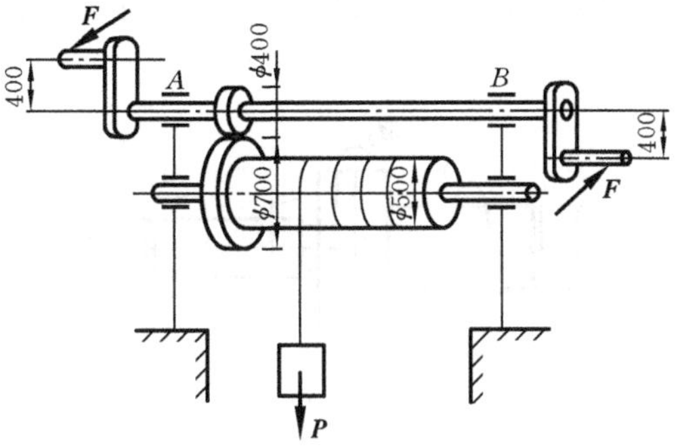

图 6-15

6-8　一阶梯轴如图 6-16 所示，AC 段直径 $d_1=40$ mm，CB 段直径 $d_2=70$ mm，B 端轮子的输入功率 $P_B=35$ kW，A 端轮子的输出功率$P_A=15$ kW，轴的转速 $n=200$ r/min，许用切应力$[\tau]=60$ MPa。校核该轴的强度。

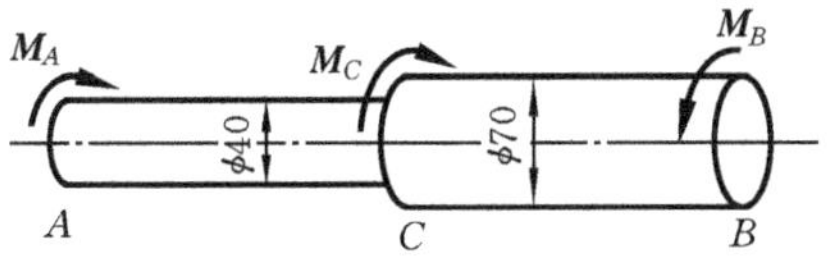

图 6-16

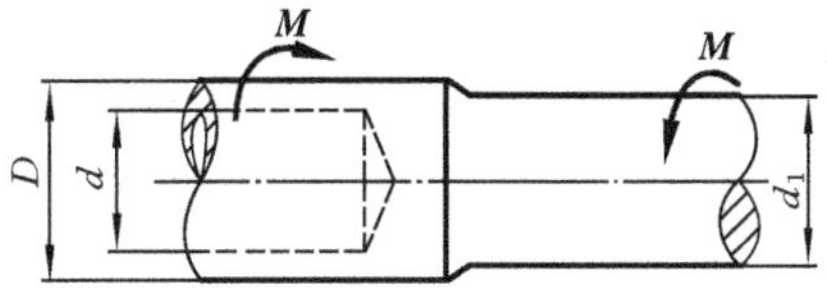

图 6-17

6-9　如图 6-17 所示船用推进轴。其右段是实心轴，直径 $d_1=28$ cm；其左段是空心轴，内径 $d=14.8$ cm，外径 $D=29.6$ cm。许用切应力$[\tau]=50$ MPa。求此轴允许传递的外力偶矩。

6-10　钢质实心轴和铝质空心轴（内径与外径的比值 $\alpha=0.6$）的长度和横截面面积均相等，许用切应力$[\tau]_{钢}=80$ MPa，$[\tau]_{铝}=50$ MPa。若仅从强度考虑进行计算，哪根轴能承受较大的转矩？

综合训练 6

【1】 一般机械中传动轴在设计时常用经验公式初定轴的直径：

$$d=c\sqrt[3]{P/n}$$

其中　P——轴传递的功率(kW)；

n——轴的转速(r/min)；

c——与轴的材料有关的系数；

d——轴计算截面的直径(mm)。

设计一传动轴，传递功率为 30 kW，转速为 900 r/min，轴的材料为 45 钢，许用扭转切应力$[\tau]=45$ MPa。并校核该轴的扭转强度(对于 45 钢，c 的取值范围为 118～167，c 的取值与轴所受弯矩的大小与材料有关)。

【2】 一阶梯轴如图 6-18 所示，轴上各段传递的功率：AB 段，$d_1=25$ mm，$P_1=4$ kW；BC 段，$d_2=30$ mm，$P_2=7$ kW；CD 段，$d_3=20$ mm，$P_3=3$ kW。轴的转速 $n=600$ r/min，许用切应力$[\tau]=40$ MPa，在 CD 段开有砂轮越程槽，槽深 $h=0.5$ mm。校核该轴的扭转强度，并指出设计中应注意的问题。

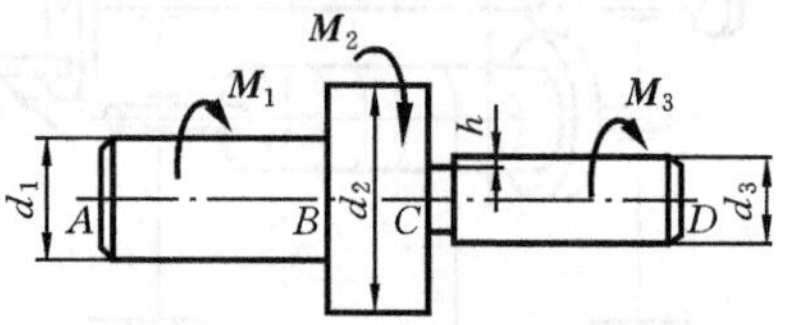

图 6-18

第7章　弯　　曲

本章主要介绍弯曲的概念，构件弯曲时内力的求法以及内应力图的画法，弯曲正应力强度计算，提高弯曲强度的措施，弯曲切应力、弯曲变形及刚度计算，在此基础上，讨论比较简单的平面弯曲问题。

7.1　弯曲的概念

在工程中，有很多受弯曲或主要承受弯曲的构件，如图7-1所示的桥式起重机的大梁、图7-2所示的列车车厢的轮轴、图7-3所示的车刀等。

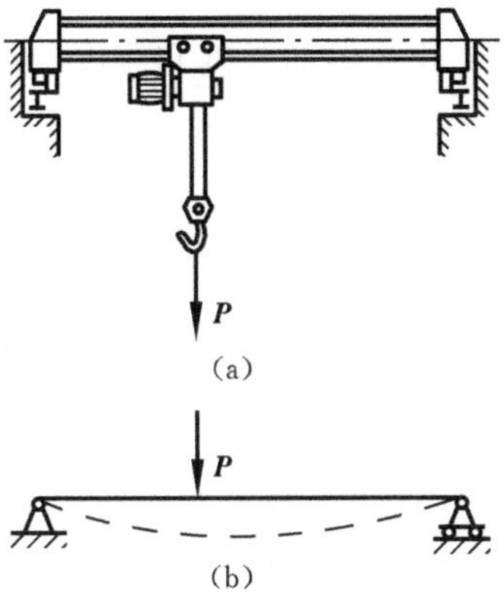

图 7-1

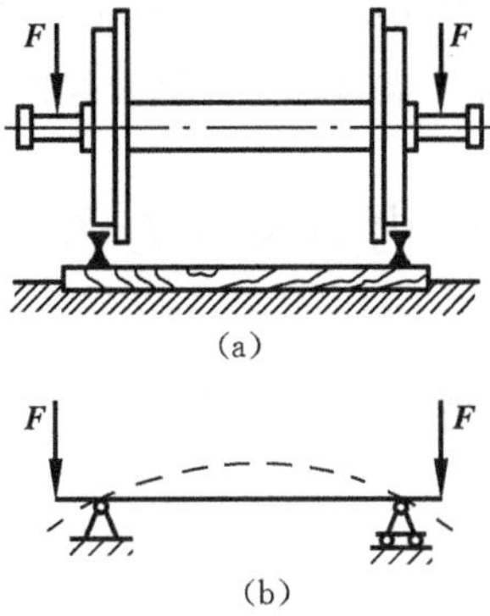

图 7-2

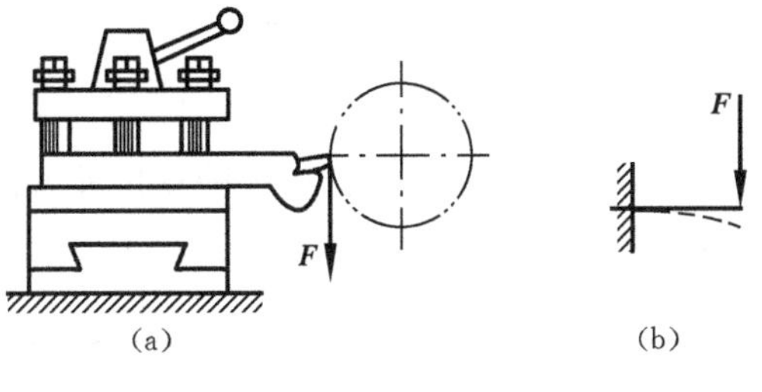

图 7-3

当构件承受垂直于轴线的外力或者承受作用在轴线所在平面内的力偶作用时，其轴线将弯曲成曲线。这种变形形式称为弯曲。在工程上，把承受弯曲变形的构件称为梁。

根据梁的支座不同把梁分为简支梁（见图7-1(b)）、悬臂梁（见图7-2(b)）、外伸梁（见图7-3(b)）三种。凡约束力可由静力平衡方程式求得者，称为“静定梁”；凡约束力的求得不仅需要考虑静力平衡方程还需要考虑其变形的称为“静不定梁”或者“超静定梁”。

作用在梁上的载荷很多，主要有分布力 q、集中力 $\boldsymbol{F}$、集中力偶矩 $\boldsymbol{M}$ 等。根据载荷作用的位置不同，梁的弯曲又分为平面弯曲和斜弯曲两种。

梁的横截面具有对称轴，所有横截面的对称轴组成纵向对称面（见图7-4）。当所有外力

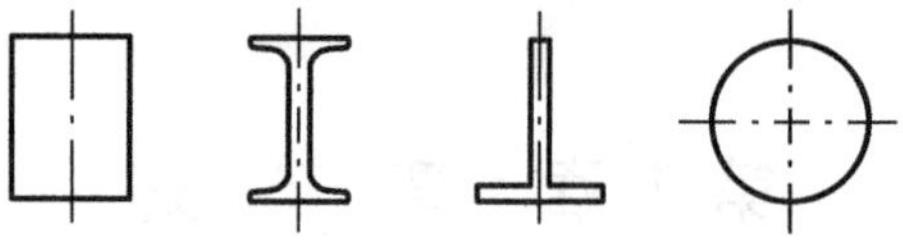

(a)

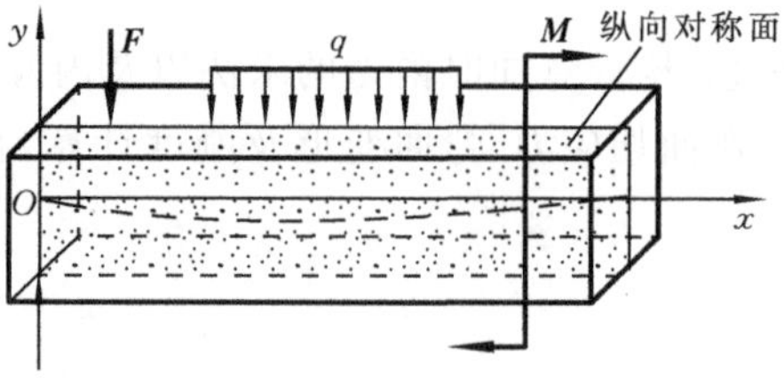

(b)

图 7-4

均垂直于梁的轴线并作用在同一对称面时，梁弯曲后其轴线弯曲成一平面曲线，并位于加载平面内。这种弯曲称为平面弯曲。

梁的强度和刚度问题，是工程中经常遇到的问题，要计算梁的强度和刚度，首先应正确计算梁的内力。梁的内力计算及梁的强度、刚度的计算是本章的重点。

7.2　梁的内力及内力图

7.2.1　剪力与弯矩

前面已经介绍过用截面法求内力的方法。当梁的外力(包括载荷和约束反力)已知时，可用截面法求内力。如图 7-5(a)所示的梁，在垂直于其轴线力 $\boldsymbol{F}$ 的作用下，截面 m—m 上的内力(见图 7-5(b))，可由如下静力平衡方程式求得

$$F_S = F$$

$$M = Fx$$

其中　F_S——剪力，与横截面相切；

M——弯矩，作用在纵向对称面内，是截面上产生的抵抗外力偶作用的内力偶矩。

剪力和弯矩统称为弯曲内力。

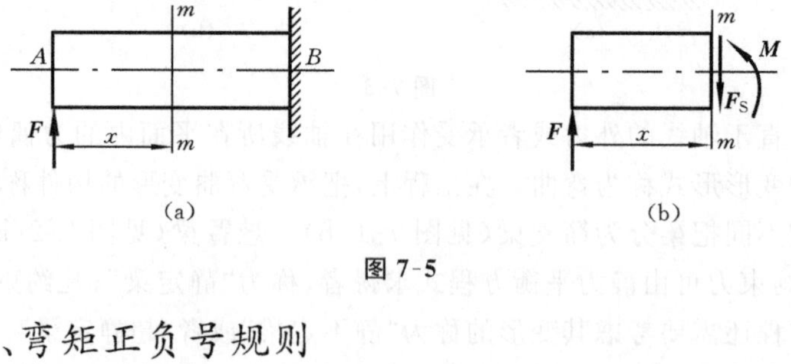

图 7-5

7.2.2　剪力、弯矩正负号规则

用一个假想截面将一根梁截成两段，为了使不论以左段还是右段为研究对象，所得同一横截面的内力的正负号都相同，故对梁的内力正负号作如下的规定：

对于剪力，截面外法线 n—n 顺时针转 90°与剪力同向时，此剪力为正剪力，取“+”号；否则为负剪力，取“−”号。此正负号规则也符合切应力的正负号规则。

对于弯矩，使分离段弯曲成凹向上的弯矩为正弯矩，取“+”号；弯曲成凹向下的弯矩为负弯矩，取“−”号。

剪力和弯矩的正负号可用图 7-6 和图 7-7 表示。

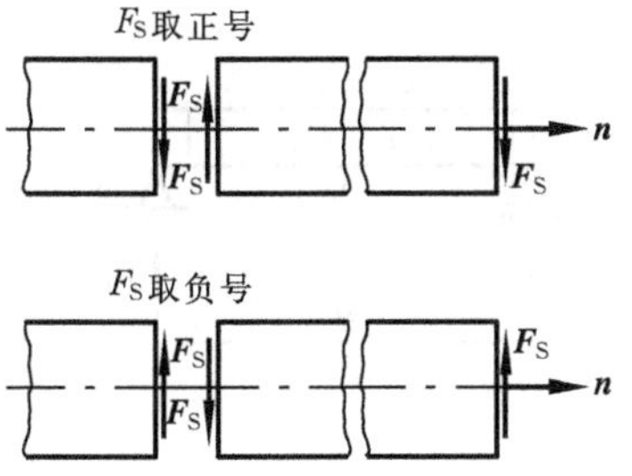

图 7-6

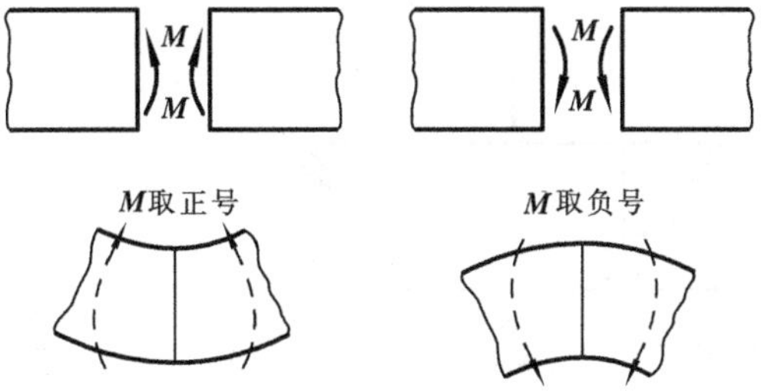

图 7-7

显然，按上述正负号规则，无论以左段还是右段为研究对象，所得截面 m—m 的剪力和弯矩都相同，即 $F_S=+F$，$M=+Fx$（“+”一般不写出）。

需要特别说明的是，剪力和弯矩的正负号规则很重要，并应注意与理论力学的正负号规则区别开来。剪力和弯矩的正负号有其特殊的力学意义，它和梁的变形相关联。

7.2.3 指定截面上剪力和弯矩的确定

按照剪力和弯矩的正负号规则，应用截面法求指定的某横截面上的剪力和弯矩的步骤如下：

① 用假想截面从指定处将梁截为两段；

② 以其中任意一段为研究对象，在截开处按照剪力、弯矩的正方向画出未知剪力 $\boldsymbol{F}_S$ 和弯矩 $\boldsymbol{M}$；

③ 应用平衡方程 $\sum F_y=0$ 和 $\sum M_C=0$ 计算出剪力 F_S 和弯矩 M 的值，其中，C 一般取为截面形心。

因为已经假设横截面上的 $\boldsymbol{F}_S$ 和 $\boldsymbol{M}$ 均为正方向，所以若求得结果为正，则表明 $\boldsymbol{F}_S$、$\boldsymbol{M}$ 的方向与假设方向相同，即 $\boldsymbol{F}_S$、$\boldsymbol{M}$ 均为正方向；若求得结果为负，则表明 $\boldsymbol{F}_S$、$\boldsymbol{M}$ 的方向与假设方向相反，即 $\boldsymbol{F}_S$、$\boldsymbol{M}$ 均为负方向。当然，$\boldsymbol{F}_S$、$\boldsymbol{M}$ 不可能都是同为正或同为负。总之，求得结果为正，表明该内力取“+”；求得结果为负，表明该内力取“−”。

例 7-1 如图 7-8(a)所示简支梁，求横截面 1—1 上的剪力和弯矩。

解 (1) 计算约束反力。如图 7-8(b)所示，建立如下平衡方程：

$$\sum F_y=0,\quad F_A-F+F_B=0$$

$$\sum M_A=0,\quad -F\frac{l}{2}+F_Bl=0$$

解得

$$F_A=\frac{F}{2},\quad F_B=\frac{F}{2}$$

(2) 求截面 1—1 上的剪力和弯矩。在截面 1—1 处将梁截开，以左段为研究对象，如图 7-8(c)所示。建立如下平衡方程：

$$\sum F_y = 0,\quad F_A - F_S = 0$$

$$\sum M = 0,\quad -F_A a + M_1 = 0$$

解得
$$F_S = \frac{F}{2},\quad M_1 = \frac{Fa}{2}$$

两者实际方向与假设方向一致,均取"+"号。

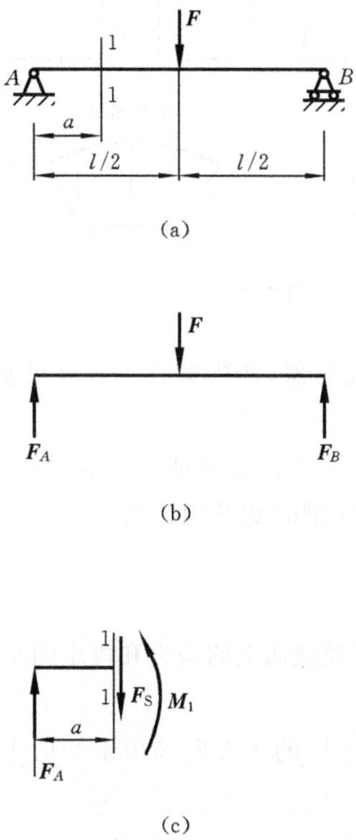

图 7-8

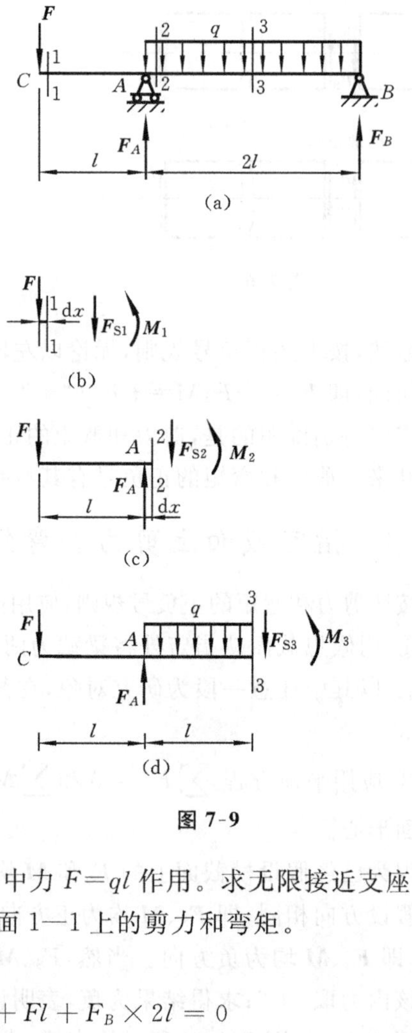

图 7-9

例 7-2　图 7-9(a)所示外伸梁,受均布载荷 q,集中力 $F=ql$ 作用。求无限接近支座 A 的截面 2—2、中间截面 3—3 及无限接近外伸端 C 的截面 1—1 上的剪力和弯矩。

解　(1) 求支座反力。建立如下平衡方程:

$$\sum M_A(\boldsymbol{F}) = 0,\quad -q\times 2l\cdot l + Fl + F_B\times 2l = 0$$

$$\sum F_y = 0,\quad F_A + F_B - q\times 2l - F = 0$$

解得
$$F_B = \frac{2ql^2 - ql^2}{2l} = \frac{1}{2}ql$$

$$F_A = 2ql + F - F_B = 2ql + ql - \frac{1}{2}ql = \frac{5}{2}ql$$

(2) 求截面 1—1 的内力 F_{S1}、M_1(见图 7-9(b))。建立如下平衡方程:

$$\sum F_y = 0,\quad -F - F_{S1} = 0$$

$$\sum M = 0,\quad F\mathrm{d}x + M_1 = 0$$

解得 $$F_{S1}=-F=-ql$$

当 $dx\to 0$ 时，有

$$M_1=0$$

（3）求截面2—2的内力 F_{S2}、M_2（见图7-9(c)）。建立如下平衡方程：

$$\sum F_y=0,\quad -F+F_A-F_{S2}=0$$

$$\sum M=0,\quad F(l+dx)-F_A dx+M_2=0$$

解得 $$F_{S2}=F_A-F=\frac{5}{2}ql-ql=\frac{3}{2}ql$$

当 $dx\to 0$ 时，有

$$M_2=-Fl=-ql^2$$

（4）求截面3—3的内力 F_{S3}、M_3（见图7-9(d)）。建立如下平衡方程：

$$\sum F_y=0,\quad F_A-ql-F-F_{S3}=0$$

$$\sum M=0,\quad -F_A l+ql\times\frac{1}{2}l+F\times 2l+M_3=0$$

解得 $$F_{S3}=-ql+F_A-F=-ql+\frac{5}{2}ql-ql=\frac{1}{2}ql$$

$$M_3=F_A l-F\times 2l-\frac{1}{2}ql^2=\frac{5}{2}ql\cdot l-ql\times 2l-\frac{1}{2}ql^2=0$$

7.2.4 剪力方程和弯矩方程

一般情况下，梁的内剪力和弯矩随着截面的不同而不同，描述两者随截面位置而变化的内力表达式，分别称为剪力方程和弯矩方程。如果用 x 表示截面位置，则剪力方程、弯矩方程的数学表达式分别为

$$F_S=F_S(x),\quad M=M(x)$$

通常，取梁的左端面为坐标原点，沿长度方向自左向右建立坐标轴 Ox，则坐标 x 即可表示截面的位置。

建立剪力方程和弯矩方程，实际上就是用截面法写出截面 x 的剪力、弯矩。其步骤与7.2.3节求指定截面的剪力、弯矩的步骤基本相同，所不同的是现在截面位置不再是常量，而是变量 x。换言之，剪力方程、弯矩方程能表达所有截面的剪力、弯矩。

剪力方程、弯矩方程在大多数情况下是一些分段函数。往往每两个载荷的作用点之间就是一段。这里所说的载荷包括外力和约束反力。

在有集中载荷作用的位置，左、右侧面剪力、弯矩不等，因此在集中力、集中力偶以及分布载荷作用的起点、终点处作用点两侧的截面通常称为控制面，这些控制面即为剪力方程和弯矩方程定义区间的端点。

例7-3 如图7-10(a)所示悬臂梁，建立此梁的剪力方程、弯矩方程。

解 （1）确定分段区间。前面说过，每两个载荷的作用点之间分一段，此题只有 A、B 两个作用点，故无须分段。其控制面为截面1—1、2—2。建立如图7-10(a)所示的 Ax 轴。

（2）应用截面法。在任意 x 位置将梁截开，以左段为研究对象，并在截开的截面处标上剪力 $F_S(x)$、弯矩 $M(x)$ 的正方向，如图7-10(b)所示。建立如下平衡方程：

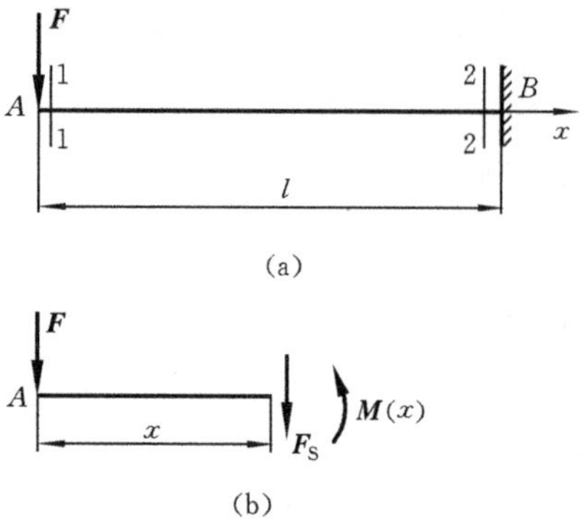

图 7-10

$$\sum F_y = 0,\quad F - F_S(x) = 0$$

$$\sum M_x = 0,\quad Fx + M(x) = 0$$

解得　　$F_S(x) = F,\quad M(x) = -Fx$

于是得到剪力方程、弯矩方程分别为

$$F_S(x) = F \quad (0^+ \leqslant x \leqslant l^-)$$

$$M(x) = -Fx \quad (0^+ \leqslant x \leqslant l^-)$$

$F_S(x)$是一个常量,即所有截面上均一样;$M(x)$是x的线性函数,不同截面有不同的值。变量x的取值区间必须标注。另外,这里0^+表示截面A的右侧面,l^-表示截面B的左侧面。7.2.3节已经总结过,在有集中载荷(包括约束力)作用的位置,左、右侧面内力不同,故往往控制面上通常左用"－"、右用"＋"来区别左、右两个侧面。故也可写成

$$F_S(x) = F \quad (0 \leqslant x \leqslant l)$$

$$M(x) = -Fx \quad (0 \leqslant x \leqslant l)$$

例 7-4　简支梁的受力状态如图 7-11(a)所示,集中力F＝8 kN,力偶M＝10 kN·m,建立梁的剪力方程、弯矩方程。

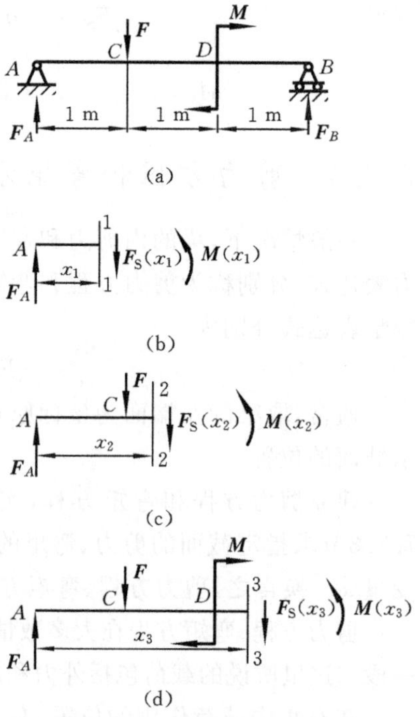

图 7-11

解　(1) 求约束反力。建立如下平衡方程:

$$\sum M_A(\boldsymbol{F}) = 0,\quad F_B \times 3 - M - F \times 1 = 0$$

$$\sum F_y = 0,\quad F_A + F_B - F = 0$$

解得　$F_B = \dfrac{M + F \times 1}{3} = \dfrac{10 + 8 \times 1}{3}\ \text{kN} = 6\ \text{kN}$

$$F_A = F - F_B = (8-6)\text{kN} = 2\ \text{kN}$$

(2) 分段建立剪力方程、弯矩方程。AC段取截面1—1(见图7-11(b)),$0 \leqslant x_1 \leqslant 1$ m,建立如下平衡方程:

$$\sum F_y = 0,\quad F_A - F_S(x_1) = 0$$

$$\sum M = 0,\quad -F_A x_1 + M(x_1) = 0$$

解得

$$F_S(x_1) = F_A = 2\ \text{kN}$$

$$M(x_1) = F_A x_1 = 2x_1$$

CD段取截面2—2(见图7-11(c)),1 m$\leqslant x_2 \leqslant$2 m,建立如下平衡方程:

$$\sum F_y = 0,\quad F_A - F - F_S(x_2) = 0$$

$$\sum M = 0,\quad -F_A x_2 + F(x_2 - 1) + M(x_2) = 0$$

解得

$$F_S(x_2) = F_A - F = (2-8)\ \text{kN} = -6\ \text{kN}$$

$$M(x_2) = F_A x_2 - F(x_2 - 1) = 2x_2 - 8(x_2 - 1) = -6x_2 + 8$$

DB 段取截面 3—3(见图 7-11(d)),$2\ \mathrm{m}\leqslant x_3\leqslant 3\ \mathrm{m}$,建立如下平衡方程:

$$\sum F_y = 0,\quad F_A - F - F_S(x_3) = 0$$

$$\sum M = 0,\quad -F_A x_3 + F(x_3 - 1) - M + M(x_3) = 0$$

解得

$$F_S(x_3) = F_A - F = (2-8)\ \mathrm{kN} = -6\ \mathrm{kN}$$

$$M(x_3) = F_A x_3 - F(x_3 - 1) + M = 2x_3 - 8(x_3 - 1) + 8 = -6x_3 + 16$$

通过以上例子归纳出的求剪力方程、弯矩方程的步骤为:

① 用一个假想截面将梁截成两段。

② 根据梁的受力及约束情况,求出约束反力。

③ 以梁左端 A 为原点,沿梁轴线方向建立 Ax 轴。

④ 观察梁载荷作用情况,根据集中载荷作用点及分布载荷左、右两个端点,确定分几段求剪力方程、弯矩方程,并根据控制面确定每段的变量 x_i 的取值。

⑤ 分段建立剪力方程、弯矩方程。分段采用截面法,以左段为研究对象,画出其受力图,并在截面位置画出 $\boldsymbol{F}_S(x)$、$\boldsymbol{M}(x)$的正方向,利用平衡方程求出剪力方程、弯矩方程。

在本节中,我们只建立了一个以左端点 A 为原点的 Ax 轴。在比较熟练以后,也可以取右端点 B 为原点,建立一个 Bx 轴,求剪力方程和弯矩方程。

由以上简单的表达式,可以很方便地作出其内力图。

另外,在上述求剪力方程、弯矩方程时,分别在截面位置画出剪力、弯矩正方向,然后利用平衡方程求出 $F_S(x)$、$M(x)$。显然,$\boldsymbol{F}_S(x)$、$\boldsymbol{M}(x)$正方向不能画错,列平衡方程时符号不能有误或者丢失某些力,最后,$F_S(x)$、$M(x)$还需通过移项求得。若移项漏掉某些力或符号有误,都会影响结果。总之,在求 $F_S(x)$、$M(x)$时一定要细心。

下面介绍一种比较简便的求 $M(x)$、$F_S(x)$的方法。

① 用一个假想截面将梁截成两段。

② 以左段为研究对象。

求 $F_S(x)$时,凡是向上的外载为正外载,凡是向下的外载为负外载。

求 $M(x)$时,凡是使分离段产生向下凸的外载(包括力或力偶)为正外载,即对截开的截面形心取矩是顺时针方向的力或力偶为正外载;凡是使分离段产生向上凸的外载(包括力或力偶)为负外载,即对截开截面形心取矩是逆时针方向的力或力偶为负外载。

③ 以右段为研究对象。

求 $F_S(x)$时,凡是向上的外载为负外载,凡是向下的外载为正外载。

求 $M(x)$时,凡是使分离段产生向下凸的外载(包括力或力偶)为正外载,即对截开的截面形心取矩是逆时针方向的力或力偶为正外载;凡是使分离段产生向上凸的外载(包括力或力偶)为负外载,即对截开截面的形心取矩是顺时针方向的力或力偶为负外载。

7.2.5 剪力图和弯矩图

根据梁的剪力方程、弯矩方程可以确定梁上的剪力、弯矩的最大值以及任意截面上的剪力、弯矩值。为了更直观地表达剪力、弯矩随截面变化的情况,可以分别以平行梁的轴线为横轴(x 轴),以剪力 F_S、弯矩 M 分别为纵轴,画出梁上各截面的剪力、弯矩的变化图线。这就是所谓的剪力图、弯矩图,简称 F_S图、M 图。

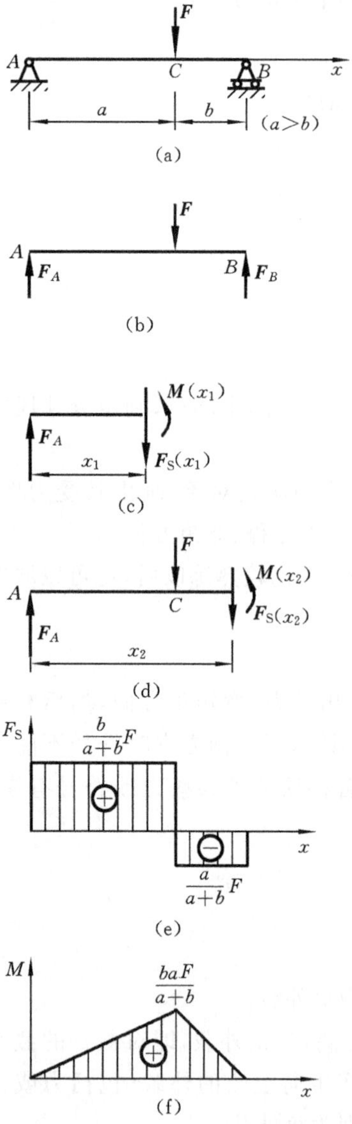

图 7-12

例 7-5　绘制如图 7-12(a)所示集中力作用的简支梁的剪力图、弯矩图。

解　(1) 求约束反力。如图 7-12(b)所示，建立如下平衡方程：

$$\sum M_A = 0, \quad -Fa + F_B(a+b) = 0$$

$$\sum M_B = 0, \quad Fb - F_A(a+b) = 0$$

解得　$F_B = \dfrac{a}{a+b}F, \quad F_A = \dfrac{b}{a+b}F$

(2) 建立剪力方程、弯矩方程。如图 7-12(c)、(d)所示，根据力的叠加性及外载的正、负性，有(也可以利用平衡方程，再移项求得)

$$F_S(x_1) = F_A = \frac{b}{a+b}F \quad (0^+ \leqslant x_1 \leqslant a^-)$$

$$M(x_1) = F_A x_1 = \frac{bx_1}{a+b}F \quad (0^+ \leqslant x_1 \leqslant a^-)$$

$$F_S(x_2) = F_A - F = -\frac{a}{a+b}F$$

$$(a^+ \leqslant x_2 \leqslant (a+b)^-)$$

$$M(x_2) = F_A x_2 - F(x_2 - a) = \frac{b}{a+b}x_2 - F(x_2 - a)$$

$$(a^+ \leqslant x_2 \leqslant (a+b)^-)$$

(3) 绘制剪力图、弯矩图。根据剪力方程 $F_S(x_1) = \dfrac{b}{a+b}F$，显然在 AC 段为一平行于轴 x 的线段；又根据剪力方程$F_S(x_2) = -\dfrac{a}{a+b}F$，在 CB 段也为一平行于 x 轴的线段。两线段相连即为 F_S图，如图 7-12(e)所示。

同样根据弯矩方程也可作出弯矩图，如图 7-12(f)所示。

在例 7-5 中，弯矩图为一次线段，而剪力图为零次线段。可以验算，一次线段的斜率分别等于对应线段的剪力大小。如：AC 段 $M(x)$ 的斜率 $k_1 = \dfrac{b}{a+b}F$ 显然就是对应的 AC 段的剪力$F_S(x_1)$，CB 段斜率 $k_2 = -\dfrac{a}{a+b}F$ 也为对应的 CB 段的剪力$F_S(x_2)$，即 $k = F_S(x)$。根据数学关系 $k = \dfrac{\mathrm{d}M}{\mathrm{d}x}$，故也有$\dfrac{\mathrm{d}M}{\mathrm{d}x} = F_S(x)$。因此作图时应注意到两者的关系。这也是验证图形是否正确的手段之一。

在此剪力图、弯矩图中可以直接看到各截面所受剪力、弯矩的大小及正负，得到 $F_{Smax} = \dfrac{a}{a+b}F$，$M_{max} = \dfrac{ab}{a+b}F$。因此剪力图、弯矩图比剪力、弯矩方程更加直观地表达了内力分布情况。

例 7-6　绘制图 7-13(a)所示均布载荷作用的简支梁的剪力图和弯矩图。

解　(1) 计算约束反力。如图 7-13(b)所示，由平衡方程得

$$F_A = F_B = \frac{ql}{2}$$

（2）建立剪力方程、弯矩方程。如图 7-13(c)所示，由平衡方程得

$$F_S(x) = F_A - qx = \frac{ql}{2} - qx \quad (0^+ \leqslant x \leqslant l^-)$$

$$M(x) = F_A x - \frac{qx^2}{2} = \frac{ql}{2}x - \frac{qx^2}{2} \quad (0^+ \leqslant x \leqslant l^-)$$

由 $F_S(x)$、$M(x)$知，$F_S(x)$为一次线段，$M(x)$为二次抛物线。F_S-x 曲线只需确定两个截面即可(通常确定控制面)。但 M-x 曲线为二次抛物线，不仅需确定控制面的两个弯矩值，同时还需确定抛物线的顶点，即极值，如图 7-13(d)、(e)所示。在$\frac{dM}{dx}=0$ 或$F_S(x)=0$ 处可取得极值，此例即在 $x=\frac{l}{2}$处取得极大值，$M_{max}=\frac{ql^2}{8}$。

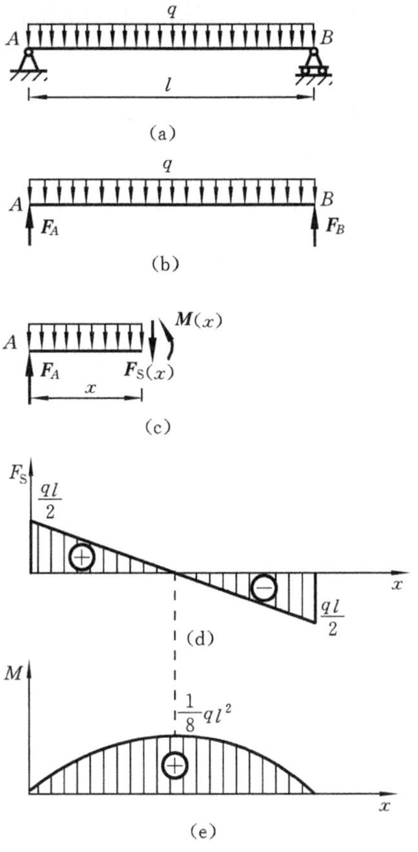

图 7-13

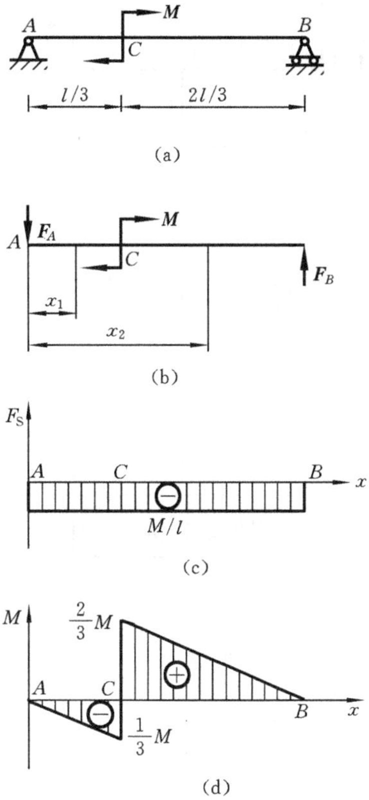

图 7-14

例 7-7 图 7-14(a)所示为集中力偶作用的简支梁。绘制其剪力图、弯矩图。

解 （1）计算约束反力。如图 7-14(b)所示，由平衡方程得

$$F_A = F_B = \frac{M}{l}$$

两者方向相反。

(2) 建立剪力方程、弯矩方程。通过前面的练习,应能直接写出如下内力方程,不需再截开。

$$F_S(x_1)=-F_A=-\frac{M}{l}\quad\left(0^+\leqslant x_1\leqslant\frac{l^-}{3}\right)$$

$$M(x_1)=-F_Ax_1=-\frac{Mx_1}{l}\quad\left(0^+\leqslant x_1\leqslant\frac{l^-}{3}\right)$$

$$F_S(x_2)=-F_A=-\frac{M}{l}\quad\left(\frac{l^+}{3}\leqslant x_2\leqslant l^-\right)$$

$$M(x_2)=-F_Ax_2+M=M-\frac{M}{l}x_2\quad\left(\frac{l^+}{3}\leqslant x_2\leqslant l^-\right)$$

(3) 绘制剪力图、弯矩图。由 $F_S(x)$方程和 $M(x)$方程作图,如图 7-14(c)、(d)所示。

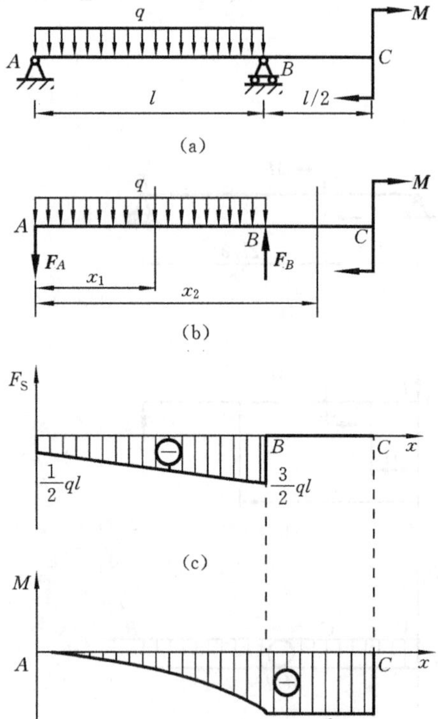

图 7-15

例 7-8　如图 7-15(a)所示外伸梁,AB 段受均布载荷 q 作用,外伸端 C 受集中力偶作用,且 $M=ql^2$。绘制此梁的剪力图和弯矩图,并确定$|F_S|_{max}$及$|M|_{max}$值。

解　(1) 求约束反力。如图 7-15(b)所示,由平衡方程得

$$F_A=\frac{ql}{2},\quad F_B=\frac{3}{2}ql$$

两者方向相反。

(2) 建立剪力方程、弯矩方程。

$$F_S(x_1)=-F_A-qx_1=-\frac{ql}{2}-qx_1\quad(0^+\leqslant x_1\leqslant l^-)$$

$$M(x_1)=-F_Ax_1-\frac{q}{2}x_1^2=-\frac{qlx_1}{2}-\frac{q}{2}x_1^2$$

$$(0^+\leqslant x_1\leqslant l^-)$$

$$F_S(x_2)=-F_A-ql+F_B=-\frac{ql}{2}-ql+\frac{3}{2}ql=0$$

$$\left(l^+\leqslant x_2\leqslant\frac{3}{2}l^-\right)$$

$$M(x_2)=-F_Ax_2-ql\left(x_2-\frac{l}{2}\right)+F_B(x_2-l)=-ql^2$$

$$\left(l^+\leqslant x_2\leqslant\frac{3}{2}l^-\right)$$

(3) 作剪力图、弯矩图。由剪力方程 $F_S(x_1)=-\frac{ql}{2}-qx_1$ 可知,$F_S(x_1)$为一次线段,只需确定 $x=0^+$、$x=l^-$这两个控制面上的剪力即可连线;$F_S(x_2)=0$ 是一常数,其图形与 x 轴重合,如图 7-15(c)所示。

$$|F_S|_{max}=\frac{3ql}{2}$$

由弯矩方程 $M(x_1)=-\frac{ql}{2}x_1-\frac{q}{2}x_1^2$ 知,AB 段为一开口向下的抛物线。其控制面为 $x_1=0$ 和 $x_1=l$,且值分别为 0 和 $-ql^2$。由于 $F_S=0$ 即为其顶点,故 $x_1=l$ 处为其顶点;$M(x_2)=-ql^2$,其弯矩图为一平行于 x 轴的水平线。把两段线段光滑相连,其弯矩图如图 7-15(d)所

示，$|M|_{\max}=ql^2$。应注意在剪力 $F_S=0$ 处，弯矩取极值。

7.2.6　剪力、弯矩与载荷集度之间的微分关系

由例 7-6 可知，简支梁受均布载荷作用时的弯矩方程为

$$M(x)=\frac{ql}{2}x-\frac{1}{2}qx^2$$

对 $M(x)$ 求一阶导数，有

$$\frac{\mathrm{d}M(x)}{\mathrm{d}x}=\frac{ql}{2}-qx$$

此结果正好是该梁的剪力方程 $F_S(x)$。

再对 $F_S(x)$ 求导，有

$$\frac{\mathrm{d}F_S(x)}{\mathrm{d}x}=-q$$

此结果为梁上的均布载荷，负号表明该载荷作用方向竖直向下。

因此得到结论：梁的弯矩方程的一阶导数等于剪力方程，剪力方程的一阶导数等于梁上的载荷集度。这一结论经数学微分分析，具有普遍意义。这种关系称为三者的微分关系。这一关系为绘制梁的剪力图、弯矩图带来很大方便。

下面用例 7-9 来加以说明。

例 7-9　梁 AE 及其剪力图、弯矩图分别如图 7-16(a)、(c)、(d)所示。总结前述各例题中各力区、各分界点处内力图的特点，并利用弯矩、剪力与均布载荷之间的微分关系，校核图 7-16(c)、(d)的正确性。

解　内力区各分界点处内力图有如下特点：

① 在集中力作用处，剪力图有突跳，且突跳量等于该作用处的集中力值；弯矩图有尖点，即连续而不光滑。

② 在集中力偶作用处，剪力图不受影响；弯矩图有突跳，且突跳量等于该处的集中力偶矩。

③ 均布载荷的起点和终点处，剪力图有尖点；弯矩图为直线与抛物线的光滑连接。

根据上述特点及微分关系，并参阅图 7-16(c)、(d)中的标注，即可校核 7-16(c)、(d)是否正确。若能熟练掌握，则今后可以不列内力方程而直接绘制出内力图。

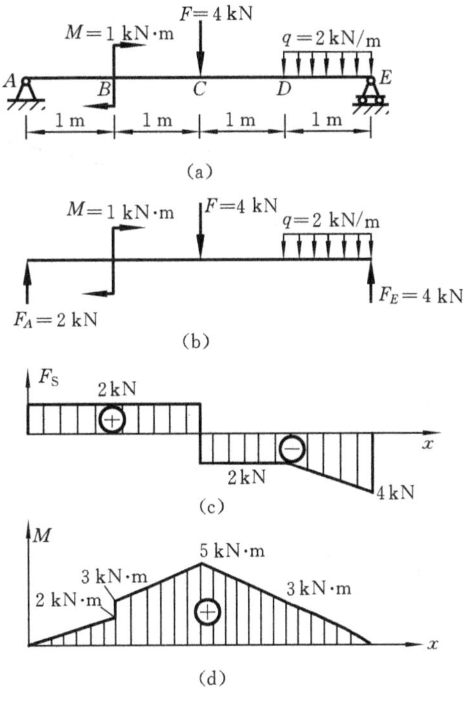

图 7-16

7.2.7　用叠加法作梁的剪力图和弯矩图

在 7.2.4 节中，利用外载荷直接写出弯矩方程、剪力方程的过程就利用了叠加方法。当剪力方程和弯矩方程是载荷的一次函数、梁上有两个以上共同载荷作用，可先分别绘制单个载荷存在时梁上的剪力图和弯矩图，再将所有的同类图形相加，即分别得到实际的剪力图、弯矩图。

这种方法就是叠加法。利用叠加法的好处在于,当我们比较熟悉梁在简单载荷作用下的内力图时,绘制受到多个载荷作用的梁的内力图是很方便的。

例 7-10　用叠加法绘制如图 7-17(a)所示梁的弯矩图。

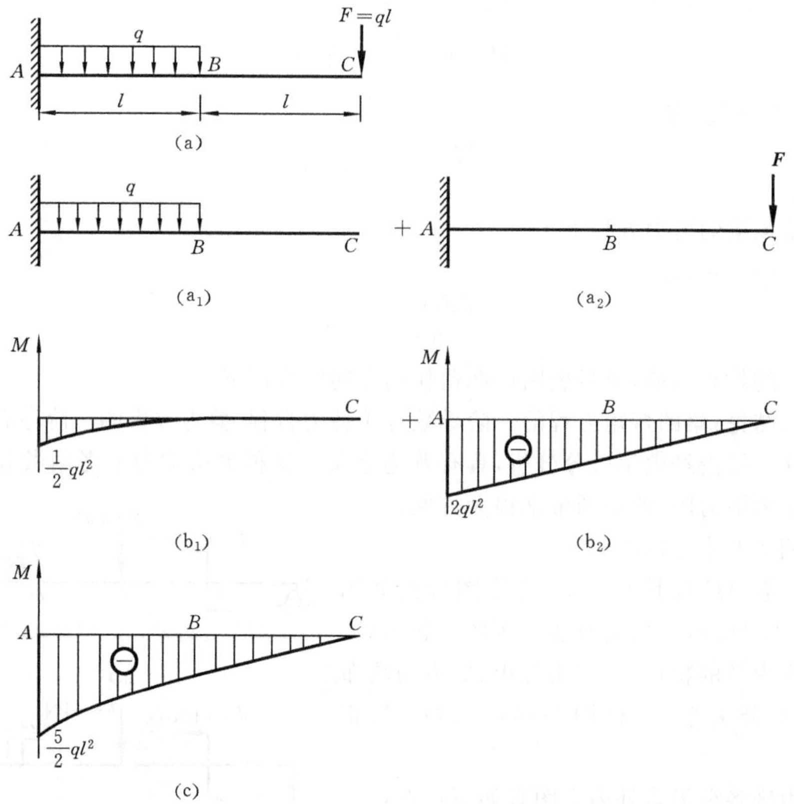

图 7-17

解　在图 7-17 中,图(a)可以看成图(a_1)和图(a_2)两种简单载荷作用的叠加,其弯矩图也可看成两种简单载荷作用下弯矩图的叠加;图(a_1)和图(a_2)情况下的弯矩图如图(b_1)和图(b_2)所示;图(a)的弯矩图如图(c)所示。

7.3　弯曲正应力

7.3.1　弯曲正应力公式

梁的强度计算,与杆的抗拉(压)强度、轴的抗扭转强度计算一样,都是以应力分析为基础的,即必须讨论研究应力在横截面上的分布规律,确定其值,然后讨论梁的强度问题。

梁作平面弯曲时,梁上既有弯矩又有剪力。因此,当梁上既有弯曲变形又有剪切变形时,我们称之为横弯曲;当梁上只有弯矩而无剪力,即只存在弯曲变形时,我们称之为纯弯曲。本节就讨论在纯弯曲时梁上的应力分布规律,即正应力分布规律。在7.5节将讨论横弯曲时切应力分布规律。

大量试验及数学推导表明，梁作纯弯曲时横截面上只有弯曲正应力 σ 而无切应力 τ，即弯矩 M 在横截面上的分布以正应力 σ 的形式存在。如图 7-18(a)所示横截面为矩形的直梁，当两端加弯矩 M 时，其表面变形如图 7-18(b)所示。

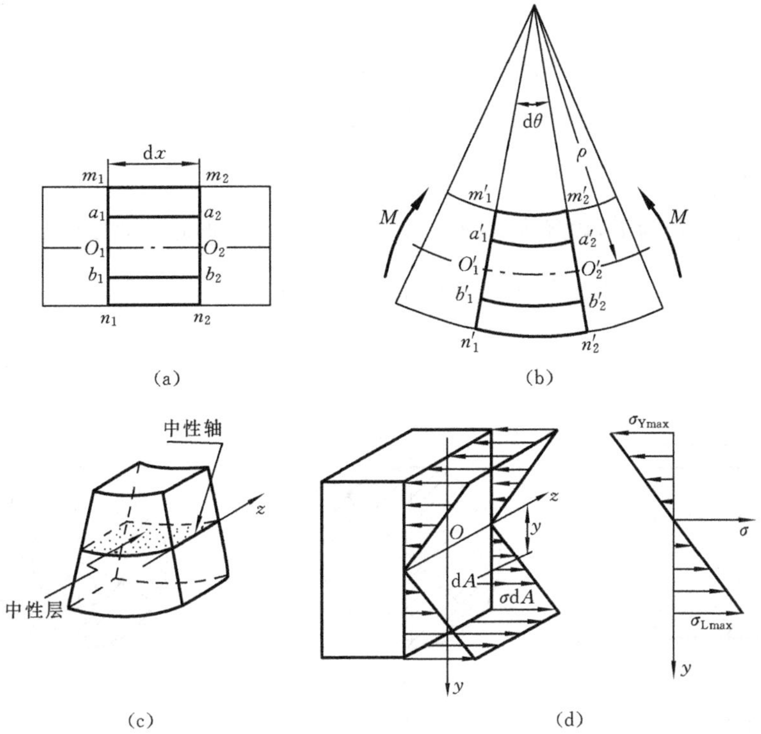

图 7-18

由图 7-18(b)可知，梁的内层缩短，外层伸长。在弹性范围内，整个梁变形是连续的，显然，必有一层纤维既不伸长又不缩短(如果把梁看成一层一层纤维叠加而成的话)，这就是 O_1—O_2 所在的一层，即所谓中性层(见图 7-18(c))。中性层与横截面的交线称为中性轴。而且由图7-18(b)可看到，越靠近中性层变形越小，因此根据应力与应变的线性关系 $\sigma=E\varepsilon$ 可知，其应力分布如图 7-18(d)所示，即 $\sigma\propto y$。另外，载荷越大，即 M 越大，正应力也越大。又根据数学分析，截面的几何参数 I_z 越大，则正应力越小。I_z 为轴惯性矩，y 为欲求应力点 dA 到中性轴的距离，则弯曲正应力计算的基本公式应为

$$\sigma=\frac{M}{I_z}y \tag{7-1}$$

它的适用条件是：在弹性范围内的纯弯曲。

7.3.2　轴惯性矩

1. 简单截面的轴惯性矩

矩形、圆形、圆环形等截面对通过形心的对称轴的轴惯性矩可用数学方法得出。

1）矩形截面

设矩形的高为 h，宽为 b(见图 7-19)，则截面对两形心轴的惯性矩为

$$\left.\begin{aligned} I_z &= \frac{1}{12}bh^3 \\ I_y &= \frac{1}{12}hb^3 \end{aligned}\right\} \tag{7-2}$$

2）圆形截面

设圆直径为 D(见图 7-20)，则截面对其形心轴的惯性矩为

$$I_y = I_z = \frac{\pi D^4}{64} \approx 0.05D^4 \tag{7-3}$$

3）圆环形截面

设圆环形截面外径为 D，内径为 d(见图 7-21)，则截面对形心轴的惯性矩为

$$I_y = I_z = \frac{\pi D^4}{64}(1-\alpha^4) \approx 0.05D^4(1-\alpha^4) \tag{7-4}$$

其中

$$\alpha = \frac{d}{D}$$

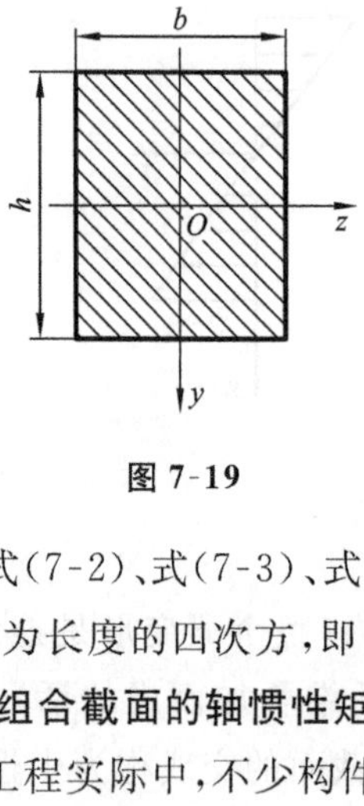

图 7-19

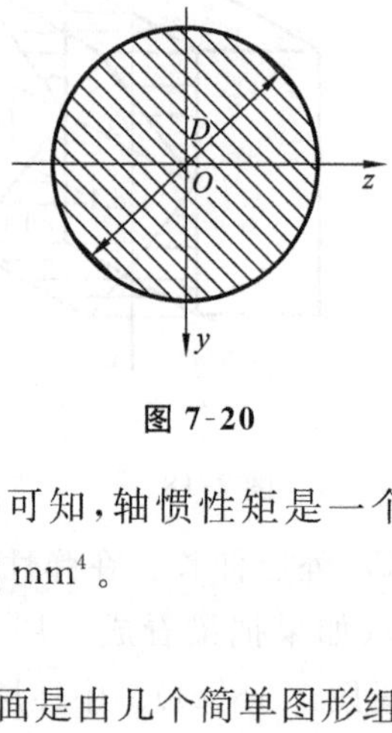

图 7-20

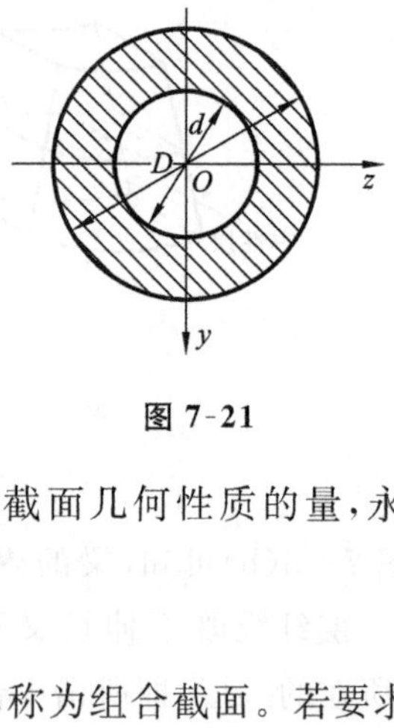

图 7-21

由式(7-2)、式(7-3)、式(7-4)可知，轴惯性矩是一个反映截面几何性质的量，永远为正值，单位为长度的四次方，即 m^4 或 mm^4。

2. 组合截面的轴惯性矩

在工程实际中，不少构件的截面是由几个简单图形组成的，称为组合截面。若要求整个截面对某一 z 轴的惯性矩，其计算方法如下：

先计算各简单图形的面积 $A_1, A_2, \cdots, A_n$(其形心为 $C_1, C_2, \cdots, C_n$)，再计算各图形对各自形心轴的惯性矩 $I_{zC_1}, I_{zC_2}, \cdots, I_{zC_n}$，再利用平行移轴公式

$$I_z = I_{zC} + a^2 A \tag{7-5}$$

求该图形对 z 轴的惯性矩。式(7-5)中，a 为两平行轴 z 与 z_C 的距离。

如图形Ⅰ对 z 轴的惯性矩为

$$I_z(\text{Ⅰ}) = I_{zC_1} + a_1^2 A_1$$

依次可计算各图形对 z 轴的惯性矩，再求各惯性矩之和 $\sum I_z$，即得组合截面对 z 轴的惯性矩。

其他工程中常用截面(图形)的惯性矩可查相关手册。

由式(7-5)还可看出，截面对其形心轴的惯性矩最小。

例 7-11 如图 7-22 所示为 T 形截面。求截面对形心轴 z 的惯性矩 I_z。

解 (1) 取参考坐标系 Oyz'，如图所示。将截面看成由Ⅰ、Ⅱ两个矩形组成，其面积及形心的坐标分别为

$$A_1 = 60 \times 20\ \text{mm}^2 = 1\,200\ \text{mm}^2$$

$$y_{C_1} = \frac{20}{2}\ \text{mm} = 10\ \text{mm}$$

$$A_2 = 40 \times 20\ \text{mm}^2 = 800\ \text{mm}^2$$

$$y_{C_2} = \left(\frac{40}{2} + 20\right)\ \text{mm} = 40\ \text{mm}$$

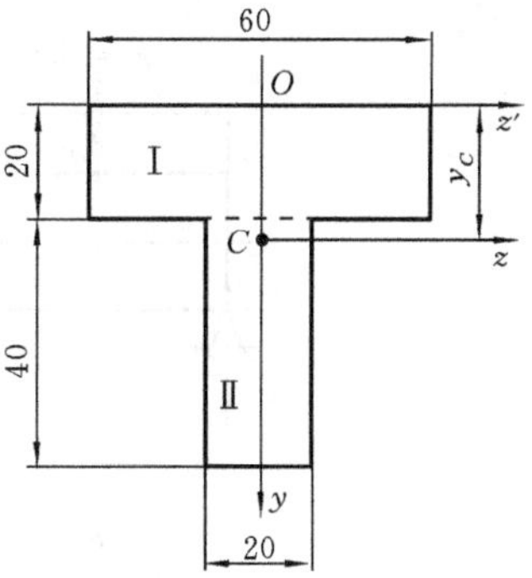

图 7-22

根据计算形心的公式，组合截面形心 C 的纵坐标

$$y_C = \frac{y_{C_1}A_1 + y_{C_2}A_2}{A_1 + A_2} = \frac{1\,200 \times 10 + 800 \times 40}{1\,200 + 800}\ \text{mm} = 22\ \text{mm}$$

(2) 求截面对形心轴 z 的惯性矩 I_z。根据组合式 $I_z = \sum_{i=1}^{n} I_{zi}$ 有

$$I_z = I_z(\text{Ⅰ}) + I_z(\text{Ⅱ})$$

而 z 轴不是Ⅰ、Ⅱ部分的形心轴，故求 I_z(Ⅰ)、I_z(Ⅱ)均要用到平行移轴公式，因此

$$I_z(\text{Ⅰ}) = \left[\frac{60 \times 20^3}{12} + (22 - 10)^2 \times 60 \times 20\right]\ \text{mm}^4 = 21.28 \times 10^4\ \text{mm}^4$$

$$I_z(\text{Ⅱ}) = \left[\frac{20 \times 40^3}{12} + (40 - 22)^2 \times 40 \times 20\right]\ \text{mm}^4 = 36.59 \times 10^4\ \text{mm}^4$$

再由组合式，有

$$I_z = I_z(\text{Ⅰ}) + I_z(\text{Ⅱ}) = (21.28 \times 10^4 + 36.59 \times 10^4)\ \text{mm}^4 = 57.87 \times 10^4\ \text{mm}^4$$

7.3.3 弯曲正应力公式的应用

例 7-12 一支架的支承横梁如图 7-23 所示，a=20 cm，l=40 cm。问：如果梁如图 7-23(a)所示那样竖放和如图 7-23(b)所示那样横放，指定位置①、②、③、④的应力应为多少？

解 (1) 求约束反力，有

$$F_A = F_B = 5\ \text{kN}$$

(2) 求截面 m—m 的弯矩，有

$$M = F_A a = 5 \times 10^3 \times 20 \times 10^{-2}\ \text{N} \cdot \text{m} = 1\,000\ \text{N} \cdot \text{m}$$

(3) 求梁竖放和横放时，截面图形对中性轴的惯性矩。

对于图 7-23(a)，有

$$I_z = \frac{1}{12}bh^3 = \frac{1}{12} \times 30 \times 10^{-3} \times (60 \times 10^{-3})^3\ \text{m}^4 = 0.54 \times 10^{-6}\ \text{m}^4$$

对于图 7-23(b)，有

$$I_z = \frac{1}{12}bh^3 = \frac{1}{12} \times 60 \times 10^{-3} \times (30 \times 10^{-3})^3\ \text{m}^4 = 0.135 \times 10^{-6}\ \text{m}^4$$

(4) 计算指定点的应力，有

$$\sigma_1 = \frac{My_1}{I_z} = \frac{1\,000 \times 30 \times 10^{-3}}{0.54 \times 10^{-6}}\ \text{Pa} = 55.6\ \text{MPa}(\text{压应力})$$

$$\sigma_2 = \frac{My_2}{I_z} = \frac{1\,000 \times 10 \times 10^{-3}}{0.54 \times 10^{-6}}\ \text{Pa} = 18.5\ \text{MPa}(\text{拉应力})$$

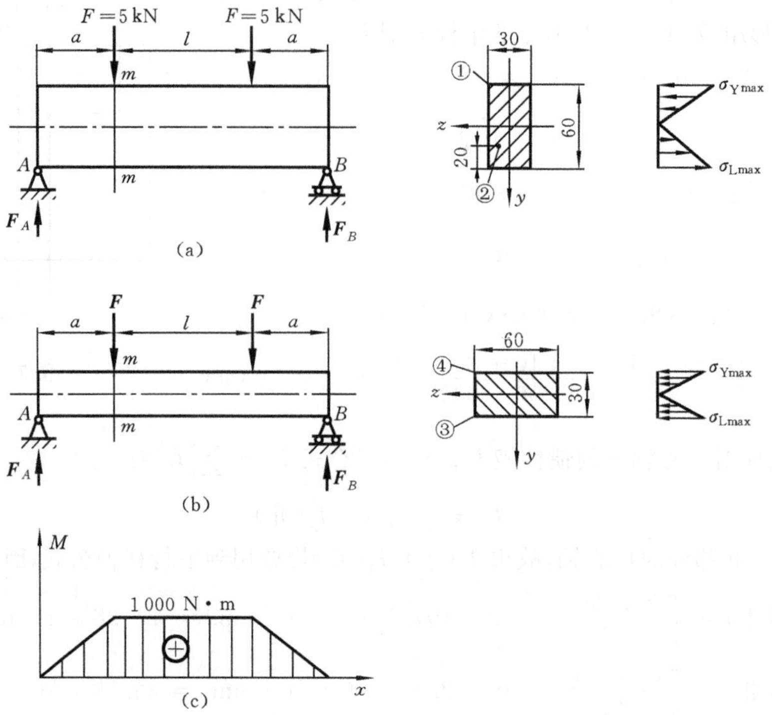

图 7-23

$$\sigma_3 = \frac{My_3}{I_z} = \frac{1\ 000 \times 15 \times 10^{-3}}{0.135 \times 10^{-6}}\ \text{Pa} = 111\ \text{MPa}(\text{拉应力})$$

$$\sigma_4 = \frac{My_4}{I_z} = \frac{1\ 000 \times 15 \times 10^{-3}}{0.135 \times 10^{-6}}\ \text{Pa} = 111\ \text{MPa}(\text{压应力})$$

讨论 横放时，$|\sigma|_{\max}=111$ MPa，竖放时，$|\sigma|_{\max}=55.6$ MPa，故竖放时的$|\sigma|_{\max}$小于横放时的$|\sigma|_{\max}$，可见这种结构竖放更好一些。

公式$\sigma=\dfrac{My}{I_z}$是在纯弯曲条件下导出的。然而，精确分析表明，当梁的跨度l与梁的截面的高度h之比$\dfrac{l}{h}\geqslant 5$时，剪切变形的存在对弯曲正应力的分布和大小没有影响或影响甚小。因此上述公式可以推广应用于直梁的剪切弯曲中。

7.4 弯曲正应力强度条件及应用

7.4.1 抗弯截面模量与最大弯曲正应力

由例 7-12 知，当梁横截面有一对相互垂直的对称轴，如果加载方向与其中某一轴平行，则另一轴即为中性轴，这时最大拉应力与最大压应力绝对值相等。由应力计算的基本公式，有

$$\sigma_{\max} = \frac{M_z y_{\max}}{I_z}$$

引入符号

$$W_z=\frac{I_z}{y_{\max}}$$

则上式可写成

$$\sigma_{\max}=\frac{M_z}{W_z} \tag{7-6}$$

其中 W_z——抗弯截面系数(mm^3 或 m^3),既与截面尺寸又与截面形状有关的几何量,$W_z=\frac{I_z}{y_{\max}}$。

(1) 对于矩形截面($b\times h$),有

$$\left.\begin{aligned}W_z&=\frac{bh^3}{12}\bigg/\frac{h}{2}=\frac{bh^2}{6}\\W_y&=\frac{b^3h}{12}\bigg/\frac{b}{2}=\frac{b^2h}{6}\end{aligned}\right\} \tag{7-7}$$

(2) 对于圆形截面(直径为 d),有

$$W_z=\frac{\pi d^4}{64}\bigg/\frac{d}{2}=\frac{\pi d^3}{32} \tag{7-8}$$

(3) 对于圆环形截面(内径、外径分别为 d、D,$\alpha=d/D$),有

$$W_z=\frac{\pi D^4}{64}(1-\alpha^4)\bigg/\frac{D}{2}=\frac{\pi D^3}{32}(1-\alpha^4) \tag{7-9}$$

若梁的横截面只有一根对称轴,则平面弯曲时,梁截面上最大拉应力 σ_{Lmax} 与最大压应力 σ_{Ymax} 绝对值不相等,即

$$\sigma_{\mathrm{Lmax}}=\frac{M_z y_{\mathrm{Lmax}}}{I_z},\quad \sigma_{\mathrm{Ymax}}=\frac{M_z y_{\mathrm{Ymax}}}{I_z}$$

其中,y_{Ymax} 为绝对值。

需要指出的是,上述最大正应力都是对指定截面而言的,并不一定是梁内最大正应力。

7.4.2 弯曲正应力强度条件

对细长梁而言,弯矩对强度的影响要比剪力对强度的影响大得多。对它进行强度计算时,主要考虑弯曲正应力的影响,可以忽略切应力的影响。因此对梁上的最大正应力必须加以限制,即

$$\sigma_{\max}\leqslant[\sigma] \tag{7-10}$$

这就是只考虑正应力时的强度准则,又称为弯曲强度条件。其中,$[\sigma]$为许用弯曲应力,它等于或略大于许用拉应力;$\sigma_{\max}$为梁内最大正应力,它发生在梁的“危险面”上的“危险点”处。

7.4.3 弯曲正应力强度计算

应用弯曲强度条件式(7-10)作强度计算时,一般应按下列步骤进行:

① 进行受力分析,正确确定约束反力;根据梁上的载荷,正确绘制梁的弯矩图。

② 根据梁的弯矩图确定可能的危险面。对于等截面梁,弯矩最大截面就是危险面;对于变截面梁,要根据弯矩和截面变化情况,才能确定危险面。

③ 根据应力分布和材料力学性能确定可能的危险点:对于许用拉、压应力相同的材料(例如钢材),最大拉应力点和最大压应力点具有同样危险程度;对于许用拉、压应力不同的材料

(例如灰铸铁),最大拉应力点和最大压应力点(绝对值最大)都有可能是危险点。

④ 应用强度条件可解决对梁进行强度校核、截面尺寸设计以及许可载荷确定三类强度问题:对于许用拉、压应力相等材料,应用式(7-10)进行强度校核;对于许用拉、压应力不相等的材料,强度条件应为

$$\left.\begin{aligned}\sigma_{\mathrm{Lmax}} &\leqslant [\sigma]_{\mathrm{L}} \\ \sigma_{\mathrm{Ymax}} &\leqslant [\sigma]_{\mathrm{Y}}\end{aligned}\right\} \tag{7-11}$$

其中　$[\sigma]_{\mathrm{L}}$、$[\sigma]_{\mathrm{Y}}$——材料的拉、压许用应力;

σ_{Lmax}——最大拉应力;

σ_{Ymax}——最大压应力。

例 7-13　等截面简支梁的受载情况及截面尺寸分别如图 7-24(a)、(c)所示,已知截面对 z 轴的轴惯性矩 $I_z=8\ 530\ \mathrm{cm}^4$,材料的许用拉应力 $[\sigma]_{\mathrm{L}}=40\ \mathrm{MPa}$,许用压应力 $[\sigma]_{\mathrm{Y}}=90\ \mathrm{MPa}$。按正应力强度条件校核。

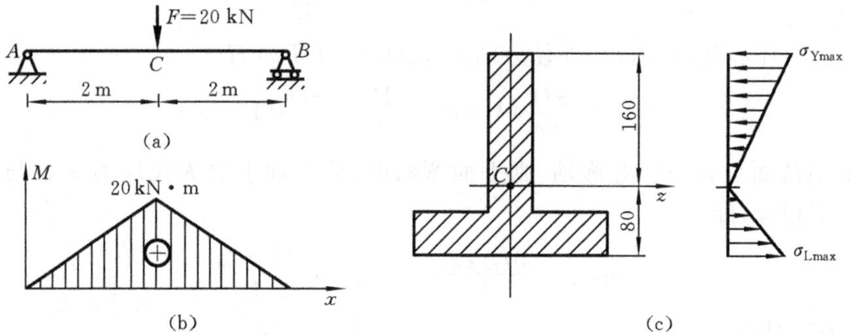

图 7-24

解　(1) 绘制弯矩图,如图 7-24(b)所示。最大弯矩为

$$M_{\max}=\frac{F}{4}l=\frac{20}{4}\times 4\ \mathrm{kN\cdot m}=20\ \mathrm{kN\cdot m}$$

为正弯矩,故梁的中间截面为危险面。

(2) 确定危险点。在 $M_{\max}=20\ \mathrm{kN\cdot m}$ 的截面上梁的上边缘与下边缘分别有最大压应力值(绝对值)与最大拉应力值,且前者大于后者,但由于 $[\sigma]_{\mathrm{Y}}$ 也大于 $[\sigma]_{\mathrm{L}}$,故上边缘与下边缘为危险点,需对上、下边缘加以校核。

(3) 强度校核按式(7-11)进行强度校核,即

$$\sigma_{\mathrm{Ymax}}=\frac{M_{\max}y_1}{I_z}=\frac{20\times10^3\times160\times10^{-3}}{8\ 530\times(10^{-2})^4}\ \mathrm{Pa}=37.5\ \mathrm{MPa}(压应力)<[\sigma]_{\mathrm{Y}}$$

$$\sigma_{\mathrm{Lmax}}=\frac{M_{\max}y_2}{I_z}=\frac{20\times10^3\times80\times10^{-3}}{8\ 530\times(10^{-2})^4}\ \mathrm{Pa}=18.75\ \mathrm{MPa}(拉应力)<[\sigma]_{\mathrm{L}}$$

故梁满足弯曲正应力强度条件。

例 7-14　悬臂吊车如图 7-25(a)所示,横梁 AB 为工字钢,斜杆 BC 为圆钢,许用应力均为 $[\sigma]=120\ \mathrm{MPa}$。设小车的重量连同最大起吊重量为 $P=12\ \mathrm{kN}$。设计拉杆直径并选择横梁工字钢的型号(横梁只考虑弯曲)。

解　此题要分两部分进行讨论。

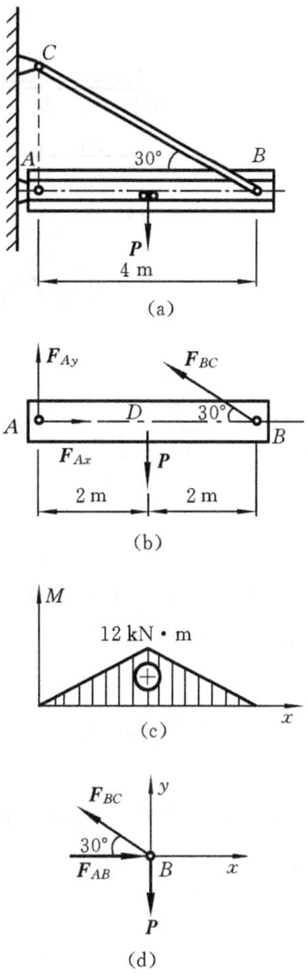

图 7-25

(1) 当小车至横梁中点 D 时，横梁上有最大弯矩。选横梁 AB 为研究对象，画受力图（见图 7-25(b)）。建立如下平衡方程：

$$\sum M_B(\boldsymbol{F}) = 0,\quad -F_{Ay}\times 4 + P\times 2 = 0$$

解得 $$F_{Ay} = \frac{1}{2}P = \frac{1}{2}\times 12\ \text{kN} = 6\ \text{kN}$$

绘制梁的弯矩图（见图 7-25(c)）。

$$M_D = M_{\max} = 12\ \text{kN}\cdot\text{m}$$

选择横梁工字钢的型号。

$$W_z \geqslant \frac{M_{\max}}{[\sigma]} = \frac{12\times 10^3}{12\times 10^6}\ \text{m}^3 = 1\times 10^{-4}\ \text{m}^3 = 100\ \text{cm}^3$$

查附录 C，选 14 工字钢：$W_x = 102\ \text{cm}^3 > W_z$（读者可自行计算考虑横梁自重时对弯矩的影响）。

(2) 当小车至 B 处时，BC 杆受拉力最大，取销钉 B 为研究对象，画受力图（见图 7-25(d)）。建立如下平衡方程：

$$\sum F_y = 0,\quad F_{BC}\sin 30° - P = 0$$

解得 $$F_{BC} = 2P = 2\times 12\ \text{kN} = 24\ \text{kN}$$

设拉杆 BC 直径为 d，按抗拉强度条件得

$$A \geqslant \frac{F_{BC}}{[\sigma]}$$

即 $$d \geqslant \sqrt{\frac{4F_{BC}}{\pi[\sigma]}} = \sqrt{\frac{4\times 24\times 10^3}{\pi\times 120\times 10^6}}$$

$$= 5.046\times 10^{-2}\ \text{m} = 50.46\ \text{mm}$$

取 $d = 53\ \text{mm}$。

例 7-15　T 形截面外伸梁受力状况、截面尺寸分别如图 7-26 所示(a)、(b)。截面对形心轴的惯性矩 $I_z = 86.8\ \text{cm}^4$，$y_1 = 3.8\ \text{cm}$。材料的许用拉应力 $[\sigma]_L = 30\ \text{MPa}$，许用压应力 $[\sigma]_Y = 60\ \text{MPa}$。校核梁的强度。

解　(1) 由静力平衡方程求出梁的支座反力，即

$$F_A = 0.6\ \text{kN},\quad F_B = 2.2\ \text{kN}$$

(2) 绘制梁的弯矩图（见图 7-26(c)）。

(3) 校核梁的正应力。

在截面 B，最大拉应力发生在截面上边缘各点处，有

$$\sigma_{BL\max} = \frac{M_B y_2}{I_z} = \frac{0.8\times 10^3\times 2.2\times 10^{-2}}{86.8\times 10^{-2}}\ \text{MPa} = 20.3\ \text{MPa} < [\sigma]_L$$

最大压应力发生在截面下边缘各点处，有

$$\sigma_{BY\max} = \frac{M_B y_1}{I_z} = \frac{0.8\times 10^3\times 3.8\times 10^{-2}}{86.8\times 10^{-2}}\ \text{MPa} = 35.1\ \text{MPa} < [\sigma]_Y$$

该梁对于 z 轴为非对称截面，又由于材料的 $[\sigma]_L \neq [\sigma]_Y$，故还应校核 C 处截面的拉应力。于是

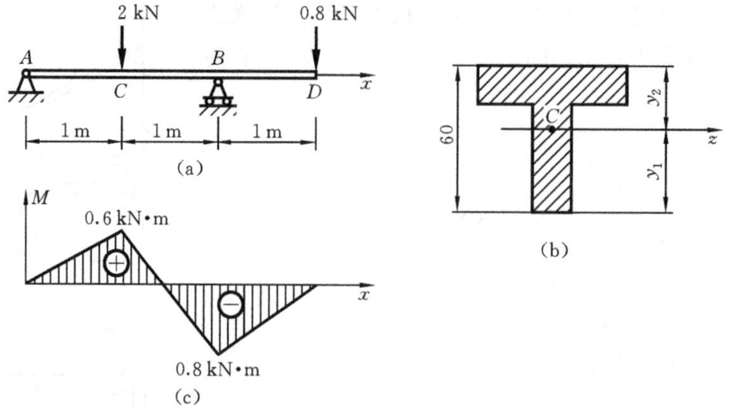

图 7-26

$$\sigma_{CLmax}=\frac{M_C y_1}{I_z}=\frac{0.6\times10^3\times3.8\times10^{-2}}{86.8\times10^{-2}}\ \text{MPa}=26.4\ \text{MPa}<[\sigma]_L$$

故梁满足弯曲正应力强度条件,因此梁是安全的。

请读者思考:如果将本例中作用在 B、C 两处集中力反向,危险点的应力将发生什么变化?

7.5　弯曲切应力

对于在一般横向载荷作用下的梁,其横截面上的内力除弯矩外还有剪力,而剪力将引起切应力。前面已指出,在一般细长的非薄壁截面梁中,弯曲正应力是决定梁强度的主要因素,因此只需按弯曲正应力进行强度计算。但在某些情形下,例如薄壁截面梁、细长梁在支座附近有集中载荷作用等,其横截面上的切应力可能达到很大,致使结构发生强度失效。这时,对梁进行强度计算时,不仅要考虑弯曲正应力,而且还要考虑弯曲切应力。本节将简单介绍矩形截面梁横截面上的切应力公式。

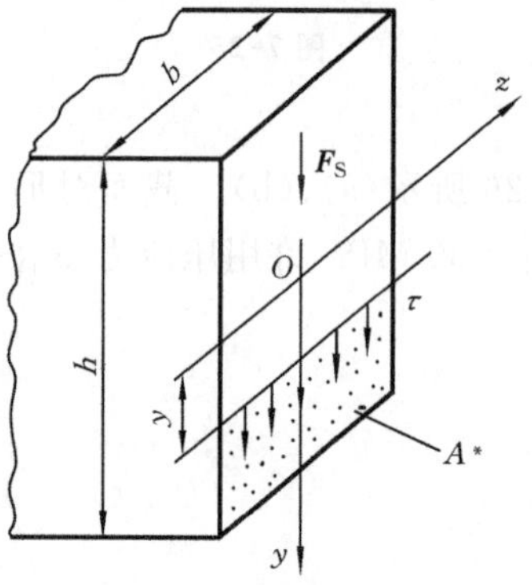

图 7-27

对于窄而高的矩形截面梁,可以假设其横截面上切应力的方向平行于截面侧边,且切应力沿横截面的宽度方向均匀分布(见图 7-27)。考虑到在横弯时可近似地使用纯弯正应力公式可用性,再应用切应力互等定理,就可以不必做类似于弯曲正应力那样的推导,而只需通过局部梁的平衡条件,即可导出横弯时梁横截面上任意点的切应力公式

$$\tau=\frac{F_S S_z^*}{bI_z} \tag{7-12}$$

其中　F_S——所要求应力截面上的剪力;

I_z——整个截面图形对中性轴的惯性矩;

b——横截面上所求应力点处的宽度;

S_z^*——过所要求应力的点作中性轴的平行线一侧的截面 A^* 对中性轴的静矩,有

$$S_z^*=\int_{A^*} y^*\,dA。$$

对于宽度为 b、高度为 h 的矩形截面,A^* 对中性轴 z 的静矩(见图 7-27)为

$$S_z^* = A^* y_C^* = b\left(\frac{h}{2} - y\right)\left(\frac{h}{4} + \frac{y}{2}\right) = \frac{bh^2}{8}\left(1 - \frac{4y^2}{h^2}\right)$$

其中　y_C^*——面积 A^* 的形心 C 到中性轴的距离。

将上式及 $I_z = bh^3/12$ 代入式(7-11)，得矩形截面上切应力沿截面高度分布的公式

$$\tau = \frac{3F_S}{2bh}\left(1 - \frac{4y^2}{h^2}\right) \tag{7-13}$$

式(7-13)表明，矩形截面梁的弯曲切应力 τ 沿截面高度方向按二次抛物线规律变化。当 $y = h/2$ 时，即在截面的上、下边缘处，$\tau = 0$；在中性轴上，即 $y = 0$ 处切应力最大，其值为

$$\tau_{max} = \frac{3F_S}{2bh} = \frac{3F_S}{2A} \tag{7-14}$$

即最大切应力为平均切应力的 1.5 倍。

根据以上分析，可画出沿横截面高度方向的切应力分布图(见图 7-28)。

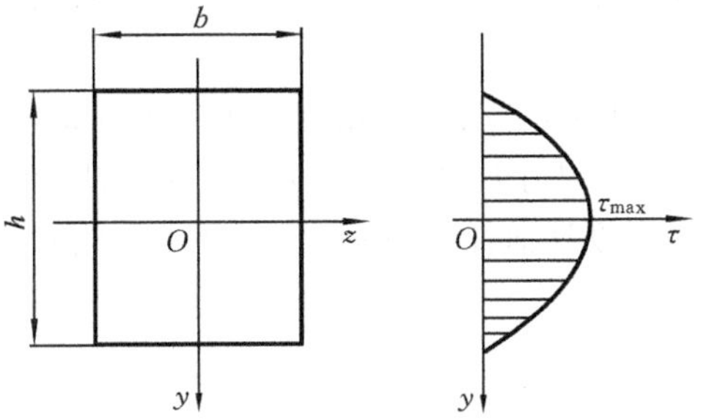

图 7-28

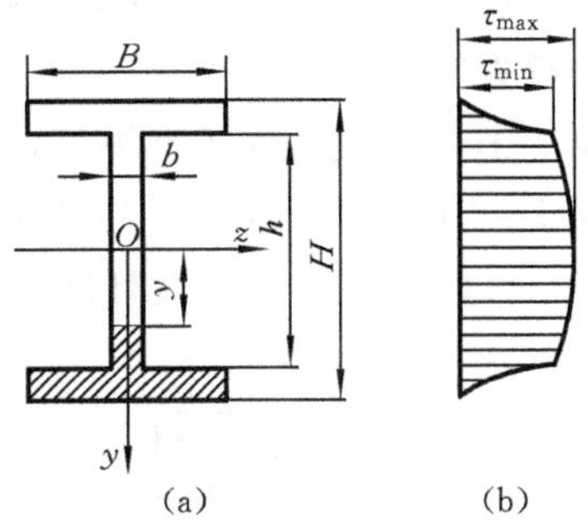

图 7-29

应用式(7-13)计算横截面上的切应力时，可以不考虑式中各项的正负号，而直接由剪力方向确定与之对应的切应力方向，因为两者的方向是一致的。

工字形截面的上、下部分称为翼缘，中间部分称为腹板。计算结果表明，横截面上的切应力主要分布于腹板上，如图 7-29(b)所示，同样可以应用式(7-12)计算。

最大切应力在中性轴上，其值为

$$\tau = \frac{F_S S_{zmax}^*}{I_z b} \tag{7-15}$$

也就是

$$\tau_{max} = \frac{F_S}{A}$$

其中　A——腹板面积；

S_{zmax}^*——中性轴一侧截面积对中性轴的静矩；

b——腹板宽度。

对于轧制的工字钢，式(7-15)中的 I_z/S_{zmax}^* 的值可通过查型钢表得到。

腹板上的切应力仍按抛物线规律变化。当腹板宽度 b 远小于翼缘宽度 B 时，腹板上最大切应力与最小切应力相差不大，可近似认为切应力在腹板上是均匀分布的。

需要注意的是，弯曲切应力公式是在纯弯正应力公式基础上推导出来的，因此其适用条件与弯曲正应力公式的适用条件相同。

最大切应力一般位于截面的中性轴上，而中性轴上各点的弯曲正应力为零，所以最大切应力作用点属于纯剪切状态，其强度条件为

$$\tau_{\max} \leqslant [\tau] \tag{7-16}$$

在大多数情形下，切应力要比弯曲正应力小得多，而横截面上最大正应力作用点处切应力等于零(如矩形截面上、下边缘各点)，因而只需对最大正应力点作强度计算。只是在以下几种情形下，才对最大切应力点作强度计算：

① 支座附近作用有较大的载荷，此时梁的最大弯矩较小，但最大剪力却可能较大。

② 焊接或铆接工字形薄壁截面梁，其腹板宽度较小而截面高度较大，此时腹板上的切应力可能较大。

③ 各向异性材料梁，如木梁。由于木材在顺纹方向的抗剪强度差，因而中性层上的切应力可能超过许用值，致使梁沿中性层发生剪切破坏。

在梁的强度设计中，一般是先按弯曲正应力强度条件来确定截面尺寸，必要时再校核梁内最大弯曲切应力强度。

最后需要指出的是，某些构件上还有一些点的弯曲正应力和弯曲切应力都比较大，必要时也要进行强度计算。

例 7-16　空气压缩机操纵杆，受力如图 7-30 所示，若已知右端受力 $F_2=8.5$ kN，横杆矩形截面 1—1 的高宽比 $h/b=3$；竖杆截面 2—2、3—3 尺寸如图所示，其材料为铸铁，许用应力 $[\sigma]=[\tau]=49$ MPa。校核竖杆的强度是否安全，并设计横杆上截面 1—1 的尺寸 h、b。

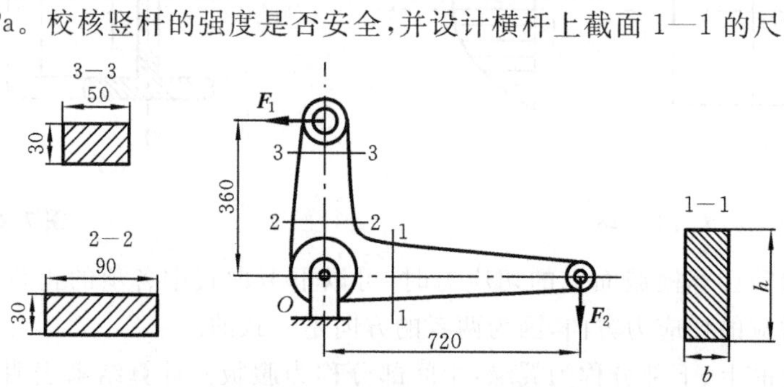

图 7-30

解　(1) 校核竖杆的强度。建立如下平衡方程：

$$\sum M_O = 0,\quad F_1 \times 360 - F_2 \times 720 = 0$$

解得

$$F_1 = \frac{720}{360}F_2 = 17\ \text{kN}$$

竖杆在力 F_1 作用下，可能有两个危险截面：最大弯矩作用的截面(截面 2—2)和最大切应力作用的截面(剪力沿轴线方向相同，但截面 3—3 尺寸最小，故其上切应力最大)。现分别校核。

对于截面 2—2，因为与支承处很接近，故其上之弯矩可近似为 $M_{z\max}=F_1\times 360$。最大正应力点为危险点，其正应力为

$$\sigma_{\max} = \frac{M_{z\max}}{W_z} = \frac{F_1 \times 360}{30 \times 90^2/6} = 151\ \text{MPa} > [\sigma]$$

所以竖杆的截面 2—2 强度是不安全的。为使竖杆安全，在杆厚度不变时，可适当加大宽度。

设宽度为 b'，由强度条件，有

$$\frac{F_1 \times 360}{30b'^2/6} \leqslant 49$$

解得

$$b' = \sqrt{\frac{17\times 10^3 \times 6 \times 360}{30 \times 49}}\ \text{mm} = 158\ \text{mm}$$

对于截面 3—3，只需校核最大切应力作用点的强度，最大切应力发生在截面 3—3 的中性轴上各点，其切应力为

$$\tau_{\max} = \frac{3}{2} \cdot \frac{F_S}{A} = \frac{3 \times 17 \times 10^3}{2 \times 30 \times 50}\ \text{MPa} = 17\ \text{MPa} < [\tau]$$

故截面 3—3 强度是安全的。

(2) 设计横杆的截面尺寸。根据最大正应力作用点的强度条件，在截面 1—1 上应满足

$$\sigma_{\max} = \frac{M_{z\max}}{W_z} \leqslant [\sigma]$$

其中，$M_{z\max} = F_2 \times 720$，$[\sigma] = 49$ MPa，$W_z = bh^2/6$，$h = 3b$，于是由上式可以算出

$$b \geqslant \sqrt[3]{\frac{F_2 \times 720 \times 6}{9[\sigma]}} = \sqrt[3]{\frac{8.5 \times 10^3 \times 720 \times 6}{9 \times 49}}\ \text{mm} = 43.7\ \text{mm}$$

于是有

$$h = 3b = 131\ \text{mm}$$

因此所设计的横杆截面 1—1 的尺寸为 $b = 43.7$ mm，$h = 131$ mm。

7.6 提高梁的抗弯能力的主要措施

所谓提高梁的抗弯能力，是指用尽可能少的材料，使梁能够承受尽可能大的载荷，达到既经济又安全、减轻结构重量的目的。对于一般细长梁，影响梁强度的主要因素是弯曲正应力，因此，应使梁内的正应力尽可能小。根据最大正应力点的强度条件

$$\sigma_{\max} = \frac{M_{z\max}}{W_z} \leqslant [\sigma]$$

为使最大工作应力 $\sigma_{\max}$ 尽可能小，在不改变所用材料的前提下，可降低最大弯矩或增大梁的抗弯截面系数。由此，根据结构或构件的工作条件，可以采用相应的提高梁强度的措施。工程中常见的提高梁强度的措施有三种。

1. 选择合理的截面形状

根据最大弯曲正应力公式，梁的抗弯截面系数愈大，最大正应力愈小；但另一方面，梁的横截面面积将随之增大，所需的材料也就愈多。因此，在材料选定的前提下，最合理的措施是采用尽可能小的横截面面积(A)，获得尽可能大的抗弯截面系数(W)，也就是使 W/A 的值尽可能大。这可以从两方面来实现。

(1) 对于一定的 W 值，选择合理的截面形状，使横截面面积 A 尽可能小，从而使 W/A 的值较大。例如，给定 $W_z = 1.5 \times 10^6\ \text{mm}^3$，若采用矩形截面(其高宽比为 $h/b = 2$)，由 $W = bh^2/6$ 得截面宽为 131 mm，高为 262 mm，面积 $A = 3.34 \times 10^4\ \text{mm}^2$，这时 $W_z/A = 43.7$ mm；而采用工字形截面，由附录 C 查得其型号为 45b，截面面积 $A = 1.11 \times 10^4\ \text{mm}^2$，这时 $W_z/A = 135$ mm。可见，采用工字形截面要比采用矩形截面更合理。

几种常见截面的 W/A 值分别为：

对于矩形截面(竖放)，$W/A - 0.167h$；

对于工字钢截面(竖放)，$W/A = (0.27 \sim 0.31)h$；

对于槽钢截面(竖放)，$W/A = (0.27 \sim 0.31)h$；

对于圆形截面，$W/A = 0.125d$；

对于圆环形截面，$W/A = (1+\alpha^2)D/8$ ($\alpha = d/D$)。

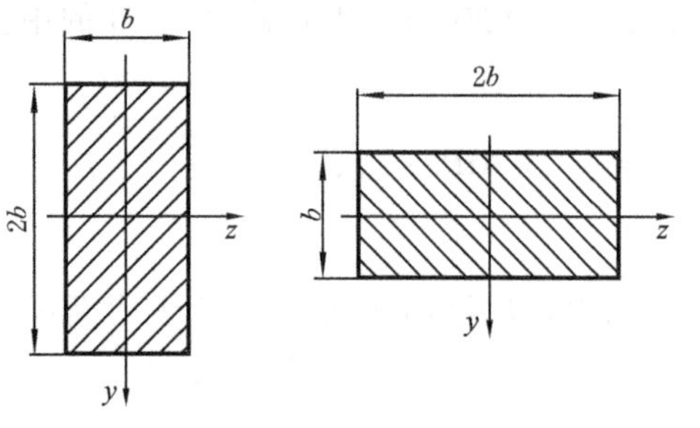

(a)　　(b)

图 7-31

(2) 对于一定的横截面面积 A,通过选择合理截面形状,使其 W_z 尽可能大,从而获得较大的 W_z/A值。当梁竖放(见图 7-31(a))时,若载荷作用在其竖直对称面内,中性轴为 z 轴,则 $W_z=2b^3/3$,$W_z/A=b/3$;当梁横放(见图 7-31(b))时,若仍在竖直面内加载,中性轴仍为 z 轴,则 $W_z=b^3/3$,$W_z/A=b/6$。可见,梁竖放时 W_z/A 值为横放时的 2 倍,因此竖放更合理。

上述措施可以从梁横截面上弯曲正应力的分布规律找到解释。在弹性范围内,弯曲正应力沿截面高度线性分布,距中性轴愈远的点正应力愈大,中性轴附近点上的正应力很小。当距中性轴最远点的应力达到许用应力值时,中性轴附近点的应力还远远小于许用应力,这部分材料便没有充分利用。在不破坏截面整体性的前提下,可以将中性轴附近的材料移至距中性轴较远处,从而形成工程结构中的梁常用空心截面以及工字形、箱形和槽形截面等“合理截面”。

合理设计梁的截面时,在考虑使材料尽可能离中性轴较远时,还应考虑不同材料的特性。对于许用拉应力与压应力相等的塑性材料,应采用工字形等具有一对对称轴的截面,使其截面上的最大拉应力与最大压应力同时达到材料的许用应力,从而使材料得以充分利用;对于许用拉应力与许用压应力不等的脆性材料,则应采用 T 形等只具有一根对称轴的截面,并使距中性轴较远的点受压应力,距中性轴较近的点受拉应力,充分发挥抗压性能强的优点。

2. 采用变截面梁或等强度梁

梁的强度计算主要是以限制危险面上危险点的正应力不大于许用应力为依据的。除了纯弯梁之外,一般载荷作用下,梁上的弯矩沿梁长方向各不相等。当危险截面上危险点的正应力达到许用应力时,其他截面上的最大正应力尚未达到这一值,而且大部分截面上的最大正应力远未达到许用应力。因此,从节省材料、减轻结构重量的角度看,这样的设计不尽合理。为节省材料及减轻构件重量,常常在弯矩较大处采用尺寸较大的横截面,在弯矩较小处采用尺寸较小的横截面,即截面尺寸随弯矩的变化而变化,这就是变截面梁。

进而,还可以将变截面梁设计成等强度梁,等强度梁上每个横截面上的最大弯曲正应力都同时等于材料的许用应力。显然,等强度梁的材料利用率最高、重量最轻,因而是最合理的。但由于这种梁的截面尺寸沿梁轴线连续变化,加工制造时有一定的难度,故一些实际弯曲构件都设计成近似的等强度梁。例如,建筑结构中的鱼腹梁(见图 7-32)、电动机转子的阶梯轴(见图7-33)和摇臂钻床的变截面摇臂(见图7-34)等。

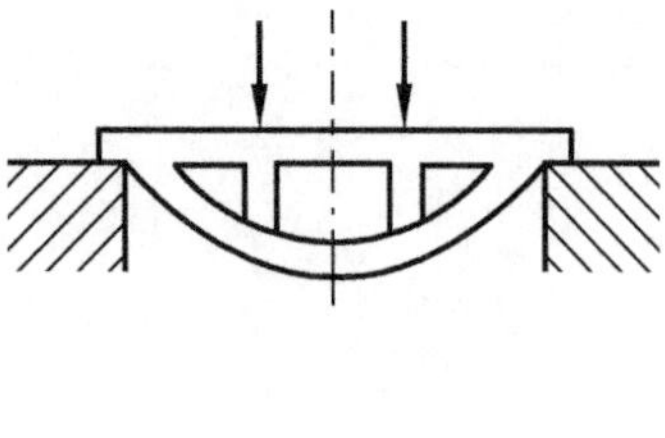

图 7-32

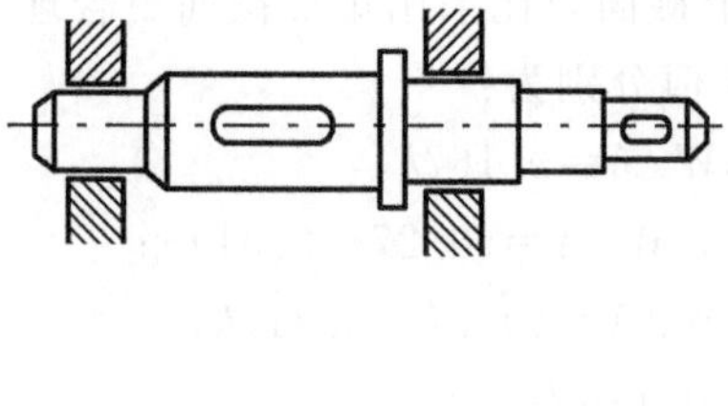

图 7-33

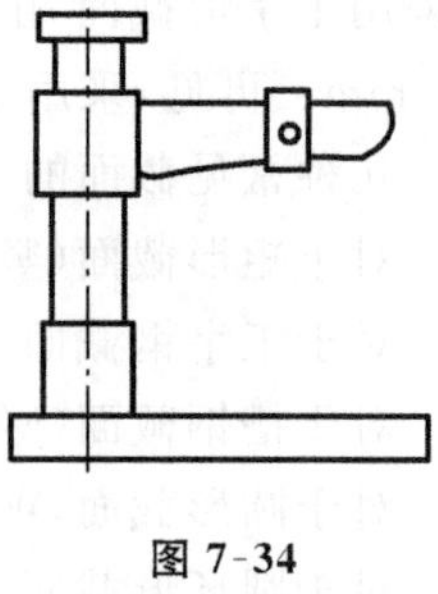

图 7-34

3. 改善梁的受力情况

为提高梁的抗弯能力，还可以改善梁的受力情况或改变支座位置，使梁内弯矩的最大值尽量减小。

适当改变支座位置可以减小最大弯矩值。例如图 7-35(a)所示简支梁受均布载荷 q 作用，梁内的最大弯矩为 $M_{max}=ql^2/8=0.125gl^2$，如图 7-35(b)所示。若两端支座各向内移动 $l/5$(见图7-35(c))，则梁内的最大弯矩为 $M_{max}=ql^2/40=0.025gl^2$，如图 7-35(d)所示，仅为原来最大弯矩的 1/5。但是，需要注意的是，当将支座向梁的中点移动、梁的中间截面弯矩减小的同时，支座处梁的截面上弯矩却随之增大。

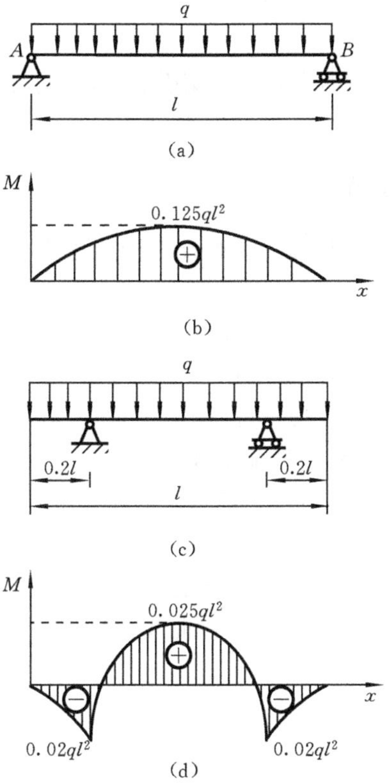

图 7-35

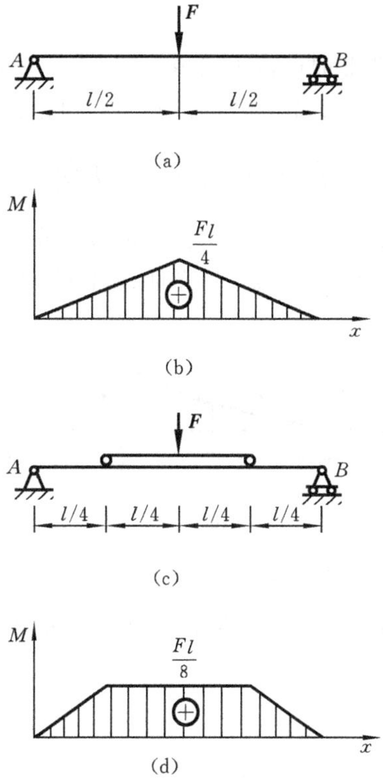

图 7-36

增加副梁(或称辅助梁)也是降低最大弯矩值的有效措施。例如图 7-36(a)所示的简支梁，在跨度中点受一集中力 $\boldsymbol{F}$ 的作用，其最大弯矩为 $M_{max}=Fl/4$(见图 7-36(b))。若在此梁中部安置一根长为 $l/2$ 的副梁，如图 7-36(c)所示，则副梁便将集中力 F 分成为两个大小相等的集中力$F/2$，再加到主梁上，同时改变了主梁上力的作用点。此时主梁的弯矩图如图 7-36(d)所示，最大弯矩 $M_{max}=Fl/8$，仅为原来最大弯矩的一半。

最后指出的是，虽然提高梁强度的措施很多，但在实际设计构件时，不仅应考虑弯曲强度，还应考虑刚度、稳定性、工艺要求及结构功能等诸多因素。

7.7　梁的变形与刚度条件

梁除了满足强度条件外，有时还有刚度要求，即受载后弯曲变形不能过大，否则构件同样不能正常工作。如轧钢机的轧辊(见图 7-37(a)),若变形过大,轧出的钢板厚薄就不均匀;又如齿轮传动轴(见图 7-37(b)),若变形过大,将会影响齿轮的啮合、轴与轴承的配合,造成磨损不均匀,将严重影响它们的寿命,或影响机床的加工精度。

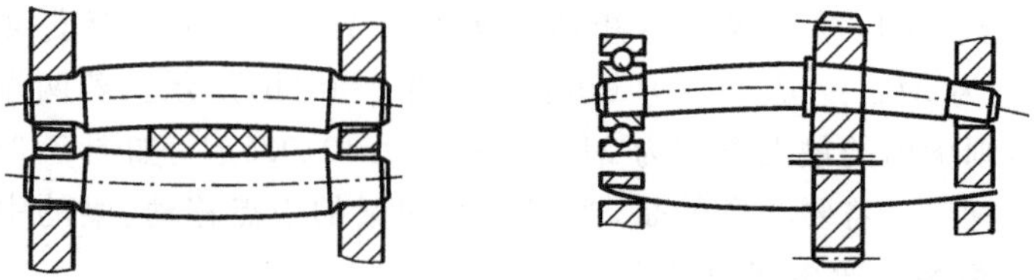

(a)　　(b)

图 7-37

梁弯曲时的内力是剪力和弯矩,一般细长梁的弯曲变形主要由弯矩引起,剪力对变形的影响很小,可以忽略不计,故本节只讨论由弯矩引起的变形。

7.7.1　梁弯曲变形的度量——挠度与转角

梁在位于纵向对称面内的载荷作用下发生平面弯曲,其轴线在弹性范围内由直线变为一条光滑连续的曲线。这条曲线称为挠曲线(见图 7-38)。

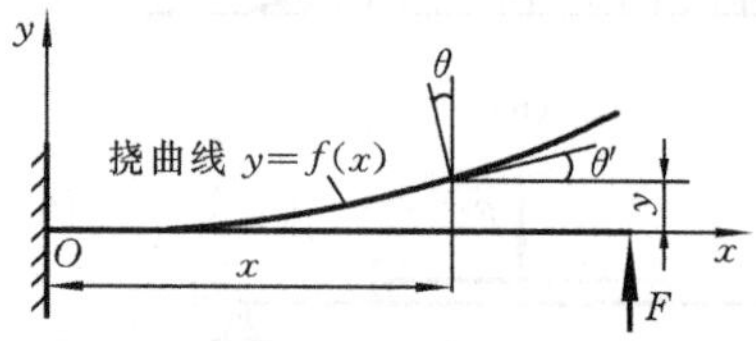

图 7-38

取梁变形前的轴线为 x 轴,建立坐标系 Oxy,得梁的挠曲线方程,即

$$y = f(x)$$

梁的变形可用以下两个量来度量。

(1) 挠度。梁变形后,任意横截面的形心在垂直于梁轴线(x 轴)方向的位移,用 y 表示,单位为毫米(mm)。

(2) 转角。梁变形后,横截面绕中性轴所转过的角度,用 θ 表示,单位为弧度(rad)。

根据平面假设,变形后的横截面仍垂直于挠曲线,故转角 θ 等于挠曲线在该点的切线与 x 轴的夹角,有

$$\tan\theta = \frac{\mathrm{d}y}{\mathrm{d}x} = f(x) \tag{7-17}$$

由于 θ 较小,可写成

$$\theta = \frac{\mathrm{d}y}{\mathrm{d}x} = f(x) \tag{7-18}$$

在图 7-38 所示坐标系中,y 向上为正,向下为负;θ 逆时针转为正,顺时针转为负。式(7-18)表示梁的挠曲线上任一点的斜率等于该点处横截面的转角。

因此,若已知梁的挠曲线方程,即可求得梁上任一点的挠度和横截面的转角。

7.7.2　挠曲线近似微分方程

由纯弯曲变形下的公式 $\frac{1}{\rho}=\frac{M}{EI}$ 得到梁的中性层的曲率,也就是挠曲线的曲率,即 $\frac{1}{\rho(x)}=\frac{M(x)}{EI}$,由微分方程推导可得

$$\frac{\mathrm{d}^2 y}{\mathrm{d}x^2} = \frac{M(x)}{EI} \tag{7-19}$$

式(7-19)称挠曲线近似微分方程。将该方程对 x 积分一次和两次便可分别得到挠曲线方程和转角方程。

梁的弯矩方程是分段建立的，因此，挠曲线方程也应分段建立。而积分常数由边界条件决定，与梁的变形条件、约束情况、分段处挠曲线光滑条件等有关。

积分法是求梁变形的基本方法。在工程实际中，为应用方便，已用积分法将简单载荷作用下等截面梁的挠度和转角的计算法列成表格(见表 7-1，可在机械设计手册或其他相关手册中查到)。

表 7-1　梁在简单载荷作用下的变形

序号	梁的简图	挠曲线方程	端截面转角	最大挠度
1	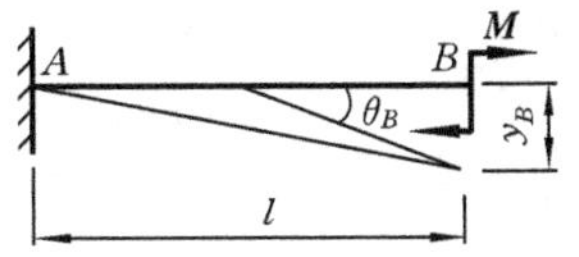	$y=-\frac{Mx^2}{2EI}$	$\theta_B=-\frac{Ml}{EI}$	$y_B=-\frac{Ml^2}{2EI}$
2	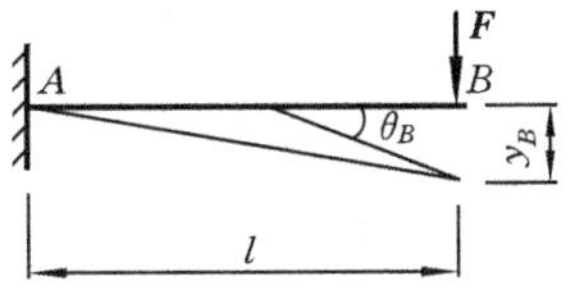	$y=-\frac{Fx^2}{6EI}(3l-x)$	$\theta_B=-\frac{Fl^2}{2EI}$	$y_B=-\frac{Fl^3}{3EI}$
3	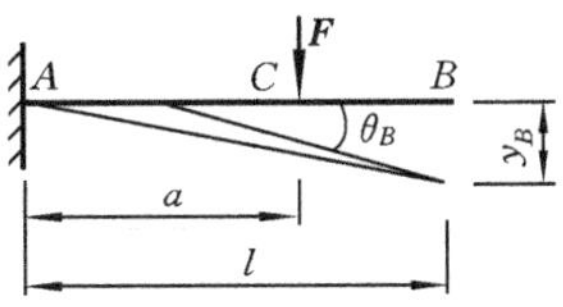	$y=-\frac{Fx^2}{6EI}(3a-x)$ $(0\leqslant x\leqslant a)$ $y=-\frac{Fa^2}{6EI}(3x-a)$ $(a\leqslant x\leqslant l)$	$\theta_B=-\frac{Fa^2}{2EI}$	$y_B=-\frac{Fa^2}{6EI}(3l-a)$
4	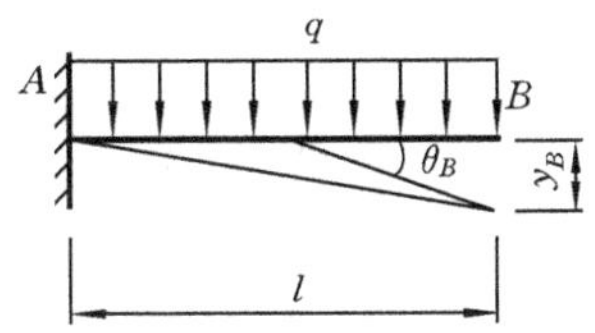	$y=-\frac{qx^2}{24EI}(x^2-4lx+6l^2)$	$\theta_B=-\frac{ql^3}{6EI}$	$y_B=-\frac{ql^4}{8EI}$
5	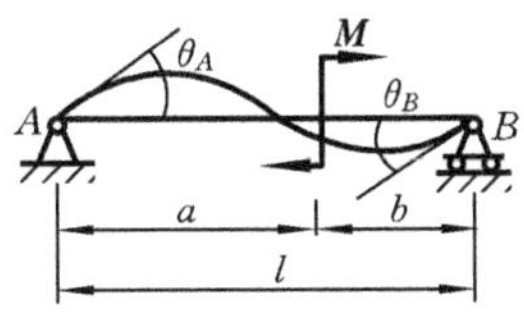	$y=\frac{Mx}{6EIl}(l^2-3b^2-x^2)$ $(0\leqslant x\leqslant a)$ $y=\frac{M}{6EIl}[-x^3+3l(x-a)^2+(l^2-3b^2)x]$ $(a\leqslant x\leqslant l)$	$\theta_A=\frac{M}{6EIl}(l^2-3b^2)$ $\theta_B=\frac{M}{6EIl}(l^2-3a^2)$	—

续表

序号	梁的简图	挠曲线方程	端截面转角	最大挠度
6	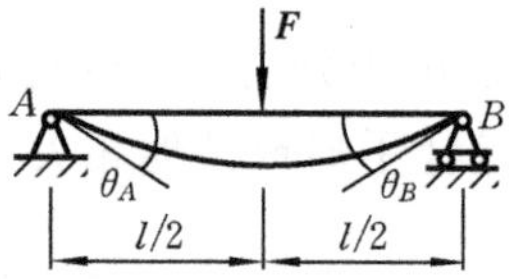	$y=-\frac{Fx}{48EI}(3l^2-4x^2)$ $(0\leqslant x\leqslant \frac{l}{2})$	$\theta_A=-\theta_B$ $=-\frac{Fl^2}{16EI}$	$y_{max}=-\frac{Fl^3}{48EI}$
7	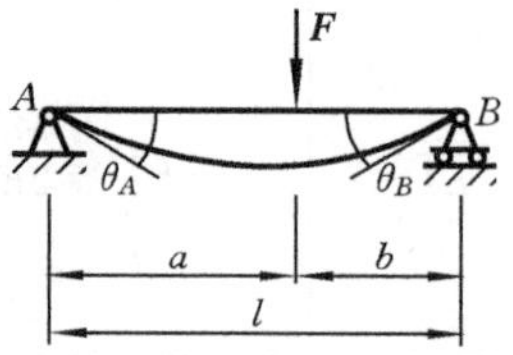	$y=-\frac{Fbx}{6EIl}(l^2-x^2-b^2)$ $(0\leqslant x\leqslant a)$ $y=-\frac{Fb}{6EIl}[\frac{l}{b}(x-a)^3$ $+(l^2-b^2)x-x^3]$ $(a\leqslant x\leqslant l)$	$\theta_A=-\frac{Fab(l+b)}{6EIl}$ $\theta_B=\frac{Fab(l+a)}{6EIl}$	设 $a>b$, 在 $x=\sqrt{\frac{l^2-b^2}{3}}$ 处, $y_{max}=-\frac{Fb\sqrt{(l^2-b^2)^3}}{9\sqrt{3}EIl}$ 在 $x=\frac{l}{2}$ 处, $y_{l/2}=-\frac{Fb(3l^2-4b^2)}{48EI}$
8	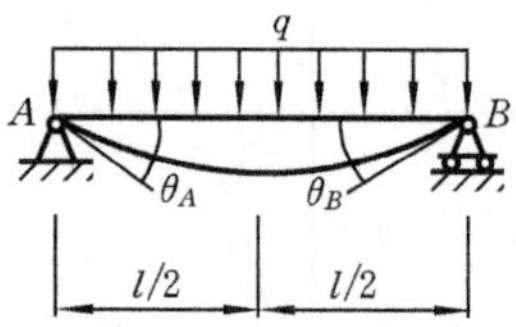	$y=-\frac{qx}{24EI}(l^3-2lx^2+x^3)$	$\theta_A=-\theta_B$ $=-\frac{ql^3}{24EI}$	$y_{max}=-\frac{5ql^4}{384EI}$
9	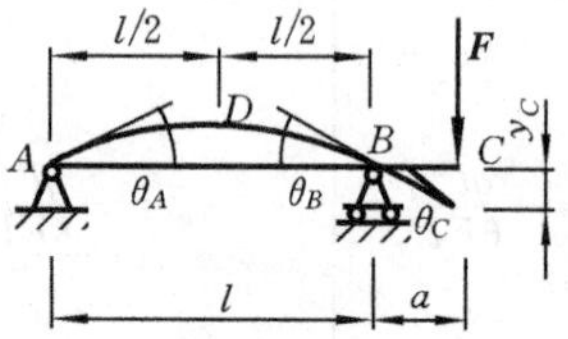	$y=\frac{Fax}{6EIl}(l^2-x^2)$ $(0\leqslant x\leqslant l)$ $y=-\frac{F(x-l)}{6EIl}\cdot[a(3x-l)$ $-(x-l)^2]$ $(l\leqslant x\leqslant (l+a))$	$\theta_A=-\frac{1}{2}\theta_B$ $=\frac{Fal}{6EI}$ $\theta_C=-\frac{Fa}{6EI}$ $\times(2l+3a)$	$y_C=-\frac{Fa^2}{3EI}(l+a)$

7.7.3 用叠加法求梁的变形

在多个载荷作用下计算梁的变形时,由于分段多,积分和求积分常数的运算比较麻烦,而在工程中又常常只需要求某指定截面的挠度和转角,所以可用叠加法来计算。

叠加法的基本原理是:梁的变形很小并且符合胡克定律,挠度和转角都与载荷成线性关系,即某一载荷引起的变形不受其他载荷的影响,这样,当梁同时受几个载荷作用时,可分别计算出每一个载荷单独作用时引起的在某个指定截面处的变形，然后相叠加，便可得到该截面的总变形。

用叠加法求等截面梁的变形时，每个简单载荷作用下的变形可查表 7-1。

例 7-17 用叠加法求如图 7-39(a)所示悬臂梁截面 A 的挠度。

解 梁上有 $\boldsymbol{F}$ 与 $\boldsymbol{M}$ 两个载荷作用，可分别计算 $\boldsymbol{F}$、$\boldsymbol{M}$ 单独作用时 A 处的挠度，然后叠加。

$\boldsymbol{F}$ 单独作用时(见图 7-39(b))，由表 7-1 可得

$$(y_A)_F=-\frac{Fa^2}{6EI}(3\times 2a-a)=-\frac{5Fa^3}{6EI}$$

$\boldsymbol{M}$ 单独作用时(见图 7-39(c))，由表 7-1 可得

$$(y_A)_M=\frac{M(2a)^2}{2EI}=\frac{2Fa^3}{EI}$$

两个挠度相加，得

$$y_A=(y_A)_F+(y_A)_M=-\frac{5Fa^3}{6EI}+\frac{2Fa^3}{EI}=\frac{7Fa^3}{6EI}$$

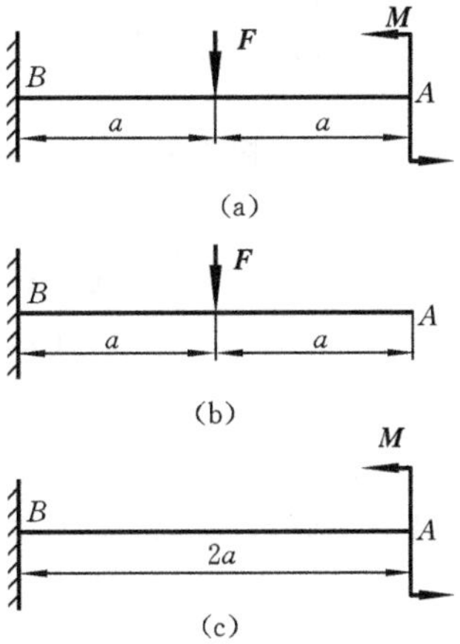

图 7-39

7.7.4 弯曲刚度条件

对受弯曲作用的梁的最大挠度和最大转角(或指定截面的挠度和转角)所提出的限制，称弯曲刚度条件，即

$$y\leqslant[y]$$
$$\theta\leqslant[\theta]$$

其中 $[y]$——许用挠度(mm)；

$[\theta]$——许用转角(rad)。

常用零件轴和轴承的$[y]$和$[\theta]$如表 7-2 所示，或查有关手册得到。

表 7-2

对挠度的限制		对转角的限制	
轴的类型	许用挠度$[y]$/mm	轴的类型	许用转角$[\theta]$/rad
一般转动轴	$(0.000\,3\sim0.000\,5)l$	滑动轴承	0.001
刚度要求较高的轴	$0.000\,2l$	深沟球轴承	0.005
齿轮轴	$(0.01\sim0.03)\,m^*$	圆柱滚子轴承	0.002 5
涡轮轴	$(0.02\sim0.05)\,m$	圆锥滚子轴承	0.001 6
		安装齿轮的轴	0.001

* m 为齿轮模数。

例 7-18 图 7-40 所示钢制圆轴，已知左端受力 $F=20$ kN，$a=1$ m，$l=2$ m，$E=206$ GPa，轴承 B 处的许用转角$[\theta]=0.5°$。按刚度条件设计轴的直径。

解 查表 7-1，得

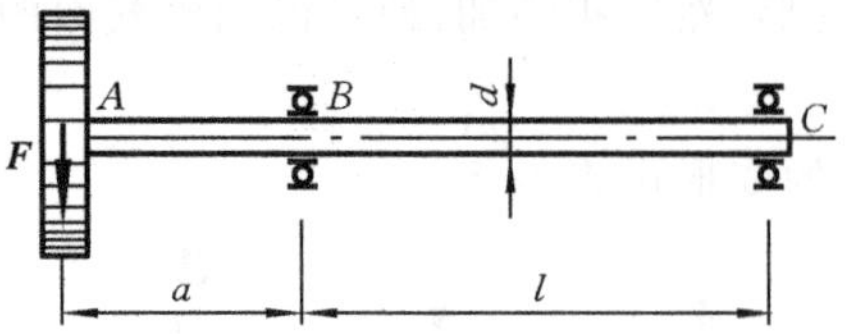

图 7-40

$$\theta = -\frac{Fal}{3EI}$$

设计轴径 d，有

$$\frac{Fal}{3EI} \times \frac{180}{\pi} \leqslant [\theta]$$

代入各值及 $I = \frac{\pi d^4}{64}$，得

$$d \geqslant \sqrt[4]{\frac{64Fal}{3E\pi^2[\theta]}} = \sqrt[4]{\frac{64 \times 20 \times 10^3 \times 1 \times 2 \times 180}{3 \times 206 \times 10^9 \times \pi^2 \times 0.5}} \text{ m}$$
$$= 1.108 \times 10^{-1} \text{ m} \approx 111 \text{ mm}$$

习　题　7

7-1　求如图 7-41 所示各梁指定截面上的剪力和弯矩。设 q、a 为已知，且 $F = qa$，$M = qa^2$。

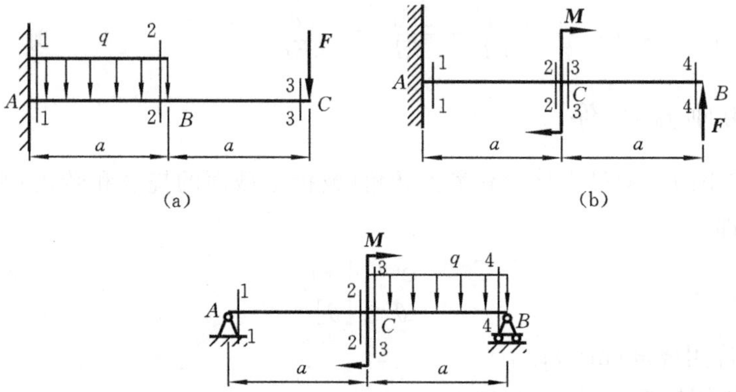

(a)　(b)　(c)

图 7-41

7-2　圆截面简支梁受载情况如图 7-42 所示。计算支座 B 处梁截面上的最大正应力。

7-3　如图 7-43 所示外伸结构，常将外伸段设计成 $a = l/4$，为什么？

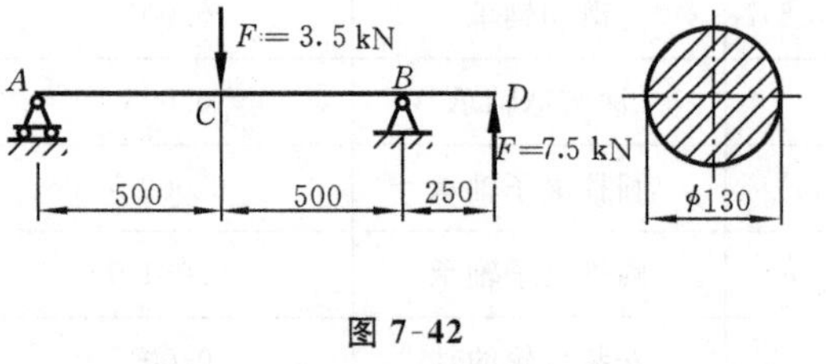

图 7-42

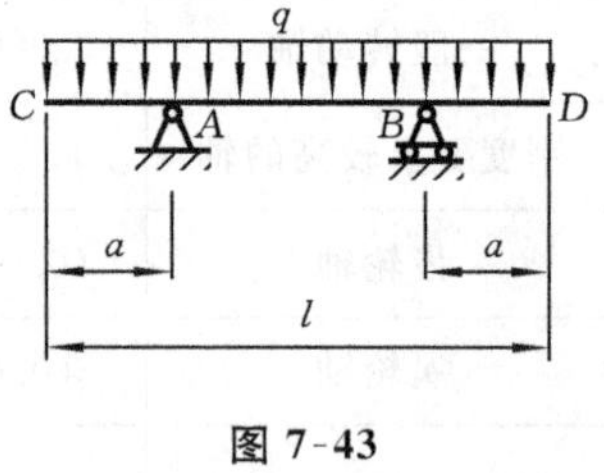

图 7-43

7-4　建立如图 7-44 所示各梁的剪力方程、弯矩方程，绘制梁的剪力图、弯矩图，并确定 $|F_S|_{max}$、$|M|_{max}$。

7-5　简支梁受载情况如图 7-45 所示。已知 $F = 10$ kN，$q = 10$ kN/m，$l = 4$ m，$c = 1$ m，$[\sigma] = 160$ MPa。设计正方形截面和 $b/h = 1/2$ 的矩形截面，并比较它们横截面面积的大小。

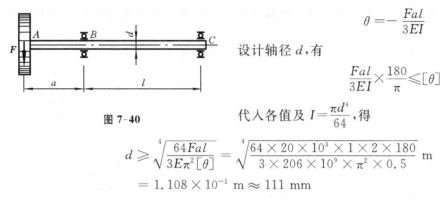

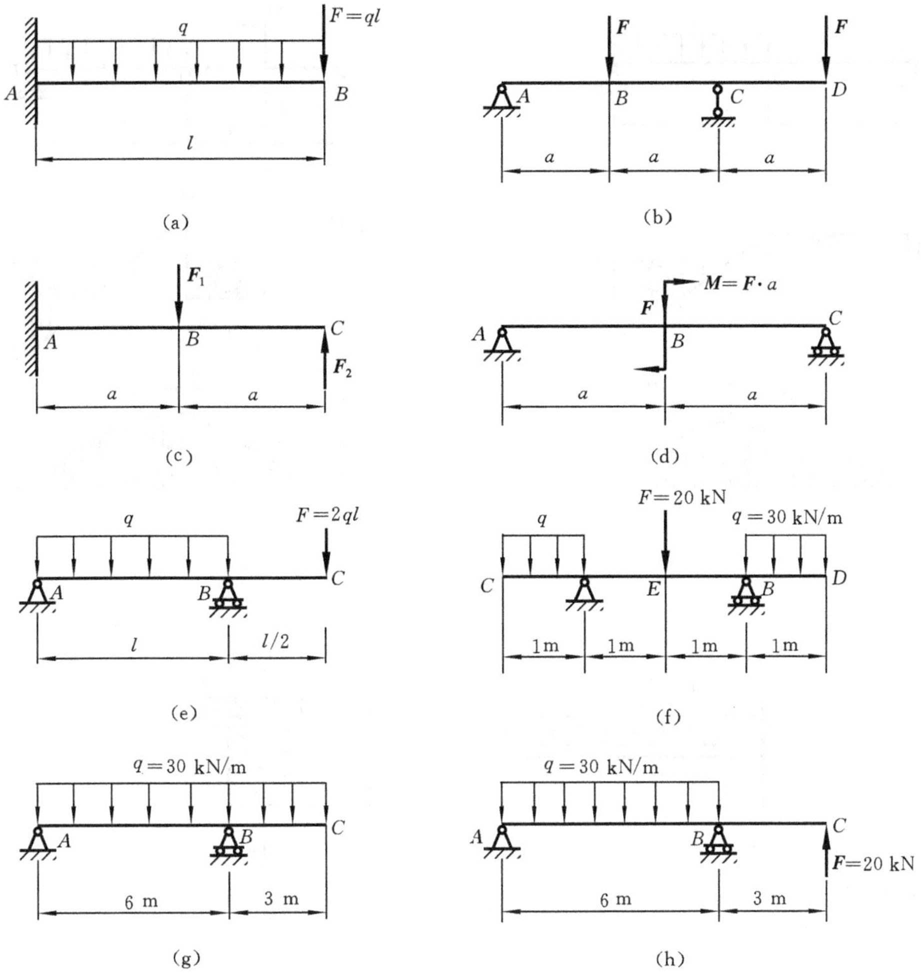

图 7-44

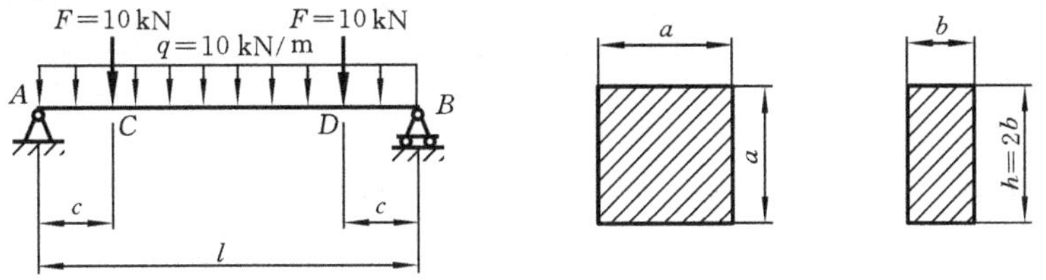

图 7-45

7-6　判断 7-46 所示的 F_S、M 图是否有错，并改正图中的错误。

7-7　悬臂梁受载情况及截面尺寸如图 7-47 所示。求梁的截面 1—1 上 A、B 两点的正应力。

7-8　图 7-48 所示组合截面由两根 20a 槽钢所组成。今欲使 $I_y=I_z$，问：b 应取何值？

7-9　已知矩形截面悬臂梁受载情况如图 7-49 所示，求截面 1—1 上点 a 和截面 2—2 上的点 b 的正应力。

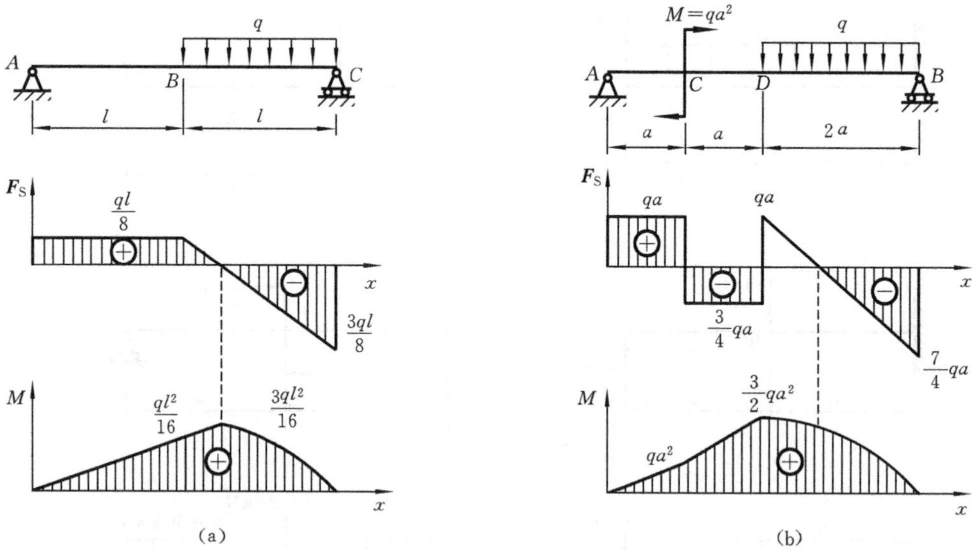

图 7-46

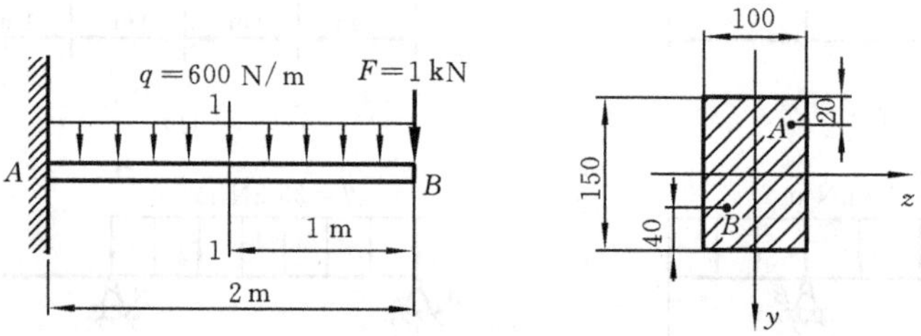

图 7-47

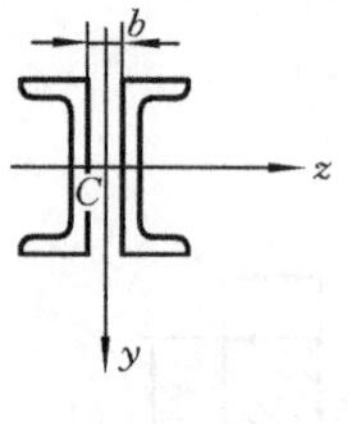

图 7-48

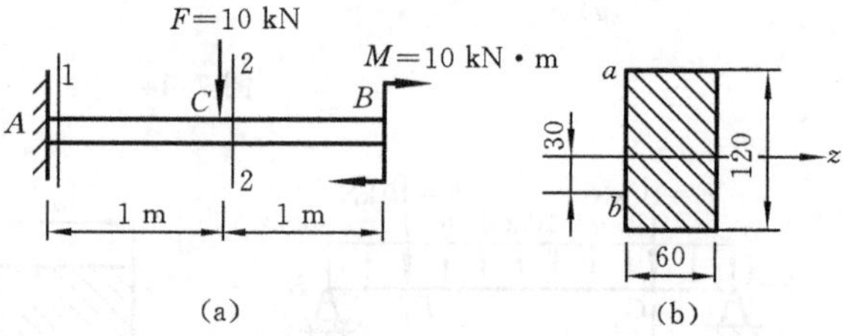

图 7-49

7-10 如图 7-50 所示矩形截面简支木梁，受均布载荷 q 作用。已知 $q=2\ \text{kN/m}$，$l=3\ \text{m}$，$h=2b=240\ \text{mm}$。求截面竖放和横放时梁内的最大正应力，并进行比较。

7-11 悬臂梁用两根规格为 70 mm×70 mm×7 mm 的等边角钢组成，如图 7-51 放置，材料的许用应力$[\sigma]=160\ \text{MPa}$，载荷 $F=500\ \text{N}$，$M=2\ \text{kN·m}$，$a=1\ \text{m}$。校核梁的弯曲正应力强度。

7-12 槽形铸铁梁的受载情况如图 7-52 所示，槽形截面对中性轴 z 的惯性矩 $I_z=40\times10^6\ \text{mm}^4$，材料的许用拉应力$[\sigma]_L=40\ \text{MPa}$，许用压应力$[\sigma]_Y=150\ \text{MPa}$。对此梁进行强度校核。

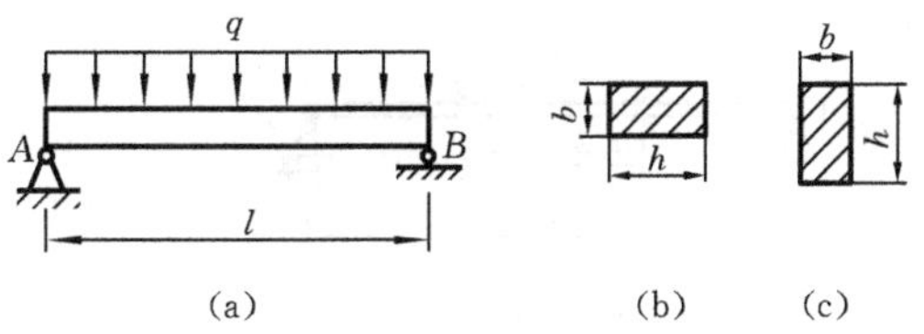

图 7-50

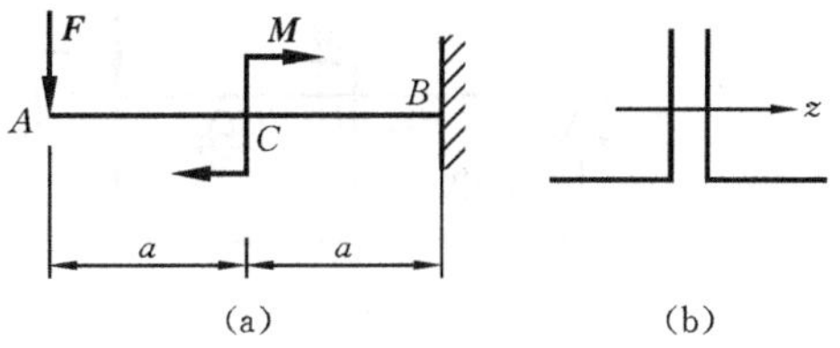

图 7-51

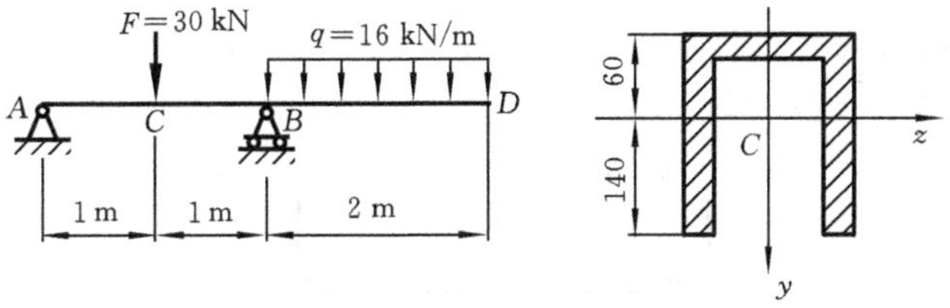

图 7-52

7-13 如图 7-53 所示 T 字形截面外伸梁，承受均布载荷 q 的作用，已知 $q=10$ kN/m，$[\sigma]=160$ MPa。确定截面尺寸 a。

7-14 如图 7-54 所示，梁 AD 为 10 工字钢，点 B 处悬挂钢制圆杆 BC，已知圆杆直径 $d=$ 20 mm，梁和杆的许用应力均为$[\sigma]=160$ MPa。求许可均布载荷 q。

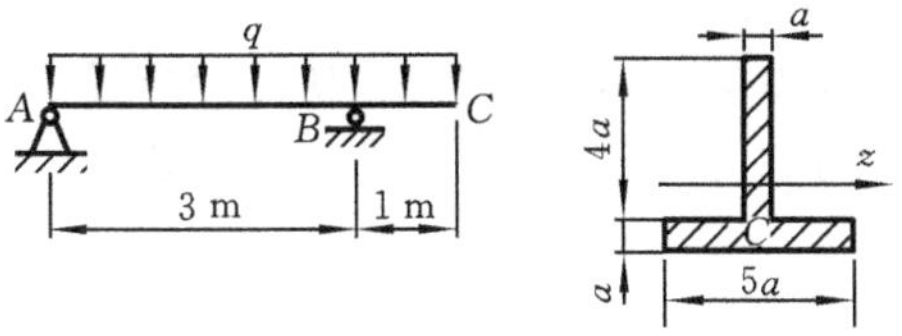

图 7-53

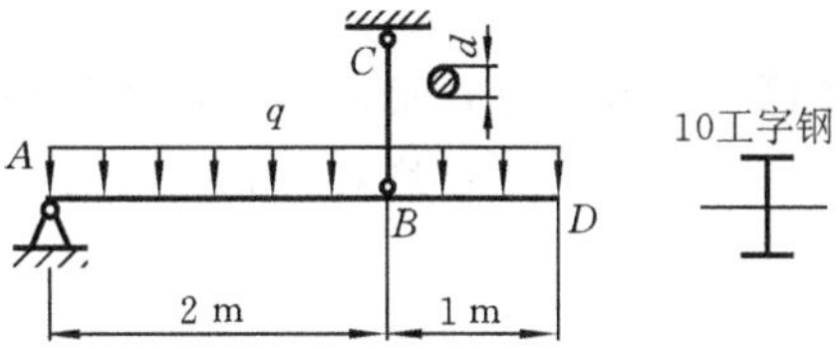

图 7-54

7-15 如图 7-55 所示，轧辊轴直径 $D=280$ mm，跨长 $l=1\ 000$ mm，$a=450$ mm，$b=$ 100 mm，轧辊轴材料的许用弯曲正应力$[\sigma]=100$ MPa。求轧辊所能承受的最大允许轧制力 F。

7-16 如图 7-56 所示，由 20b 工字钢制成的外伸梁，在外伸端 C 处作用力 $\boldsymbol{F}$，已知材料的许用应力$[\sigma]=160$ MPa。求最大许可作用力 F。

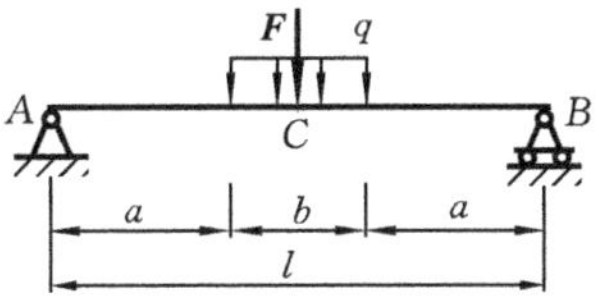

图 7-55

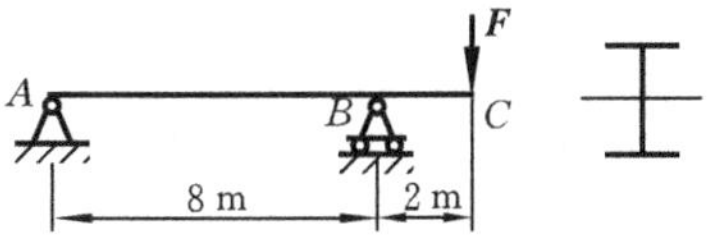

图 7-56

7-17 如图 7-57 所示工字钢外伸梁，梁长 5 m，作用力 $F=20$ kN 及力偶 $M=20$ kN·m，已知$[\sigma]=160$ MPa。选择合适型号的工字钢。

7-18 如图 7-58 所示简支梁，当力 $\boldsymbol{F}$ 直接作用在梁 AB 的跨度中点时，梁内最大弯曲正应力超过许用应力的 30%，为消除这种过载现象，配置一辅助梁 CD。求梁的跨度 a。

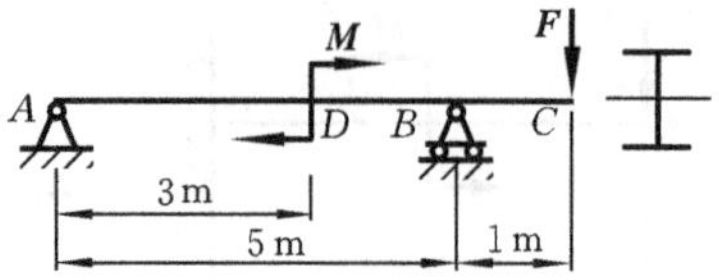

图 7-57

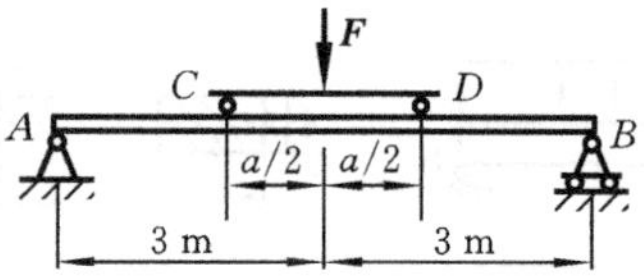

图 7-58

7-19 为了起吊重量 $P=300$ kN 的大型设备，采用一台 150 kN 和一台 200 kN 的吊车及一根辅助梁 AB，如图 7-59 所示，若已知辅助梁的$[\sigma]=160$ MPa，$l=4$ m。问：

(1) **P** 作用在辅助梁的什么位置才能保证两台吊车都不会超载？

(2) 辅助梁应选择什么型号的工字钢？

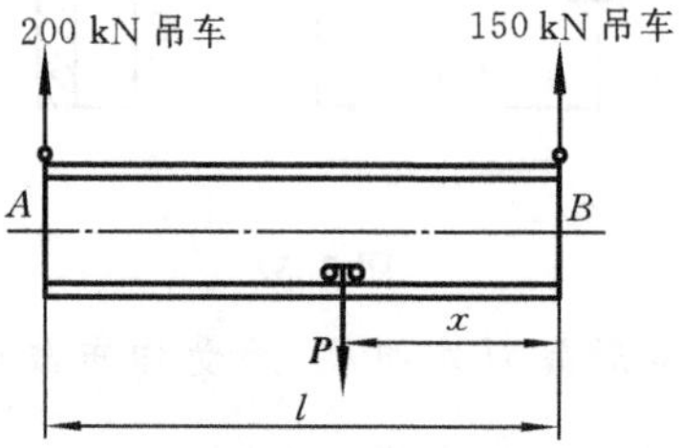

图 7-59

综合训练 7

【1】 均布载荷作用的双端外伸梁如图 7-60 所示，已知 q、l，两支座 A、B 对称布置。求当该梁的最大正、负弯矩绝对值相等时的 a 值。画出梁的剪力图、弯矩图，说明此时梁上各重要截面的应力状况。

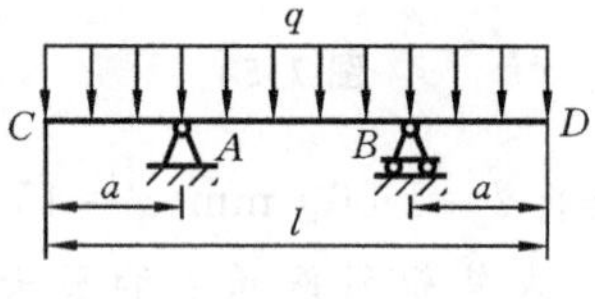

图 7-60

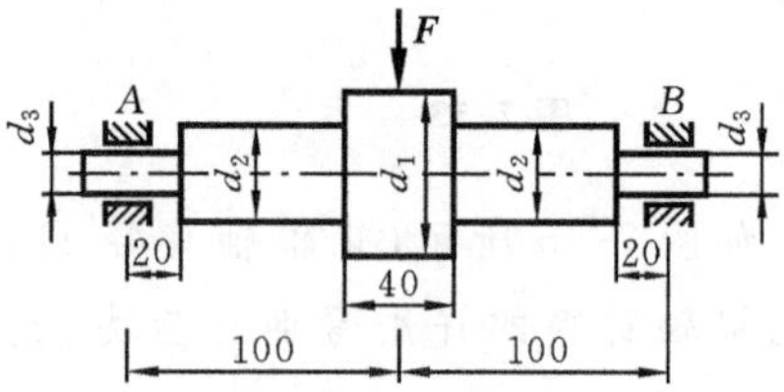

图 7-61

【2】 一阶梯轴的结构及受力状况如图 7-61 所示。$F=2\ 400$ N，轴材料的许用弯曲应力$[\sigma]_W=120$ MPa，d_3 处由轴承支承，轴上零件对称布置。设计 d_1、d_2、d_3 的尺寸(取整数或符合轴的直径尺寸系列)。

【3】 举出生活和工程中的实例各两个，说明采取什么措施可提高构件的抗弯能力。

第 8 章　组合变形

本章主要讨论组合变形的概念、弯曲与拉伸(压缩)组合变形的强度计算及弯曲与扭转组合变形的强度计算。

8.1　组合变形的概念

前面几章已分别讨论了构件在拉伸(压缩)、剪切、扭转和弯曲四种基本变形时的强度问题。但在工程实际中,很多构件在外力作用下,往往同时发生两种或两种以上的基本变形,这种变形称为组合变形。

例如,如图 8-1 所示的吊车臂 AB,力 $\boldsymbol{F}_{Ay}$、$\boldsymbol{P}$、$\boldsymbol{F}_{By}$ 使其弯曲,力 $\boldsymbol{F}_{Ax}$、$\boldsymbol{F}_{Bx}$ 使其压缩,吊车臂 AB 的变形是弯曲与压缩的组合变形;又如,图 8-2 所示的带轮轴,力 $\boldsymbol{F}_{\mathrm{T}}$ 及轴承反力使其弯曲,而力偶矩 $\boldsymbol{M}$ 和 $\boldsymbol{M}$ 使轴扭转,带轮轴的变形是弯曲与扭转的组合变形。

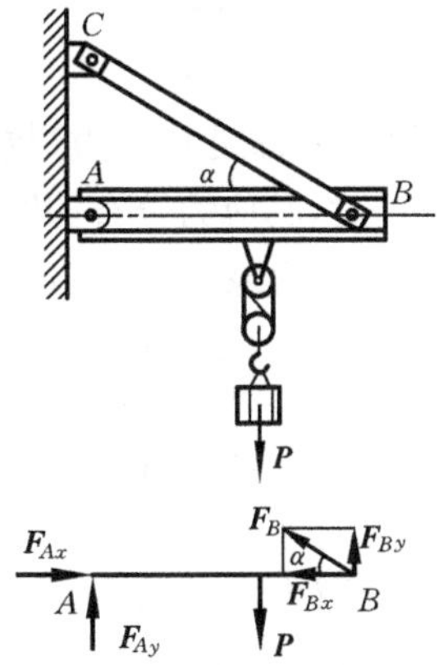

图 8-1

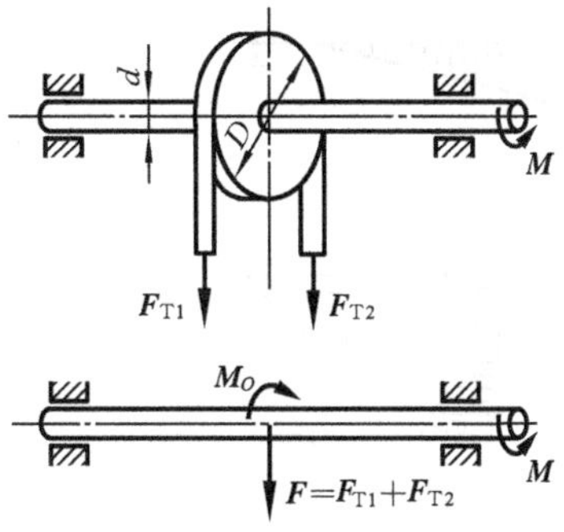

图 8-2

构件组合变形时的应力计算,在材料变形较小且服从胡克定律的条件下,可运用叠加原理。首先将作用在构件上的外力进行适当的简化,然后通过平移或分解,使每一组外力只产生一种基本变形,分别计算出各种基本变形引起的应力,最后将它们叠加起来,便得到原来载荷作用下的应力。

下面主要介绍工程中最常见的弯曲与拉伸(压缩)、弯曲与扭转两种组合变形的强度计算,其他形式的组合变形可用同样的分析方法处理。

8.2　弯曲与拉伸(压缩)组合变形的强度计算

构件在外力作用下发生的弯曲与拉伸(压缩)组合变形有两种情况。

8.2.1 构件同时受到横向力和轴向力的作用

设有一矩形截面悬臂梁，在其自由端作用一力 $\boldsymbol{F}$，$\boldsymbol{F}$ 的作用线位于梁的纵向对称面内且与梁的轴线成一夹角 α（见图 8-3(a)）。$\boldsymbol{F}$ 沿 x、y 方向可分解为两个分力 $\boldsymbol{F}_x$、$\boldsymbol{F}_y$（见图 8-3(b)），$\boldsymbol{F}_x$ 使梁产生轴向拉伸变形，$\boldsymbol{F}_y$ 使梁产生弯曲变形，因此梁在力 $\boldsymbol{F}$ 作用下的变形为拉伸与弯曲组合变形。

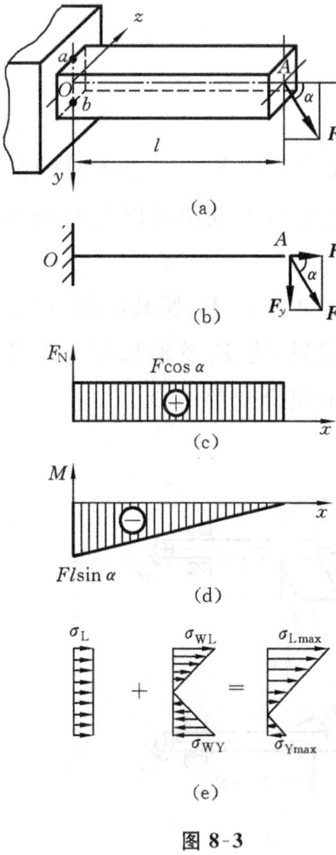

图 8-3

在力 $\boldsymbol{F}_x$ 的单独作用下，梁上各截面的轴力都相等，$F_N=F_x=F\cos\alpha$，其轴力图如图 8-3(c)所示；在力 $\boldsymbol{F}_y$ 的单独作用下，梁在固定端截面具有最大弯矩 $M_{max}=F_y l=Fl\sin\alpha$，其弯矩图如图 8-3(d)所示。

由内力图可知，固定端截面为危险截面。

在危险截面上，与轴力 F_N 相对应的拉伸正应力 σ_L 呈均匀分布，即

$$\sigma_L=\frac{F_N}{A}$$

与弯矩 M_{max} 相对应的弯曲正应力 σ_W 沿截面高度呈线性分布，在上、下边缘处绝对值最大，即

$$\sigma_W=\frac{M_{max}}{W_z}$$

由于上述两种应力都是正应力，故可按代数和进行叠加。当 $\sigma_W>\sigma_L$ 时，其应力分布如图8-3(e)所示。

危险截面的上、下边缘处的正应力分别为

$$\sigma_{Lmax}=\frac{F_N}{A}+\frac{M_{max}}{W_z}$$

$$\sigma_{Ymax}=\frac{F_N}{A}-\frac{M_{max}}{W_z}$$

由上可见，危险截面上边缘各点的拉应力最大，是危险点。对于塑性材料，因许用拉应力和许用压应力相同，故可建立强度条件

$$\sigma_{max}=\frac{F_N}{A}+\frac{M_{max}}{W_z}\leqslant[\sigma] \tag{8-1}$$

对于脆性材料，因其许用拉应力$[\sigma]_L$和许用压应力$[\sigma]_Y$不同，故应分别建立强度条件

$$\sigma_{Lmax}=\frac{F_N}{A}+\frac{M_{max}}{W_z}\leqslant[\sigma]_L \tag{8-2}$$

$$|\sigma_{Ymax}|=\left|\frac{F_N}{A}-\frac{M_{max}}{W_z}\right|\leqslant[\sigma]_Y \tag{8-3}$$

其中 σ_{Lmax}、σ_{Ymax}——危险截面上的最大拉、压应力。

例 8-1 悬臂吊车(见图 8-4(a))的横梁 AB 为工字钢，其材料的许用应力$[\sigma]=120$ MPa，吊车的最大起吊重量 $P=10$ kN，$\alpha=30°$。选择工字钢的型号。

解 (1) 外力分析。以横梁 AB 为研究对象，受力状态如图 8-4(b)所示。考虑到危险工

况，当力 $\boldsymbol{P}$ 位于右端时，梁的轴力和弯矩最大。建立如下平衡方程：

$$\sum M_A=0,\quad 3F_C\sin\alpha-5P=0$$

解得
$$F_C=\frac{5P}{3\sin\alpha}=\frac{5\times10}{3\times0.5}\text{ kN}=33.3\text{ kN}$$

将力 $\boldsymbol{F}_C$ 分解为 $\boldsymbol{F}_{Cx}$、$\boldsymbol{F}_{Cy}$ 两个分力，可见梁 AB 在 AC 段为弯、压组合变形。

(2) 内力分析。梁 AB 的轴力图、弯矩图分别为图 8-4(c)、(d)。显然，截面 C 为危险截面，其轴力和弯矩值(指绝对值)分别为

$$F_N=F_{Ax}=F_{Cx}=F_C\cos\alpha=33.3\times0.866\text{ kN}=28.8\text{ kN}$$
$$M=P\times2=10\times2\text{ kN}\cdot\text{m}=20\text{ kN}\cdot\text{m}$$

(3) 应力分析。由于工字钢的拉、压许用应力相同，且截面形状对称于中性轴，所以截面的下边缘各点为危险点，其压缩应力与最大弯曲应力叠加，得最大压应力

$$|\sigma_{\text{Ymax}}|=\left|-\frac{F_N}{A}-\frac{M_{\max}}{W_z}\right|$$

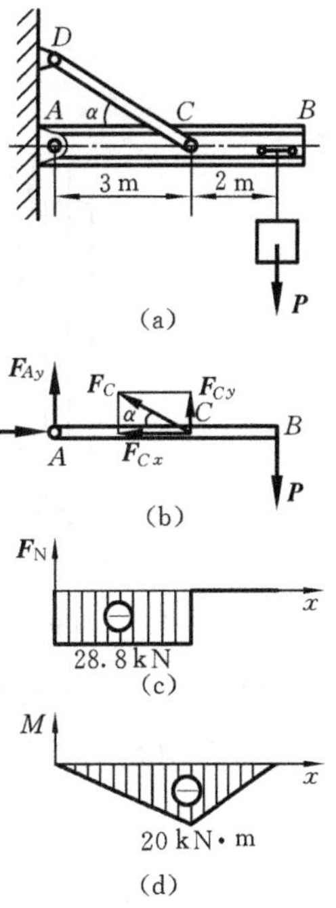

图 8-4

(4) 选择工字钢型号。在最大压应力公式中包含 A、W_z 两个未知数，无法求解。处理这类问题的一般做法是，先依据弯曲强度条件，初步选择截面。由内力分析可知最大弯矩发生在截面 C，由弯曲强度条件

$$\sigma_{\max}=\frac{M_{\max}}{W_z}\leqslant[\sigma]$$

得
$$W_z\geqslant\frac{M_{\max}}{[\sigma]}=\frac{20\times10^6}{120}\text{ mm}^3=166.7\times10^3\text{ mm}^3=166.7\text{ cm}^3$$

查附录 C，选择 18 工字钢，$W_z=185\text{ cm}^3$，$A=30.6\text{ cm}^2$。

再按弯、压组合变形的强度条件进行校核，即

$$|\sigma_{\text{Ymax}}|=\left|-\frac{F_N}{A}-\frac{M_{\max}}{W_z}\right|=\left|-\frac{28.8\times10^3}{30.6\times10^2}-\frac{20\times10^6}{185\times10^3}\right|\text{ MPa}$$
$$=117.5\text{ MPa}<[\sigma]=120\text{ MPa}$$

计算结果表明，梁的强度足够。若强度不够，则应重新选择工字钢型号。

8.2.2　偏心拉伸(压缩)

作用在构件纵向对称平面内的外力与构件的轴线平行，但不重合，这种情况通常称为偏心拉伸(压缩)。例如，如图 8-5 所示的钩头螺栓及如图 8-6 所示的厂房的立柱即分别为偏心拉伸和偏心压缩的实例。现通过例题来说明这类问题的计算。

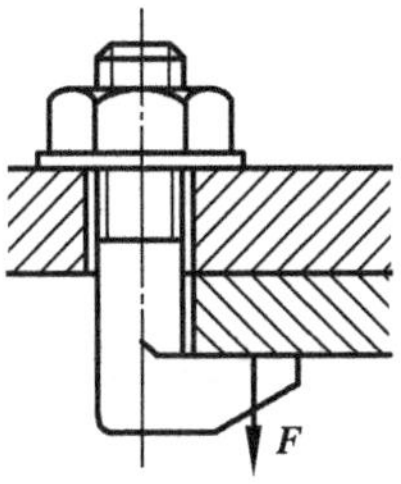

图 8-5

例 8-2　压力机机架如图 8-7(a)所示。机架材料为铸铁，$[\sigma]_L=50\text{ MPa}$，$[\sigma]_Y=120\text{ MPa}$。工作时最大压力 $F=1\ 800\text{ kN}$。对于立柱横截面 $m—m$，$A=1.8\times10^5\text{ mm}^2$，$I_z=8\times10^9\text{ mm}^4$，$h=700\text{ mm}$，$y_C=200\text{ mm}$。偏距 $e=800\text{ mm}$。校核压力机立柱的强度。

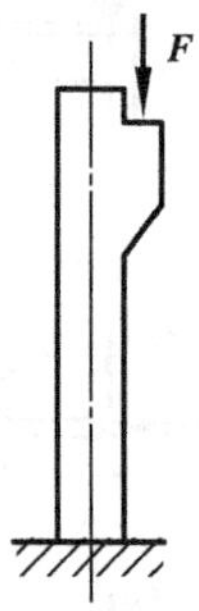

图 8-6

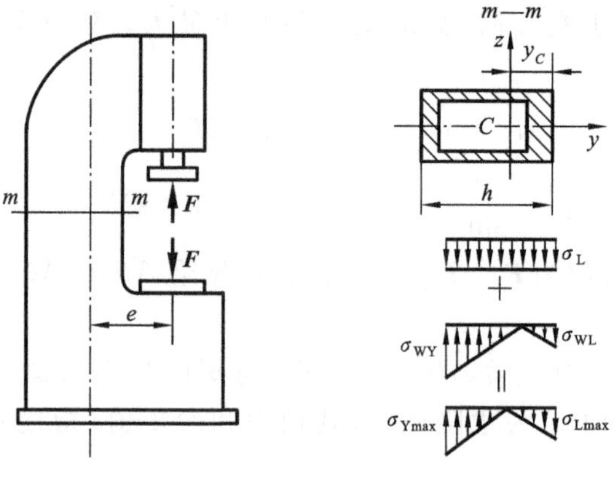

(a)　　(b)

图 8-7

解　(1) 内力分析。以截面 $m—m$ 上部分为研究对象，由平衡条件可知，立柱各横截面上的内力均相同，即

$$M=Fe \quad (\text{使立柱产生纯弯曲变形})$$

$$F_N=F \quad (\text{使立柱产生拉伸变形})$$

可见，立柱在 **F** 作用下，产生弯拉组合变形。

(2) 应力分析。在截面 $m—m$ 上的拉伸与弯曲正应力分布情况、叠加后截面 $m—m$ 上正应力分布情况如图 8-7(b)所示。

(3) 强度计算。因机架材料为脆性材料，许用拉、压应力不同，故应分别校核左、右两侧边缘上各点的强度。

对于右边缘各点，有

$$\begin{aligned}\sigma_{Lmax} &= \sigma_L+\sigma_{WL}=\frac{F}{A}+\frac{My_C}{I_z}=\frac{F}{A}+\frac{Fey_C}{I_z}\\&=\left(\frac{1\,800\times10^3}{1.8\times10^5}+\frac{1\,800\times10^3\times800\times200}{8\times10^9}\right)\text{MPa}\\&=(10+36)\ \text{MPa}=46\ \text{MPa}<[\sigma]_L=50\ \text{MPa}\end{aligned}$$

对于左边缘各点，有

$$\begin{aligned}|\sigma_{Ymax}| &= |\sigma_L+\sigma_{WY}|=\left|\frac{F}{A}+\frac{[-M(h-y_C)]}{I_z}\right|\\&=\left|\frac{1\,800\times10^3}{1.8\times10^5}-\frac{1\,800\times10^3\times800\times(700-200)}{8\times10^9}\right|\ \text{MPa}\\&=|10-90|\ \text{MPa}=80\ \text{MPa}<[\sigma]_Y=120\ \text{MPa}\end{aligned}$$

计算结果表明，立柱的强度足够。

8.3　圆轴弯曲与扭转组合变形的强度计算

在工程上，受到纯扭转的轴是很少见的。一般说来，轴除受扭转外，还同时受到弯曲，即产生弯扭组合变形，如转轴、曲柄轴等就是如此。现以图 8-8(a)所示的圆轴为例，说明弯扭组合变形的强度计算方法。

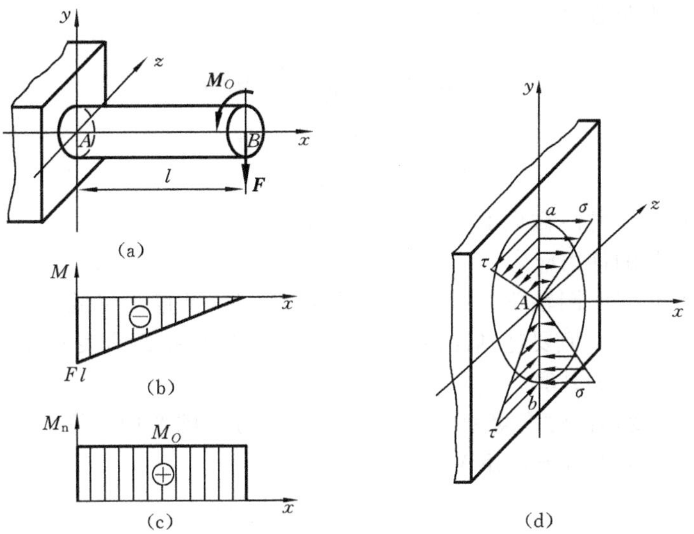

图 8-8

圆轴左端 A 固定,自由端 B 受力 $\boldsymbol{F}$ 和力偶矩 $\boldsymbol{M}_O$ 作用。力 $\boldsymbol{F}$ 与轴线垂直相交,使轴产生弯曲变形;力偶矩 $\boldsymbol{M}_O$ 使轴产生扭转变形,所以,圆轴 AB 产生弯扭组合变形。

分别考虑力 $\boldsymbol{F}$ 和力偶的作用,绘制轴的弯矩图和扭矩图,分别如图 8-8(b)、(c)所示。可见,圆轴各横截面的扭矩相同、弯矩不同,固定端处弯矩最大,故固定端截面 A 为危险截面,其上弯矩和扭矩分别为

$$M=Fl$$

$$M_n=M_O$$

在危险截面上,对应于弯矩 M 的弯曲正应力 σ 沿截面高度线性分布(见图8-8(d)),在上、下边缘点应力最大,其值为

$$\sigma=\frac{M}{W_z}$$

对应于扭矩 M_n的扭转切应力 τ 在截面上沿半径线性分布(见图 8-8(d)),在周边各点最大,其值为

$$\tau=\frac{M_n}{W_n}$$

由以上分析可知,在危险截面的上、下边缘 a、b 两点上,σ 和 τ 均为最大值,故 a、b 两点都是危险点,可任以其中一点作为研究对象。

由于轴类构件一般用塑性材料制成,故常用第三和第四强度理论进行强度计算。按第三强度理论,强度条件为

$$\sigma_{xd3}=\sqrt{\sigma^2+4\tau^2}\leqslant[\sigma] \tag{8-4}$$

按第四强度理论,强度条件为

$$\sigma_{xd4}=\sqrt{\sigma^2+3\tau^2}\leqslant[\sigma] \tag{8-5}$$

其中 σ_{xd3}、σ_{xd4}——第三、第四强度理论相当应力。

将 $\sigma=\dfrac{M}{W_z}$、$\tau=\dfrac{M_n}{W_n}$,代入式(8-4)、式(8-5),且 $W_n=2W_z$,从而得出塑性材料圆轴(包括空

心圆轴)弯扭组合变形强度计算公式为

$$\sigma_{xd3}=\frac{\sqrt{M^2+M_n{}^2}}{W_z}\leqslant[\sigma] \tag{8-6}$$

$$\sigma_{xd4}=\frac{\sqrt{M^2+0.75M_n{}^2}}{W_z}\leqslant[\sigma] \tag{8-7}$$

其中　M、M_n、W_z——危险截面的弯矩、扭矩和抗弯截面系数；

$[\sigma]$——材料的许用应力。

从上面的分析可知，圆轴弯扭组合变形强度计算时，可直接将危险截面上的 M、M_n 代入式(8-6)、式(8-7)计算。但要特别注意，对非圆截面轴的弯扭组合变形不能用这两式计算，而必须用式(8-4)、式(8-5)计算。

如果弯扭组合变形同时有竖直面和水平面两个方向的弯曲变形，则式(8-6)、式(8-7)中的 M 表示这两个方向的合成弯矩 M_R，即

$$M=M_R=\sqrt{M_y^2+M_z^2}$$

例 8-3　转轴 AB 由电动机带动，如图 8-9(a)所示。在轴的中点 C 处装一带轮，重量 $P=5$ kN，直径 $D=800$ mm，带的紧边拉力 $F_{T1}=6$ kN，松边拉力 $F_{T2}=3$ kN。轴材料为钢，许用应力 $[\sigma]=120$ MPa。按第三强度理论设计转轴 AB 的直径 d。

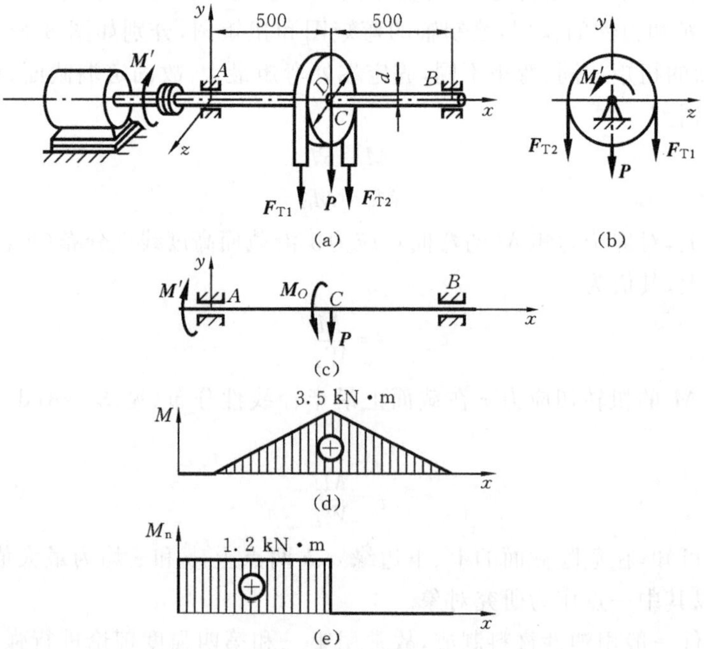

图 8-9

解　(1) 外力分析。将作用在带轮上带的拉力 F_{T1} 和 F_{T2} 向轴线简化，其结果如图 8-9(c)所示。轴 AB 受到的竖直力为

$$F=P+F_{T1}+F_{T2}=(5+6+3)\ \text{kN}=14\ \text{kN}$$

此力使轴在竖直面内发生弯曲变形。附加力偶矩为

$$M_O=(F_{T1}-F_{T2})\frac{D}{2}=(6-3)\times\frac{0.8}{2}\ \text{kN}\cdot\text{m}=1.2\ \text{kN}\cdot\text{m}$$

此力偶矩 $\boldsymbol{M}_O$ 与电动机传给轴的力偶矩 $\boldsymbol{M}'$ 相平衡(见图 8-9(c))，使轴产生扭转变形，故轴

AB 产生弯扭组合变形。

(2) 内力分析。绘制轴的弯矩图和扭矩图分别如图 8-9(d)、(e)所示，由内力图可以判断截面 C 为危险截面。危险截面上的弯矩和扭矩分别为

$$M=\frac{1}{4}P\times(0.5+0.5)=\frac{1}{4}\times14\times1\ \text{kN}\cdot\text{m}=3.5\ \text{kN}\cdot\text{m}$$

$$M_n=M_O=1.2\ \text{kN}\cdot\text{m}$$

(3) 按第三强度理论的强度条件设计直径 d。

$$\sigma_{xd3}=\frac{\sqrt{M^2+M_n^2}}{W_z}\leqslant[\sigma]$$

$$W_z=\frac{\pi d^3}{32}\geqslant\frac{\sqrt{M^2+M_n^2}}{[\sigma]}=\frac{\sqrt{3.5^2+1.2^2}\times10^6}{120}\ \text{mm}^3=30\ 833\ \text{mm}^3$$

故
$$d\geqslant\sqrt[3]{\frac{32W_z}{\pi}}=\sqrt[3]{\frac{32\times30\ 833}{3.14}}\ \text{mm}=68\ \text{mm}$$

取 $d=68$ mm。

例 8-4 如图 8-10(a)所示的轴 AB 上装有带轮和齿轮。已知带轮直径 $D=160$ mm，带拉力 $F_{T1}=5$ kN，$F_{T2}=2$ kN；齿轮节圆直径 $d_0=100$ mm，压力角 $\alpha=20°$；轴直径 $d=38$ mm，材料为钢，许用应力$[\sigma]=120$ MPa。按第三强度理论校核该轴的强度。

解 (1) 外力分析。各力在侧视图 Ayz 上的投影如图 8-10(b)所示。建立如下平衡方程：

$$\sum M_A=0,\quad (F_{T1}-F_{T2})\frac{D}{2}-F_t\frac{d_0}{2}=0$$

解得周向力为

$$F_t=\frac{(F_{T1}-F_{T2})D}{d_0}=\frac{(5-2)\times0.16}{0.1}\ \text{kN}=4.8\ \text{kN}$$

径向力为
$$F_r=F_t\tan20°=4.8\times0.364\ \text{kN}=1.75\ \text{kN}$$

将各力平移到轴线上(见图 8-10(c))，得圆周力 $\boldsymbol{F}_t$ 的附加力偶矩 $\boldsymbol{M}_{O1}$、带拉力 $\boldsymbol{F}_{T1}$、$\boldsymbol{F}_{T2}$ 的附加力偶矩 $\boldsymbol{M}_{O2}$，其值分别为

$$M_{O1}=F_t\frac{d_0}{2}=4.8\times\frac{0.1}{2}\ \text{kN}\cdot\text{m}=0.24\ \text{kN}\cdot\text{m}$$

$$M_{O2}=(F_{T1}-F_{T2})\frac{D}{2}=(5-2)\times\frac{0.16}{2}\ \text{kN}\cdot\text{m}=0.24\ \text{kN}\cdot\text{m}$$

力 $\boldsymbol{F}_{T1}$、$\boldsymbol{F}_{T2}$ 和 $\boldsymbol{F}_r$ 使轴在竖直面 Axy 内产生弯曲变形，力 $\boldsymbol{F}_t$ 使轴在水平面 Axz 内产生弯曲变形，力偶矩 $\boldsymbol{M}_{O1}$、$\boldsymbol{M}_{O2}$ 使轴产生扭转变形，所以，轴 AB 为弯扭组合变形。

(2) 内力分析。绘制轴的弯矩图和扭矩图。轴在竖直面 Axy 内的受力情况如图 8-10(d)所示。由平衡方程解得轴承 A、B 沿 y 方向的反力分别为

$$F_{Ay}=-0.175\ \text{kN},\quad F_{By}=8.92\ \text{kN}$$

两者方向相反，$\boldsymbol{F}_{Ay}$ 方向竖直向下，$\boldsymbol{F}_{By}$ 方向竖直向上。

弯矩图 M_y 如图 8-10(e)所示，截面 C、B 的弯矩值分别为

$$M_{Cy}=F_{Ay}\times0.2=0.175\times0.2\ \text{kN}\cdot\text{m}=0.035\ \text{kN}\cdot\text{m}$$

$$M_{By}=(F_{T1}+F_{T2})\times0.06=(5+2)\times0.06\ \text{kN}\cdot\text{m}=0.42\ \text{kN}\cdot\text{m}$$

轴在水平面 Axz 内的受力情况如图 8-10(f)所示。由平衡方程解得轴承 A、B 沿 z 方向的反力为

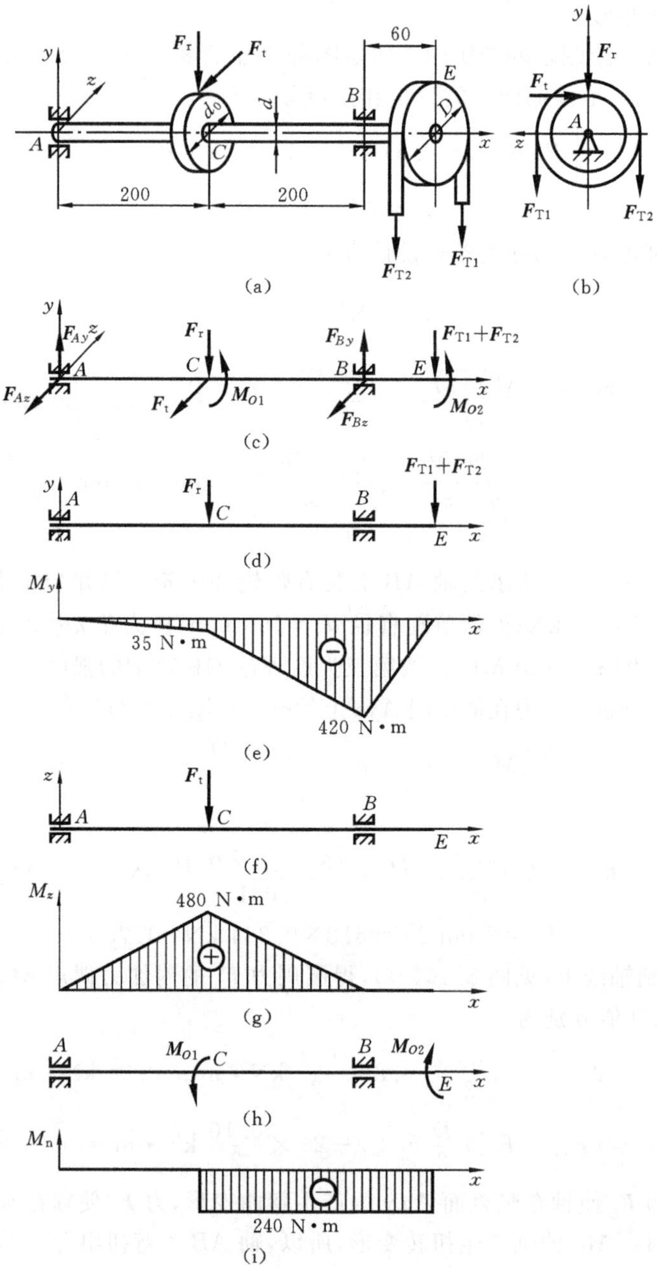

图 8-10

$$F_{Az}=F_{Bz}=\frac{F_t}{2}=\frac{4.8}{2}\ \text{kN}=2.4\ \text{kN}$$

其方向竖直向上。

弯矩图 M_z 如图 8-10(g)所示，截面 C 的弯矩为

$$M_{Cz}=F_{Az}\times 0.2=2.4\times 0.2\ \text{kN}\cdot\text{m}=0.48\ \text{kN}\cdot\text{m}$$

轴在力偶矩 $\boldsymbol{M}_{O1}$、$\boldsymbol{M}_{O2}$（见图 8-10(h)）的作用下的扭矩图如图 8-10(i)所示。在 CE 段内，各截面的扭矩相同，即

$$M_n = M_{O1} = 0.24\ \text{kN} \cdot \text{m}$$

由内力图可见，横截面 C 是危险截面。此截面上的合成弯矩为

$$M_C = \sqrt{M_{Cy}^2 + M_{Cz}^2} = \sqrt{0.035^2 + 0.48^2} \times 10^6\ \text{N} \cdot \text{mm} = 4.81 \times 10^5\ \text{N} \cdot \text{mm}$$

(3) 强度校核。由强度条件

$$\sigma_{xd3} = \frac{\sqrt{M_C^2 + M_n^2}}{W} = \frac{\sqrt{0.481^2 + 0.24^2} \times 10^6}{\pi \times \frac{38^3}{32}}\ \text{MPa} = 100\ \text{MPa} < [\sigma] = 120\ \text{MPa}$$

可知，轴 AB 的强度足够。

以上介绍的圆轴弯扭组合变形的强度条件是在应力大小不变的前提下建立的。而在工程实际中，圆轴承受的载荷往往与此条件不同，其上弯曲正应力的大小是随时间作周期性变化的，而其上扭转切应力的大小一般不变或随时间作周期性变化。针对这种情况建立的第三强度理论强度条件为

$$\sigma_{xd3} = \frac{M_e}{W_z} = \frac{\sqrt{M^2 + (\alpha M_n^2)}}{W_z} \leqslant [\sigma_{-1}]$$

其中 M_e——当量弯矩，它是一假想弯矩，与实际弯矩与扭矩的共同作用等效，取

$$M_e = \sqrt{M^2 + (\alpha M_n)^2};$$

α——折合系数，它是考虑扭矩和弯矩的作用性质差异的系数（意即引入系数 α 后，将扭矩 M_n 转化为相当的弯矩），对于一般转轴，通常取 $\alpha \approx 0.6$；

$[\sigma_{-1}]$——构件在对称循环下的许用应力。

例 8-5 轴 AB 上装一直齿圆柱齿轮（见图 8-11(a)）。作用于齿轮上的周向力 $F_t = 10\ \text{kN}$，径向力 $F_r = 3.6\ \text{kN}$，轴的材料为 45 钢，许用应力 $[\sigma_{-1}] = 60\ \text{MPa}$，$\alpha = 0.6$。校核轴 AB 的强度。

解 (1) 外力分析。画轴的受力简图（见图 8-11(b)），图中力偶矩为

$$M_O = F_t \frac{D}{2} = 10 \times \frac{100}{2}\ \text{kN} \cdot \text{mm} = 500\ \text{kN} \cdot \text{mm}$$

力偶矩 $\boldsymbol{M}_O$ 使轴产生扭转变形，力 $\boldsymbol{F}_r$ 使轴在竖直面 Axy 内产生弯曲变形，力 $\boldsymbol{F}_t$ 使轴在水平面 Axz 内产生弯曲变形，所以，轴 AB 为弯扭组合变形。

(2) 内力分析。在力偶矩 $\boldsymbol{M}_O$ 作用下（见图 8-11(c)），其扭矩图如图 8-11(d)所示。在 AC 段内，各截面上的扭矩相同，即

$$M_n = M_O = 500\ \text{kN} \cdot \text{mm}$$

轴在 Axy 面内的受力情况及其弯矩图分别如图 8-11(e)、(f)所示。截面 C 处的弯矩为

$$M_z = \frac{F_r}{2} \times 90 = \frac{3.6}{2} \times 90\ \text{kN} \cdot \text{mm} = 162\ \text{kN} \cdot \text{mm}$$

轴在 Axz 面内的受力情况及其弯矩图分别如图 8-11(g)、(h)所示。截面 C 处的弯矩为

$$M_y = \frac{F_t}{2} \times 90 = \frac{10}{2} \times 90\ \text{kN} \cdot \text{mm} = 450\ \text{kN} \cdot \text{mm}$$

由内力图可见，截面 C 是危险截面，其上的合成弯矩

$$M = \sqrt{M_z^2 + M_y^2}$$

其上的当量弯矩为

$$M_e = \sqrt{M^2 + (\alpha M_n)^2}$$

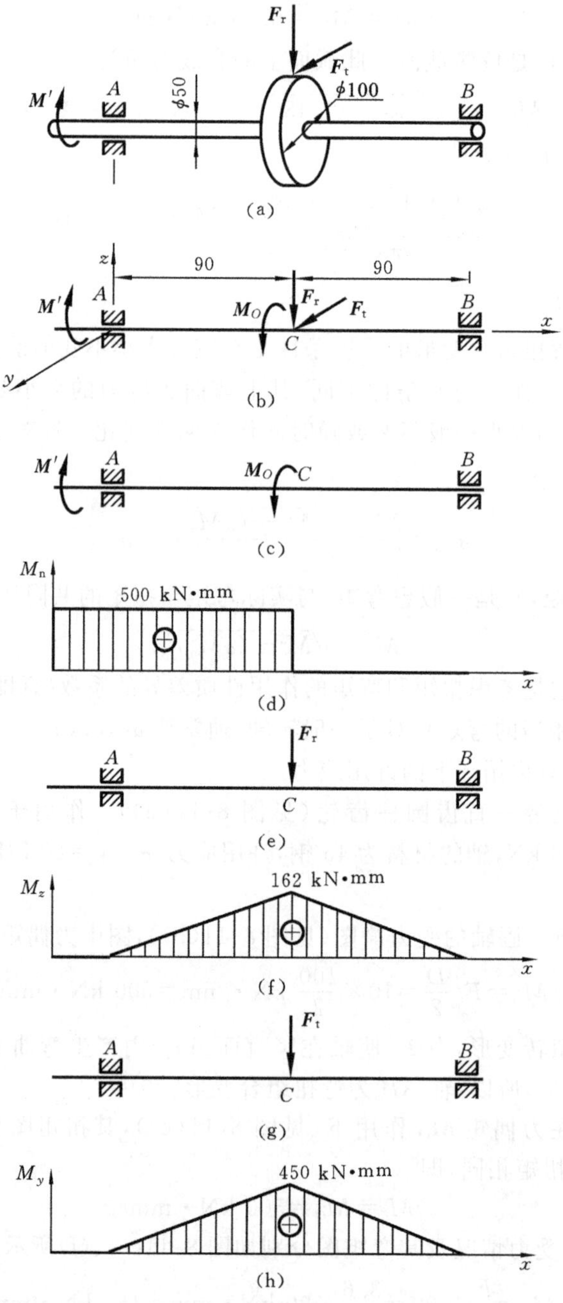

图 8-11

(3) 强度校核。根据第三强度条件，有

$$\sigma_{xd3}=\frac{M_e}{W_z}=\frac{\sqrt{M^2+(\alpha M_n)^2}}{W_z}=\frac{\sqrt{M_z^2+M_y^2+(\alpha M_n)^2}}{W_z}$$

$$=\frac{\sqrt{(162\times10^3)^2+(450\times10^3)^2+(0.6\times500\times10^3)^2}}{\frac{\pi}{32}\times50^3}\ \text{MPa}$$

$$=46\ \text{MPa}<[\sigma_{-1}]=60\ \text{MPa}$$

计算结果表明，轴 AB 的强度足够。

习 题 8

8-1 单轨吊车吊重物如图 8-12 所示。已知电动葫芦自重与起吊重量的总和 $P=16$ kN，横梁 AB 采用工字钢，许用应力 $[\sigma]=120$ MPa，梁长 $l=3.4$ m。按正应力强度条件，选择工字钢型号。

8-2 梁 AB 的横截面为正方形，其边长 $a=100$ mm，受力状况及长度尺寸如图 8-13 所示。已知 $F=4$ kN，材料的许用拉、压应力相等，且 $[\sigma]=10$ MPa。校核梁的强度。

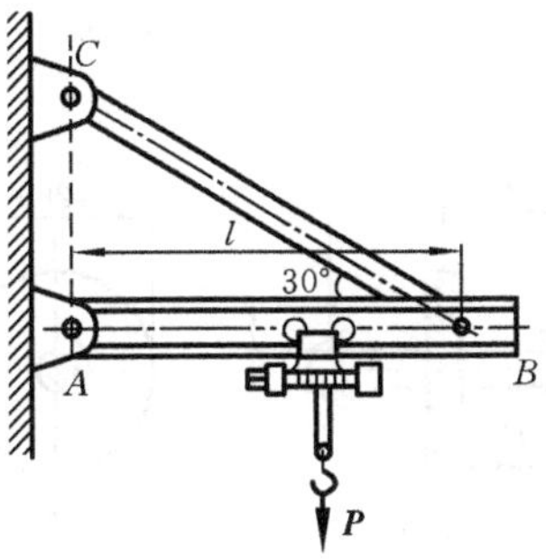

图 8-12

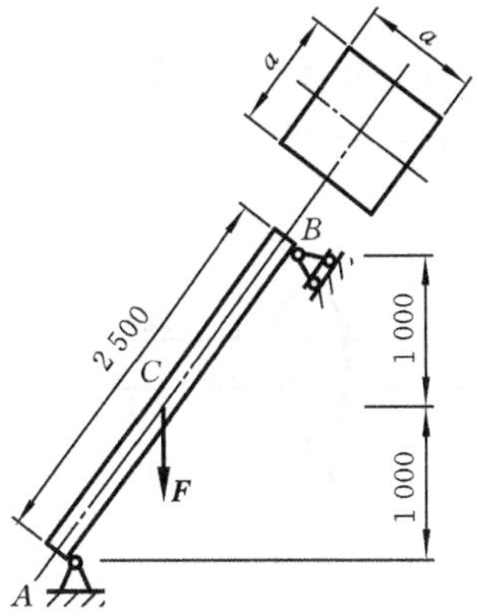

图 8-13

8-3 图 8-14 所示为一夹具，已知 $F=2$ kN，$l=60$ mm，$b=10$ mm，$[\sigma]=160$ MPa。确定横截面 $m—m$ 的高度 h。

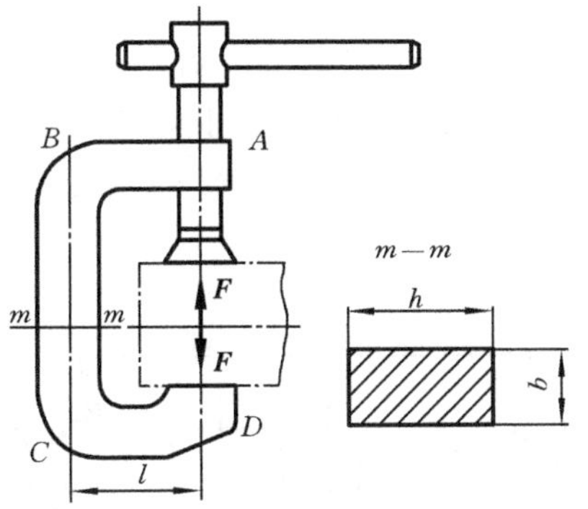

图 8-14

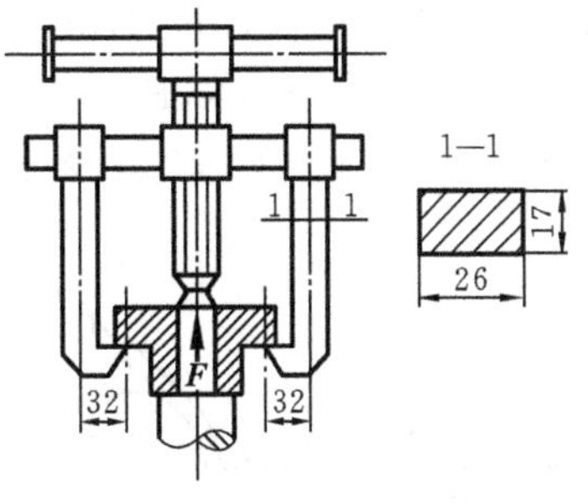

图 8-15

8-4 拆卸工具的两个爪杆由 45 钢制成，许用应力 $[\sigma]=190$ MPa，爪杆的截面形状和尺寸如图 8-15 所示。按爪杆的强度确定工具的最大拆卸力 F。

8-5 如图 8-16 所示，带轮轴由电动机通过联轴器带动。已知电动机的功率为 12 kW，转速为 940 r/min，带轮直径 $D=300$ mm，重量 $P=600$ N，带紧边拉力与松边拉力之比 $F_{T1}/F_{T2}=2$，轴 AB 直径 $d=40$ mm，材料为 45 钢，许用应力 $[\sigma]=120$ MPa。按第三强度理论校核该轴的强度。

8-6 如图 8-17 所示，绞车轴的直径 $d=30$ mm，材料为 Q235 钢，许用应力 $[\sigma]=90$ MPa。按第三强度理论确定最大许可载荷 P。

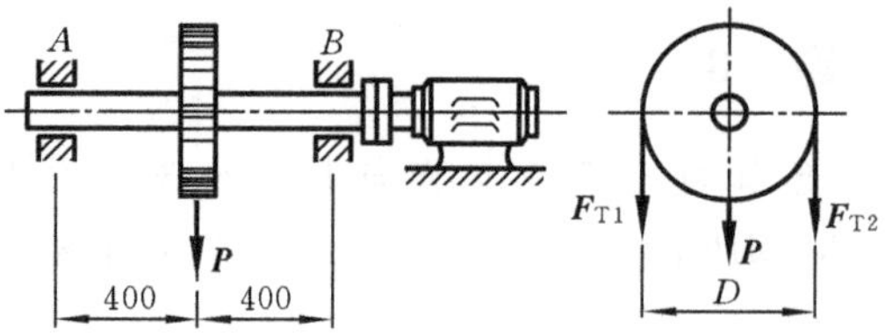

图 8-16

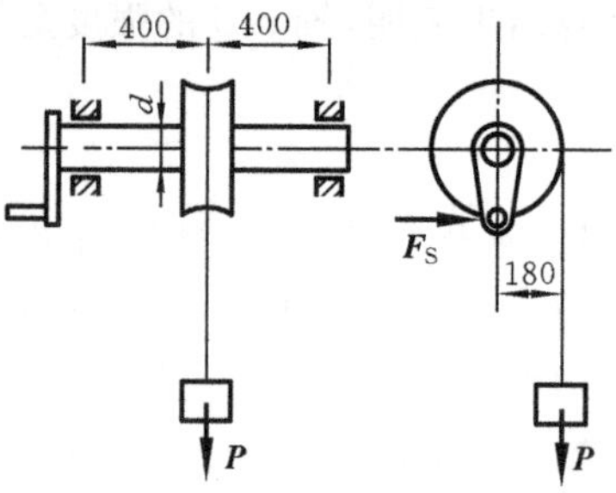

图 8-17

8-7　铣刀轴如图 8-18 所示，已知铣刀的切削力 F_t=2.2 kN、F_r=0.7 kN，铣刀轴材料的许用应力[σ]=80 MPa。按第四强度理论设计铣刀轴的直径。

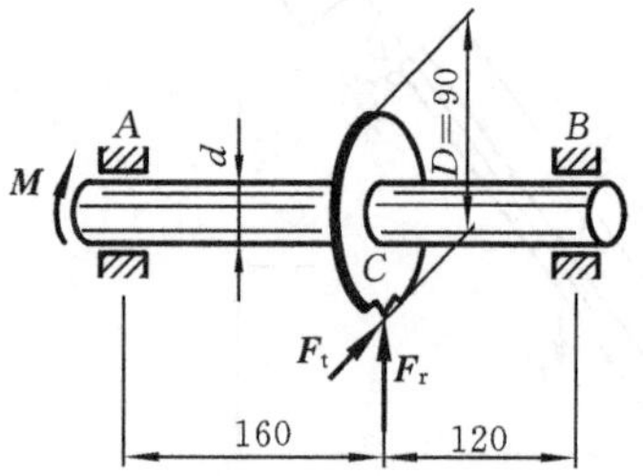

图 8-18

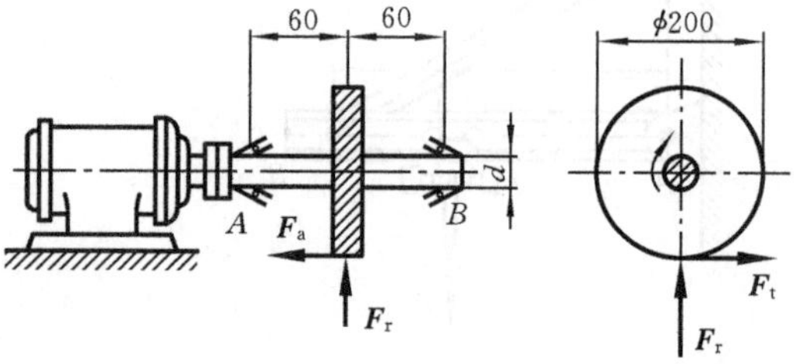

图 8-19

8-8　如图 8-19 所示，轴 AB 由电动机带动。在轴 AB 上装一斜齿轮，作用于齿面上的圆周力 F_t=1.9 kN，径向力 F_r=740 N，轴向力 F_a=660 N，轴的直径 d=25 mm，许用应力[σ]=160 MPa。校核轴 AB 的强度(轴向力 F_a 的轴向压缩作用不计)。

8-9　如图 8-20 所示，轴 ABE 上安装两个带轮，轮 C 上的带沿竖直方向，轮 E 上的带沿水平方向。已知 F_{T1}=5 kN，F_{T2}=3 kN，D_1=800 mm；F_{T3}=8 kN，F_{T4}=4 kN，D_2=400 mm。轴径 d=95 mm，轴材料为 45 钢，对称循环许用应力[σ_{-1}]=45 MPa，折合系数α=0.6。校核轴的强度。

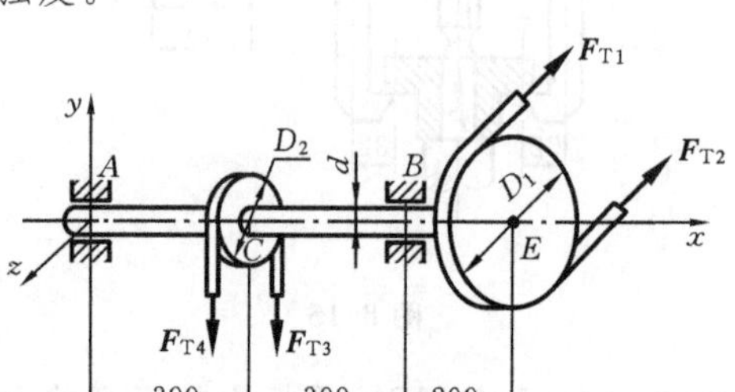

图 8-20

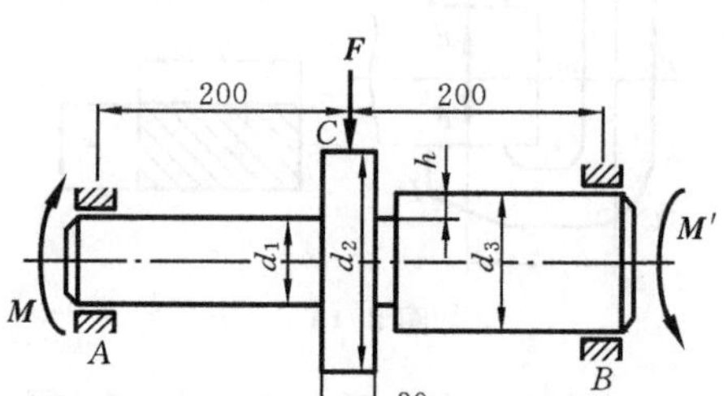

图 8-21

综合训练 8

如图 8-21 所示，已知轴传递的扭矩 M=100 N·m，转速 n=600 r/min，受力 F=1 000 N，轴材料为 45 钢，许用应力[σ]=140 MPa。设计该阶梯轴各段的直径(d_3 处拟开砂轮越程槽，槽深 h=0.5 mm)。

第3篇　构件的运动

讨论构件受力及在力作用下的工作可靠性问题，前提条件是构件处于平衡状态，即相对于地面作匀速直线运动或静止。但是，在工程及生产中，许多构件如各种交通工具、加工机械、自动控制装置、机械手及机器人等，都是处于运动之中的，因此还需对构件的运动进行分析，掌握其运动规律，进而进行构件和机构的运动设计。

在讨论构件的运动时，本篇仍然假设所讨论的构件为刚体，构件上的点是无质量的几何点（称为动点）。为使问题简化，不涉及构件的受力，即不讨论推动构件运动的力，也不讨论由于运动而产生的作用于其他构件的力，即不计构件的质量。由于实际运动的复杂性，我们仅讨论构件及构件上某点的最基本的几种运动：点的运动、构件的基本运动和点的合成运动。

第9章　点 的 运 动

本章的研究对象是动点，即不计其质量和大小的运动的点。动点实际上是构件上的，为了方便，我们认为它单独存在。

点在平面内的运动轨迹可能是直线，也可能是曲线，运动速度可能发生变化，也可能不发生变化。研究点在平面内运动的方法有自然坐标法（简称自然法）和直角坐标法。

9.1　自然坐标法

自然坐标法是利用点运动的轨迹曲线建立的坐标系，来描述点的运动的方法。

9.1.1　点的运动方程

如图9-1所示，假定点作曲线运动，其轨迹已知。为了确定动点M的位置，在轨迹曲线上任选一点O为原点，并规定点O的一侧（不妨取图9-1的右侧）为正方向，另一侧则为负方向。此时动点M的位置可用轨迹的弧长（曲线长）s来表示，即$s=\overset{\frown}{OM}$。称s为动点的弧坐标。

当动点M运动时，弧长s随时间的变化而变化。s为时间t的单值连续函数，可表示为

$$s=f(t) \tag{9-1}$$

式(9-1)为动点沿轨迹曲线的运动方程。

用自然坐标法描述点的运动规律时，其轨迹必须已知。

注意，动点任一瞬时的弧坐标与动点所走过的路程不同：弧坐标说明某瞬时动点相对于所选坐标原点O的位置，有正有负；路程是某时间间隔内沿轨迹走过的弧长，与坐标原点无关，

且只能为正值。

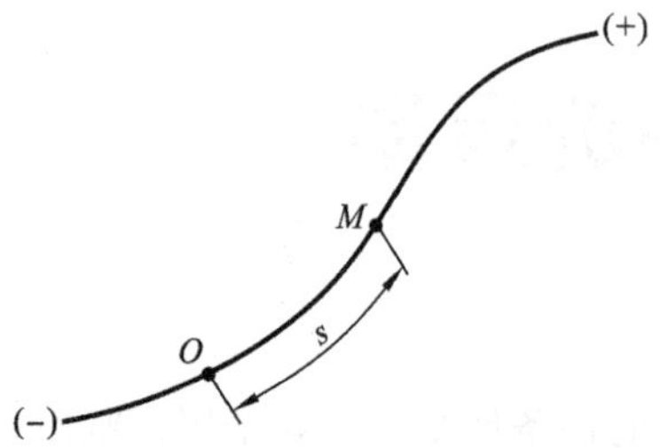

图 9-1

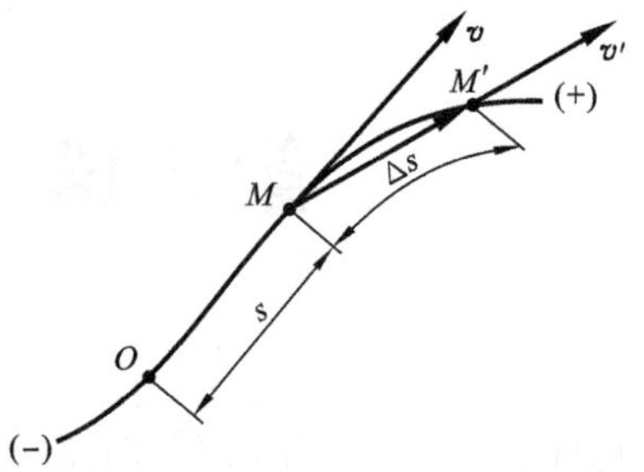

图 9-2

9.1.2　点的速度

点作曲线运动时，不仅运动的快慢有变化，运动的方向也在不断地变化。

设点沿已知轨迹运动，在瞬时 t 点的位置为 M，弧坐标为 s，经过时间间隔 Δt 后，点运动到 M'，弧坐标为 $s+\Delta s$(见图 9-2)。矢量 $\overrightarrow{MM'}$ 称为点在时间 Δt 内的位移。点的平均速度为

$$v^{*}=\frac{\overrightarrow{MM'}}{\Delta t}$$

则点 M 的瞬时速度为

$$v=\lim_{\Delta t\to 0}\frac{\overrightarrow{MM'}}{\Delta t} \tag{9-2}$$

也就是说，速度为矢量，是方向沿轨迹在该点的切线。速度的大小等于弧坐标对时间的一阶导数，即

$$v=\lim_{\Delta t\to 0}\frac{|\overrightarrow{MM'}|}{\Delta t}=\lim_{\Delta t\to 0}\frac{\Delta s}{\Delta t}=\frac{\mathrm{d}s}{\mathrm{d}t}=f'(t) \tag{9-3}$$

例 9-1　设已知动点的运动方程为 $s=5t^2$，求该点在 $t=2$ s 时的速度。

解　求运动方程对时间的一阶导数，即

$$v=\frac{\mathrm{d}s}{\mathrm{d}t}=\frac{\mathrm{d}(5t^2)}{\mathrm{d}t}=10t$$

当 $t=2$ s 时，有　　$v=10\times 2\ \mathrm{m/s}=20\ \mathrm{m/s}$

9.1.3　点的加速度

点作曲线运动时，一般情况下，速度的大小和方向会随时间的变化而变化。

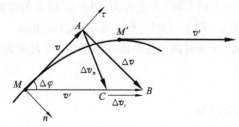

设动点在瞬时 t 位于轨迹曲线上的 M 处，速度为 v；经过时间间隔 Δt 后，动点运动到 M' 处，速度为 v'，如图 9-3 所示，产生了速度增量 Δv，则动点在 Δt 内的平均速度为

$$v^{*}=v-v'$$

因此，动点在 Δt 内的平均加速度为

$$\boldsymbol{a}^{*}=\frac{\Delta v}{\Delta t}$$

其方向为 Δv 的方向，则瞬时加速度为

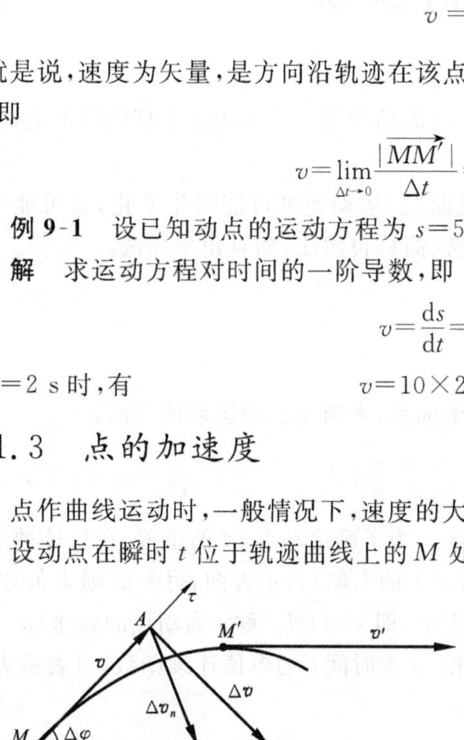

图 9-3

$$\boldsymbol{a}=\lim_{\Delta t\to 0}\frac{\Delta \boldsymbol{v}}{\Delta t}$$

将速度增量 Δv 分解(为便于观察,将v'平移到M处),可得 $MB=v'$,在其上截 $MC=v$,连接 AC,则由矢量关系,得$\overrightarrow{AB}=\overrightarrow{AC}+\overrightarrow{CB}$,亦即 $\Delta v=\Delta v_\tau+\Delta v_n$,$\Delta v_n$表示速度方向的变化,$\Delta v_\tau$表示速度大小的变化,故加速度可分解为

$$\boldsymbol{a}=\lim_{\Delta t\to 0}\frac{\Delta v_\tau+\Delta v_n}{\Delta t}=\lim_{\Delta t\to 0}\frac{\Delta v_\tau}{\Delta t}+\lim_{\Delta t\to 0}\frac{\Delta v_n}{\Delta t}=\boldsymbol{a}_\tau+\boldsymbol{a}_n \tag{9-4}$$

其中 $\boldsymbol{a}_\tau$——切向加速度,表示速度大小的变化;

$\boldsymbol{a}_n$——法向加速度,表示速度方向的变化。

由于 $\Delta v_\tau=v'-v=\Delta v$,故

$$a_\tau=\lim_{\Delta t\to 0}\frac{\Delta v_\tau}{\Delta t}=\lim_{\Delta t\to 0}\frac{\Delta v}{\Delta t}=\frac{\mathrm{d}v}{\mathrm{d}t}=\frac{\mathrm{d}^2 s}{\mathrm{d}t^2}=f''(t) \tag{9-5}$$

即切向加速度的大小等于运动方程的二阶导数。Δv_τ的方向与v'的方向相同,当 $\Delta t\to 0$ 时,$\boldsymbol{a}_\tau$为轨迹在点 M 的切线,故称之为切向加速度。

Δv_n是速度方向变化引起的增量,由图 9-3 可知,$\Delta v_n=AC$,而 AC 可近似表示为$MA\cdot\Delta\varphi$,则

$$a_n=\lim_{\Delta t\to 0}\frac{\Delta v_n}{\Delta t}=\lim_{\Delta t\to 0}\frac{v\Delta\varphi}{\Delta t}=v\lim_{\Delta t\to 0}\frac{\Delta\varphi}{\Delta t}=v\lim_{\Delta t\to 0}\frac{\Delta\varphi}{\Delta s}\frac{\Delta s}{\Delta t}$$

而
$$\lim_{\Delta t\to 0}\frac{\Delta s}{\Delta t}=v$$

故
$$\lim_{\Delta t\to 0}\frac{\Delta\varphi}{\Delta s}=\frac{1}{\rho}$$

其中 ρ——曲线在点 M 的曲率半径。于是得

$$a_n=v\cdot\frac{1}{\rho}v=\frac{v^2}{\rho} \tag{9-6}$$

由图 9-3 可知,$\angle MAC=\frac{\pi}{2}-\frac{\Delta\varphi}{2}$,当 $\Delta t\to 0$ 时,$\Delta\varphi\to 0$,则$\angle MAC=\frac{\pi}{2}$,故 $\boldsymbol{a}_n$ 的方向就是点 M 轨迹的法线方向。

$\boldsymbol{a}_\tau$ 与 $\boldsymbol{a}_n$ 的合成称为全加速度,即

$$\boldsymbol{a}=\boldsymbol{a}_\tau+\boldsymbol{a}_n \tag{9-7}$$

由于 $\boldsymbol{a}_\tau$ 与 $\boldsymbol{a}_n$ 相互垂直,故全加速度的大小和方向为

$$\left.\begin{aligned}a&=\sqrt{a_\tau^2+a_n^2}=\sqrt{\left(\frac{\mathrm{d}v}{\mathrm{d}t}\right)^2+\left(\frac{v^2}{\rho}\right)^2}\\ \tan\alpha&=\frac{|a_\tau|}{a_n}\end{aligned}\right\} \tag{9-8}$$

其中 α——$\boldsymbol{a}$ 与法线所夹的锐角。

当点的运动轨迹为直线时,曲率半径 $\rho\to\infty$,则

$$a_n=\frac{v^2}{\rho}=0$$

故
$$a=a_\tau$$

9.1.4　匀速曲线运动和匀变速曲线运动

1. 匀速曲线运动

点作匀速曲线运动时的速度 v 为常量，故 $a_\tau=\dfrac{dv}{dt}=0$，则 $a_n=a$，而 $a_n=\dfrac{v^2}{\rho}$。此时点的曲线运动方程(弧坐标)为

$$v=\frac{ds}{dt}$$

即

$$ds=vdt$$

设 $t=t_0$ 时，$s=s_0$，由积分

$$\int_0^s ds=\int_0^t vdt$$

得

$$s=s_0+vt \tag{9-9}$$

式(9-9)称为点的匀速曲线运动方程。

2. 匀变速曲线运动

点作匀变速曲线运动时，切向加速度为常量，即 a_τ 不变，有

$$a_\tau=\frac{dv}{dt}$$

即

$$dv=a_\tau dt$$

设 $t=t_0$ 时，$v=v_0$，由积分

$$\int_{v_0}^v dv=\int_0^t a_\tau dt$$

得

$$v=v_0+a_\tau t \tag{9-10}$$

式(9-10)称为点的匀变速曲线运动的速度方程。

由积分可得点的匀变速曲线运动方程为

$$s=s_0+v_0t+\frac{1}{2}a_\tau t^2 \tag{9-11}$$

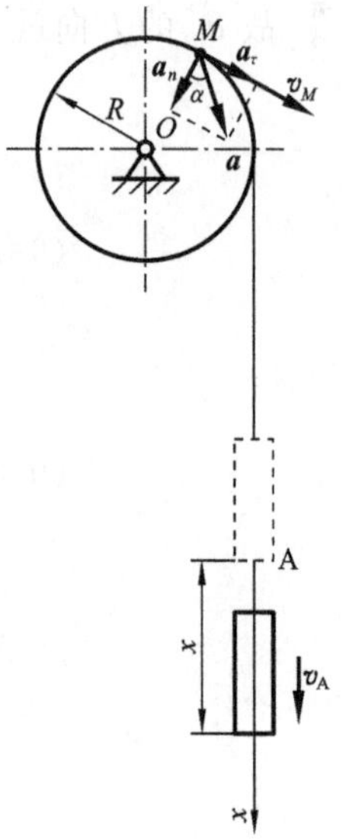

图 9-4

还可求得某瞬时的速度为

$$v=v_0^2+2a_\tau s \tag{9-12}$$

例 9-2　图 9-4 为提升装置简图，鼓轮半径 $R=0.2$ m，绕 O 轴转动，料斗按 $x=0.4t^2$ 的规律上升，求当 $t=2$ s 时，鼓轮上一点 M 的加速度。

解　假定在提升过程中绳子不变形，则鼓轮上一点 M 的速度应与物体 A 相同。于是

$$v_M=v_A=\frac{dx}{dt}=0.8t$$

当 $t=2$ s 时，点 M 的切向加速度和法向加速度的大小为

$$a_\tau=\frac{dv}{dt}=0.8\ \text{m/s}^2$$

$$a_n=\frac{v^2}{\rho}=\frac{v_M^2}{R}=\frac{(0.8t)^2}{R}=\frac{(0.8\times 2)^2}{0.2}\ \text{m/s}^2=12.8\ \text{m/s}^2$$

全加速度的大小为

$$a=\sqrt{a_\tau^2+a_n^2}=\sqrt{0.8^2+12.8^2}\ \mathrm{m/s^2}=12.82\ \mathrm{m/s^2}$$

又因为

$$\tan\alpha=\frac{|a_\tau|}{a_n}=\frac{0.8}{12.8}=0.0625$$

所以全加速度的方向角为

$$\alpha=32^\circ$$

9.2 直角坐标法

在点的运动中，有时事先并不知道它的轨迹，无法采用自然坐标法。在这种情况下需要把点放在直角坐标系去研究它的运动方程、速度和加速度。

9.2.1 运动方程与轨迹方程

设点 M 作平面曲线运动(见图 9-5)，取直角坐标系 Oxy，则任一瞬时点 M 的位置可用两个坐标 x 和 y 来表示。当点运动时，x 与 y 均为时间的函数时，可写成

$$\left.\begin{aligned}x&=f_1(t)\\y&=f_2(t)\end{aligned}\right\}\tag{9-13}$$

式(9-13)为点在直角坐标系中的运动方程。

从式(9-13)中消去时间参数 t，就得到点的轨迹方程

$$y=f(x)$$

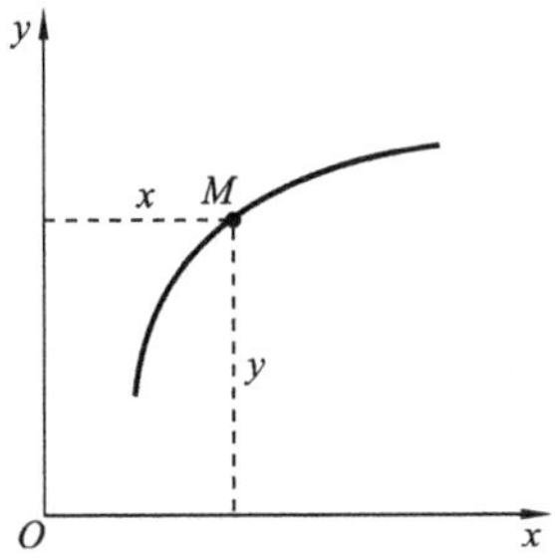

图 9-5

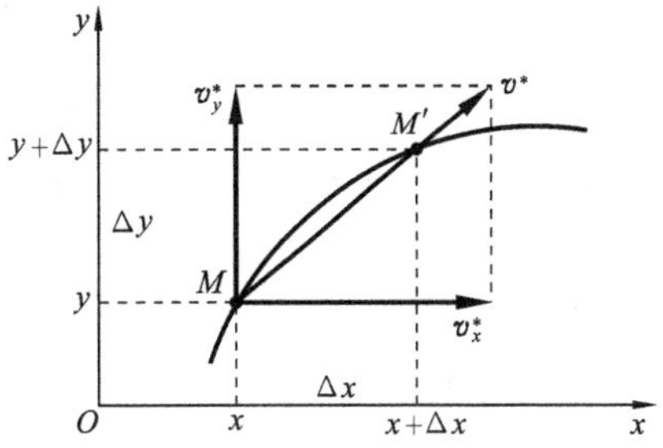

图 9-6

9.2.2 速度

由图 9-6 可知，点 M 在该瞬时的速度(轨迹曲线的切线方向)可分解为 v_x、v_y，其在两坐标轴上的投影为

$$\left.\begin{aligned}v_x&=\frac{\mathrm{d}x}{\mathrm{d}t}=f_1'(t)\\v_y&=\frac{\mathrm{d}y}{\mathrm{d}t}=f_2'(t)\end{aligned}\right\}\tag{9-14}$$

则该点速度 v 的大小和方向为

$$\left.\begin{aligned} v &= \sqrt{v_x^2+v_y^2} \\ \tan\alpha &= \left|\frac{v_y}{v_x}\right| \end{aligned}\right\} \tag{9-15}$$

其中　α——速度v与x轴所夹的锐角。v的方向由v_x、v_y的正负号确定。

9.2.3　加速度

同理,可得点M在该瞬时的加速度在两坐标轴上的投影为

$$\left.\begin{aligned} a_x &= \frac{\mathrm{d}v_x}{\mathrm{d}t}=\frac{\mathrm{d}^2x}{\mathrm{d}t^2}=f_1''(t) \\ a_y &= \frac{\mathrm{d}v_y}{\mathrm{d}t}=\frac{\mathrm{d}^2y}{\mathrm{d}t^2}=f_2''(t) \end{aligned}\right\} \tag{9-16}$$

该点的加速度大小和方向为

$$\left.\begin{aligned} a &= \sqrt{a_x^2+a_y^2} \\ \tan\beta &= \left|\frac{a_y}{a_x}\right| \end{aligned}\right\} \tag{9-17}$$

其中　β——加速度$\boldsymbol{a}$与x轴所夹的锐角。$\boldsymbol{a}$的方向由a_x、a_y的正负号确定。

例 9-3　已知点的直角坐标运动方程为$x=50t$,$y=50-5t^2$(长度单位为 m)。求$t=2$ s 时点的速度、加速度,以及$t=0$时点所在位置的曲率半径。

解　(1) 求速度。根据速度在x、y轴上的投影,有

$$v_x=\frac{\mathrm{d}x}{\mathrm{d}t}=50,\quad v_y=\frac{\mathrm{d}y}{\mathrm{d}t}=-10t$$

故点的速度的大小为

$$v=\sqrt{v_x^2+v_y^2}=\sqrt{50^2+(-10t)^2}=10\sqrt{25+t^2}$$

当$t=2$ s 时,有
$$v=10\sqrt{25+2^2}\ \mathrm{m/s}=53.85\ \mathrm{m/s}$$

(2) 求加速度。根据加速度在x、y轴上的投影,有

$$a_x=\frac{\mathrm{d}v_x}{\mathrm{d}t}=0,\quad a_y=\frac{\mathrm{d}v_y}{\mathrm{d}t}=-10\ \mathrm{m/s^2}$$

故该点的加速度的大小为

$$a=\sqrt{a_x^2+a_y^2}=10\ \mathrm{m/s^2}$$

(3) 求$t=0$时轨迹的曲率半径ρ。在自然坐标法中,$a=\sqrt{a_t^2+a_n^2}$。已算得$a=10\ \mathrm{m/s^2}$,则切向加速度的大小为

$$a_\tau=\frac{\mathrm{d}v}{\mathrm{d}t}=\frac{10t}{\sqrt{25+t^2}}$$

当$t=0$时,$a_\tau=0$,有

$$a_n=\sqrt{a^2-a_\tau^2}=a=10\ \mathrm{m/s}$$

又
$$a_n=\frac{v^2}{\rho}=\frac{(10\sqrt{25+t^2})^2}{\rho}=10\ \mathrm{m/s}$$

得
$$\rho=\frac{2\ 500}{10}\ \mathrm{m}=250\ \mathrm{m}$$

习　题　9

9-1　判别图 9-7 中动点沿曲线轨迹运动的全加速度的方向是否可能，为什么？

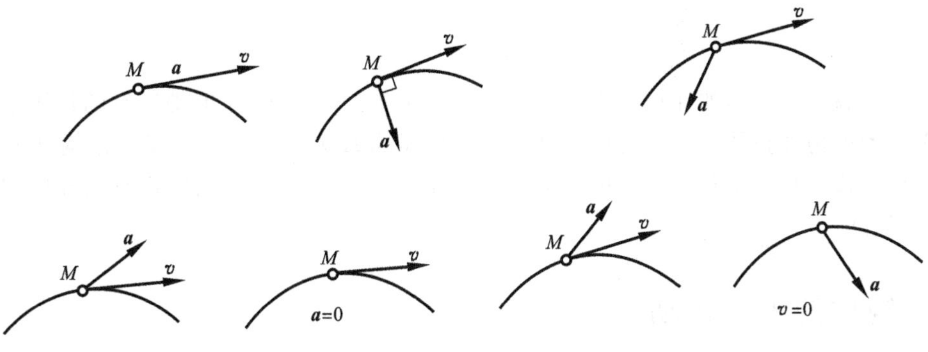

图 9-7

9-2　列车作直线运动，制动后的运动方程为 $s=16t-0.2t^2$，其中 x 以 m 计，t 以 s 计。求开始制动时的速度及加速度、停车所需时间和停车前所走过的路程。

9-3　如图 9-8 所示，弹簧下所挂物体在平衡位置 O 附近上下振动，运动方程为 $s=20\sin\pi t$，其中 x 以 mm 计，t 以 s 计。求物体的速度方程及加速度方程，并求 $t=0$、$t=\frac{1}{2}$ s、$t=1$ s 时物体的位置、速度和加速度。

9-4　如图 9-9 所示，半圆形凸轮以匀速 $v_0=1$ cm/s 沿水平方向朝左运动，带动活塞杆沿竖直方向运动。开始时活塞杆的下端在凸轮的最高点，凸轮半径为 $R=8$ cm。求活塞杆的运动方程和速度。

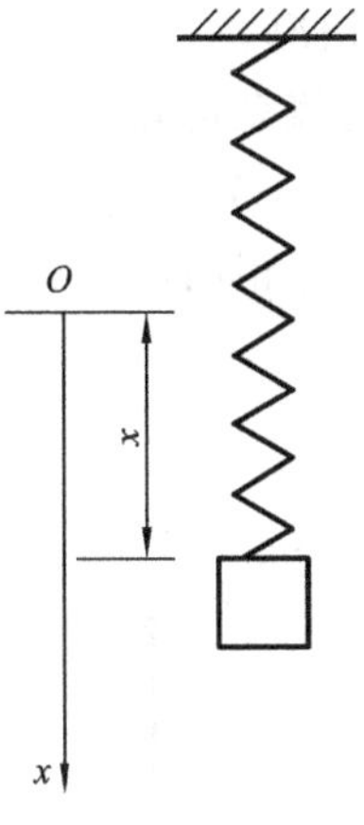

图 9-8

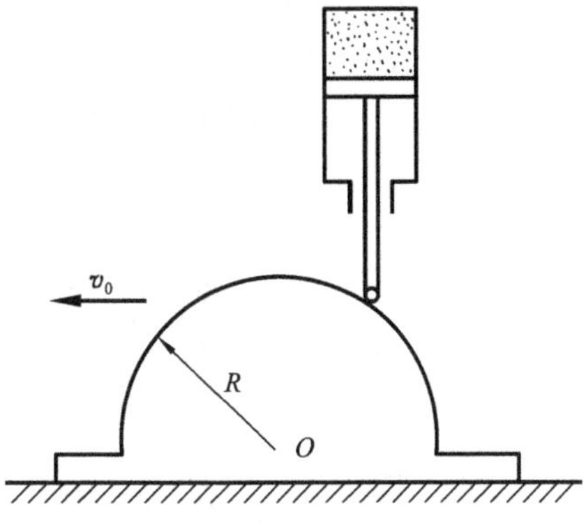

图 9-9

9-5　已知点的运动方程为

(1) $x=4t^2$，$y=2t$，　(2) $x=500\cos 4t$，$y=5\sin 4t$

其中，x、y 均以 m 计，t 以 s 计。求点的轨迹方程及 $t=2$ s 时的速度和加速度。

9-6　飞轮加速度运动时轮缘上一点按 $s=0.1t^3$ 的规律运动，其中，t 以 s 计，s 以 m 计，飞轮半径 $R=0.5$ m。求当此点的速度为 30 m/s 时的切向加速度与法向加速度。

第 10 章　构件的基本运动

在很多工程问题中，如在讨论齿轮、凸轮、机械手等的运动中，不能把所有的物体都看成几何点，必须考虑构件整体。而构件的运动在实际中常常极为复杂。本章仅讨论构件的两种基本运动：平行移动和定轴转动。这两种运动不仅在工程实际中应用广泛，而且是分析构件更复杂运动的基础。

10.1　构件的平行移动

构件的平行移动简称为平动，是指构件上任一直线在运动过程中，始终和原位置保持平行的运动。如沿直线轨道行驶的列车车厢(见图 10-1)和摆式输送机的料槽(见图 10-2)。

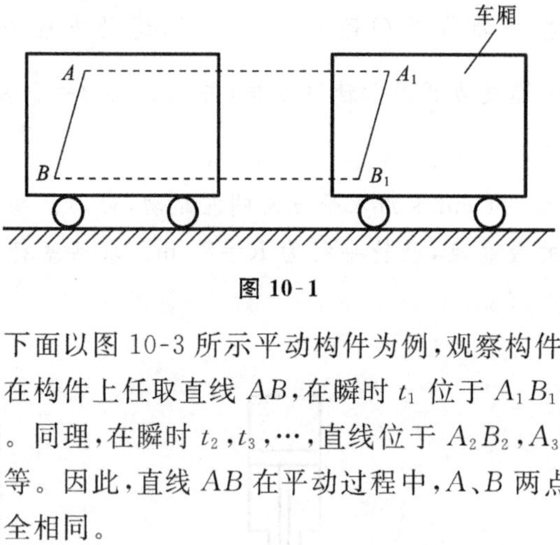

图 10-1

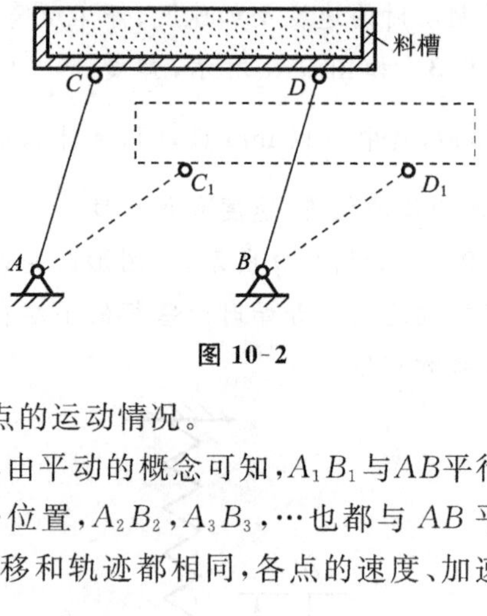

图 10-2

下面以图 10-3 所示平动构件为例，观察构件上各点的运动情况。

在构件上任取直线 AB，在瞬时 t_1 位于 A_1B_1 位置，由平动的概念可知，A_1B_1 与 AB 平行且相等。同理，在瞬时 $t_2, t_3, \cdots$，直线位于 $A_2B_2, A_3B_3, \cdots$ 位置，$A_2B_2, A_3B_3, \cdots$ 也都与 AB 平行且相等。因此，直线 AB 在平动过程中，A、B 两点的位移和轨迹都相同，各点的速度、加速度也完全相同。

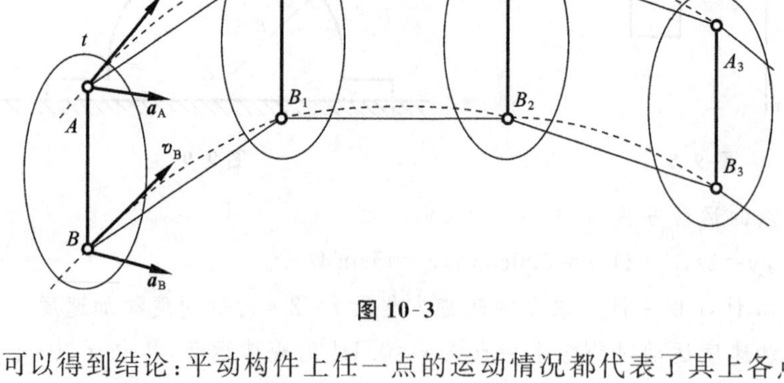

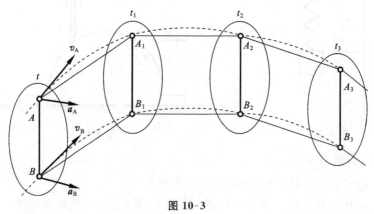

图 10-3

综上所述可以得到结论：平动构件上任一点的运动情况都代表了其上各点的运动情况。平动构件的运动可以用前述点的运动方式来研究。

10.2　构件的定轴转动

在工程中，许多机器的零件如齿轮、电动机转子、绞车鼓轮等，在工作时都绕某一固定轴旋转。这类构件的运动特点是：构件上各点都绕一固定直线旋转，这根直线是相对于地面静止的。这类构件的运动称为定轴转动，这根直线就称为构件的转轴。

10.2.1　转动方程

设有一物体，要确定它在任意瞬时的位置，取转轴为 z 轴(见图 10-4)，过 z 轴作假想固定平面Ⅰ，再过 z 轴作转动平面Ⅱ，两平面间的夹角为 φ。设所经过的时间为 t，则转角时间的单值连续函数为

$$\varphi=f(t) \tag{10-1}$$

φ 的单位为 rad(弧度)，为代数量。其正负号的规定一般是：从 z 轴的正端向负端看，逆时针旋转为正。

式(10-1)称为构件定轴转动时的转动方程。

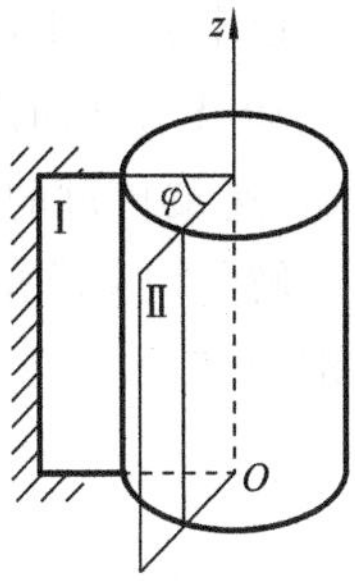

图 10-4

10.2.2　角速度

角速度是描述构件转动快慢和方向的物理量，用 ω 表示，有

$$\omega=\frac{\mathrm{d}\varphi}{\mathrm{d}t}=f'(t) \tag{10-2}$$

角速度可以为正值，也可以为负值，单位为 rad/s(弧度/秒)。

工程上常用转速 n 表示转动的快慢，其单位为 r/min(转/分)。ω 与 n 之间的关系为

$$\omega=\frac{2\pi n}{60}=\frac{\pi n}{30}\quad(\mathrm{rad/s}) \tag{10-3}$$

10.2.3　角加速度

角加速度是表示角速度变化快慢的物理量，用 ε 表示，有

$$\varepsilon=\frac{\mathrm{d}\omega}{\mathrm{d}t}=f''(t) \tag{10-4}$$

ε 的单位为 $\mathrm{rad/s^2}$(弧度/秒^2)。ε 的正负号规定是：当 ε 与 ω 同号时，构件作加速转动；当 ε 与 ω 异号时，构件作减速转动。

10.2.4　匀速转动和匀变速转动

1. 匀速转动

构件作匀速转动时，角速度不变，故 ω 为常量。由 $\omega=\frac{\mathrm{d}\varphi}{\mathrm{d}t}$ 得

$$\mathrm{d}\varphi=\omega\mathrm{d}t$$

对上式积分，有

$$\int_{\varphi_0}^{\varphi}\mathrm{d}\varphi=\int_0^t\omega\mathrm{d}t$$

得转动方程

$$\varphi=\varphi_0+\omega t \tag{10-5}$$

2. 匀变速转动

构件作匀变速转动时,角加速度 ε 为常量。同理可推导得到角速度方程

$$\omega=\omega_0+\varepsilon t \tag{10-6}$$

和转动方程

$$\varphi=\varphi_0+\omega_0 t+\frac{1}{2}\varepsilon t^2 \tag{10-7}$$

设 $\varphi_0=0$,联立式(10-6)和式(10-7),有

$$\omega^2-\omega_0^2=2\varepsilon\varphi \tag{10-8}$$

以上各式中,ω_0 为构件的初始角速度。

10-1　已知汽轮机启动时主轴的转动方程为 $\varphi=\pi t^2$,求 $t=3$ s 时主轴的角速度、角加速度、转速及转过的圈数。

解　(1) 求角速度和角加速度。转动方程已知,依次求导即可得轴的角速度和角加速度,分别为

$$\omega=\frac{\mathrm{d}\varphi}{\mathrm{d}t}=2\pi t,\quad \varepsilon=\frac{\mathrm{d}\omega}{\mathrm{d}t}=2\pi$$

主轴的转动为匀变速转动,当 $t=3$ s 时,角速度和角加速度分别为

$$\omega=2\pi\times 3\ \mathrm{rad/s}=6\pi\ \mathrm{rad/s},\quad \varepsilon=2\pi\ \mathrm{rad/s^2}$$

(2) 求转速。由 $\omega=\frac{\pi n}{30}$,有

$$n=\frac{30\omega}{\pi}=\frac{30\times 6\pi}{\pi}\ \mathrm{r/min}=180\ \mathrm{r/min}$$

(3) 求转过的圈数。设 $\omega_0=0$,则

$$\omega^2-\omega_0^2=2\varepsilon\varphi$$

即

$$\varphi=\frac{\omega^2}{2\varepsilon}=\frac{(6\pi)^2}{2\times 2\pi}=9\ \pi$$

转过的圈数为

$$N=\frac{\varphi}{2\pi}=\frac{9\pi}{2\pi}\ \mathrm{r}=4.5\ \mathrm{r}$$

10.3　转动构件上各点的速度和加速度

在工程实际中,往往还需计算转动构件上某点的速度和加速度。例如,车床切削工件时,为了保证工件的表面精度,就需要计算工件与车刀尖接触点的速度;在设计齿轮传动时,就需要计算齿轮节圆相切点的速度;等等。

在定轴转动的构件上,除去转轴上的点以外,其他各点都要绕轴作不同半径的圆周运动,因此各点的运动轨迹已知。采用自然坐标法来研究构件上一点的运动比较方便。

如图 10-5 所示,圆心在轴线上,某点到圆心的距离 r 称为转动半径。以 M_0 为参考原点,因轨迹已知,以转角 φ 的正向为弧坐标 s 的正向,在瞬时 t 点运动到 M 处,其弧坐标为

$$s=\overset{\frown}{M_0M}=r\varphi \tag{10-9}$$

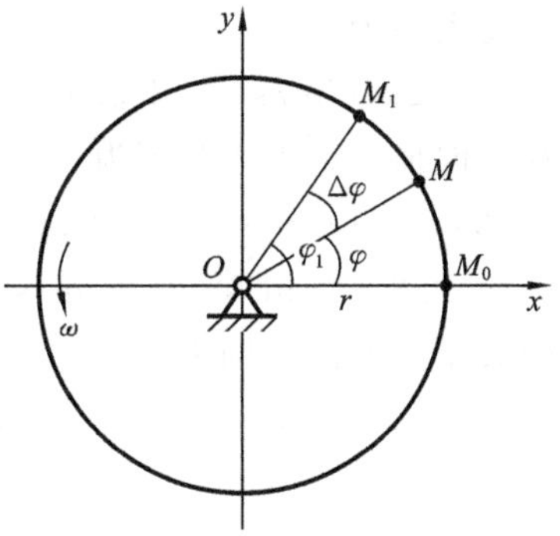

图 10-5

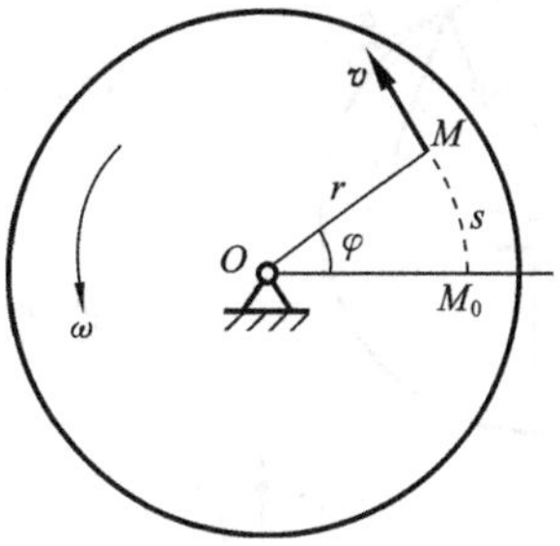

图 10-6

10.3.1　速度

根据速度方程，有

$$v=\frac{\mathrm{d}s}{\mathrm{d}t}=\frac{\mathrm{d}(r\varphi)}{\mathrm{d}t}=r\frac{\mathrm{d}\varphi}{\mathrm{d}t}=r\omega \tag{10-10}$$

如图 10-6 所示，v 的方向与点所在半径垂直，其指向与 ω 的转向一致。此速度称为转动构件上一点的速度。

10.3.2　加速度

点的切向加速度的大小为

$$a_\tau=\frac{\mathrm{d}r}{\mathrm{d}\tau}=\frac{\mathrm{d}(r\omega)}{\mathrm{d}t}=r\frac{\mathrm{d}\omega}{\mathrm{d}t}=r\varepsilon \tag{10-11}$$

点的法向加速度的大小为

$$a_n=\frac{v^2}{\rho}=\frac{(r\omega)^2}{r}=r\omega^2 \tag{10-12}$$

则点的全加速度的大小和方向为

$$\left.\begin{aligned}a&=\sqrt{a_\tau+a_n}=r\sqrt{\varepsilon^2+\omega^4}\\ \tan\theta&=\frac{|a_\tau|}{a_n}=\frac{|r\varepsilon|}{r\omega^2}=\frac{\varepsilon}{\omega^2}\end{aligned}\right\} \tag{10-13}$$

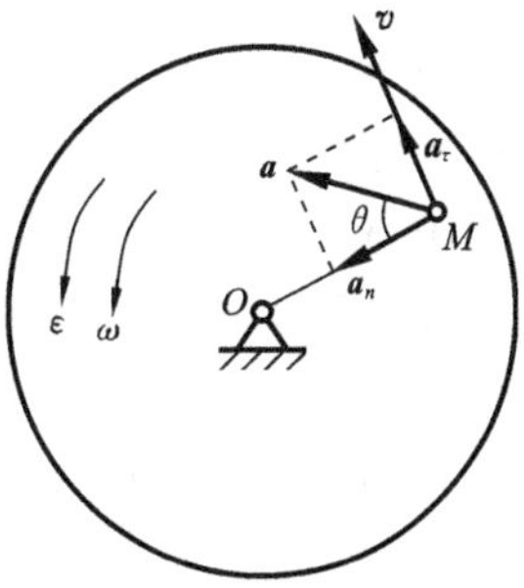

图 10-7

$\boldsymbol{a}$、$\boldsymbol{a}_\tau$、$\boldsymbol{a}_n$ 的矢量关系如图 10-7 所示。

例 10-2　如图 10-8 所示，鼓轮半径 $r=0.2$ m，起吊重物时的转动方程为 $\varphi=-t^2+4t$（φ 以 rad 计）。绳的下端挂一重物 A。求当 $t=1$ s 时，轮缘上一点 M 和重物 A 的速度和加速度。

解　鼓轮的角速度和角加速度大小分别为

$$\omega=\frac{\mathrm{d}\varphi}{\mathrm{d}t}=-2t+4,\quad \varepsilon=\frac{\mathrm{d}\omega}{\mathrm{d}t}=-2\ \mathrm{rad/s^2}$$

当 $t=1$ s 时，有

$$\omega=(-2\times1+4)\ \mathrm{rad/s}=2\ \mathrm{rad/s}$$

图 10-8 已设定 $\boldsymbol{\omega}$ 的方向为逆时针方向，那么 ε 为负值，说明 $\boldsymbol{\varepsilon}$ 与 $\boldsymbol{\omega}$ 的方向相反，故为减速运动。

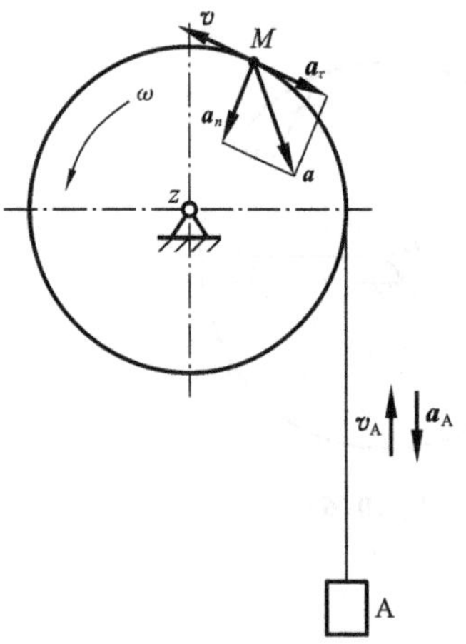

图 10-8

轮缘上一点的速度大小为

$$v=r\omega=0.2\times2\ \text{m/s}=0.4\ \text{m/s}$$

该点的切向加速度和法向加速度大小分别为

$$a_\tau=r\varepsilon=0.2\times(-2)\ \text{m/s}=-0.4\ \text{m/s}^2$$

$$a_n=r\omega^2=-0.2\times2^2\ \text{m/s}^2=0.8\ \text{m/s}^2$$

则该点的全加速度的大小和方向分别为

$$a=\sqrt{a_\tau^2+a_n^2}=\sqrt{(-0.4)^2+0.8^2}\ \text{m/s}^2=0.894\ \text{m/s}^2$$

$$\tan\alpha=\frac{|a_\tau|}{a_n}=\frac{0.4}{0.8}=0.5,\quad \alpha=26°34'$$

重物 A 作直线运动，则

$$v_A=v=0.4\ \text{m/s},\quad a_A=a_\tau=-0.4\ \text{m/s}^2$$

v_A 方向竖直向上，$\boldsymbol{a}_A$ 的方向竖直向下，此刻重物 A 作减速上升运动。

习　题　10

10-1　图 10-9 为一搅拌机构简图，已知 $AB=O_1O_3$，$O_1A=O_2B=0.25$ m，O_1A 转速 $n=380$ r/min。求点 M 的轨迹、速度和加速度。

10-2　计算钟表的分针和秒针的角速度。

10-3　已知构件的转动方程为 $\varphi=t^3-12t+3$，式中 φ 以 rad 计。求 $t=3$ s 时的角速度和角加速度。

10-4　发动机主轴以 $n=210$ r/min 的转速转动，制动后作匀减速运动，经 100 s 后停止。求轴的角加速度及停止前转过的圈数。

10-5　已知飞轮在制动时按 $\varphi=27\pi t-\pi t^2$ 转动，求：

(1) 开始时的速度；(2) 制动所需时间；(3) 停止转动时的角加速度。

10-6　图 10-10 所示为摩擦传动机构。A 轮和 B 轮为摩擦轮，主动轴 Ⅰ 匀速转动 $n_1=600$ r/min，依靠两轮的摩擦带动 B 轮转动。A 轮、B 轮的半径分别为 $r=5$ cm，$R=15$ cm。求当 $d=\frac{2R}{3}$ 及 $d=R$ 时，轴 Ⅱ 的转速。

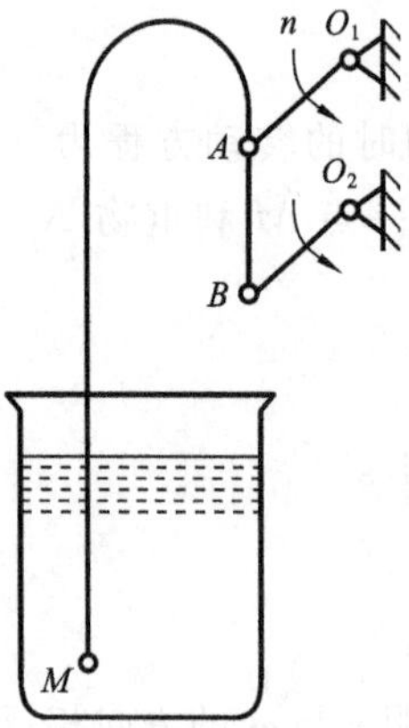

图 10-9

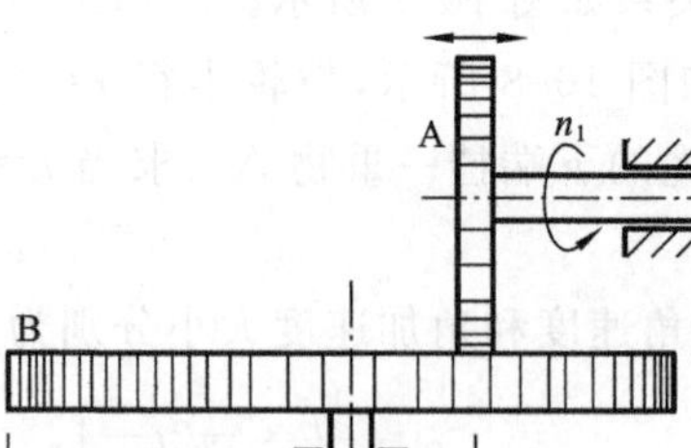

图 10-10

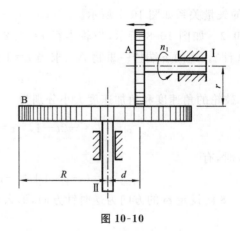

第 11 章　点的合成运动

前面所研究的点的运动都取了相对固定的某一参考系，一般是地面(地球)。但在实际问题中有时需要在两个不同的参考系观察同一点的运动，显然，这会得到不同的结论。如图 11-1所示为固结于车轴上的动参考系，地面观察轮缘上一点 M 的运动为一曲线(摆线)，而在轮心 O' 观察，点 M 仅仅是绕 O' 轴转动。

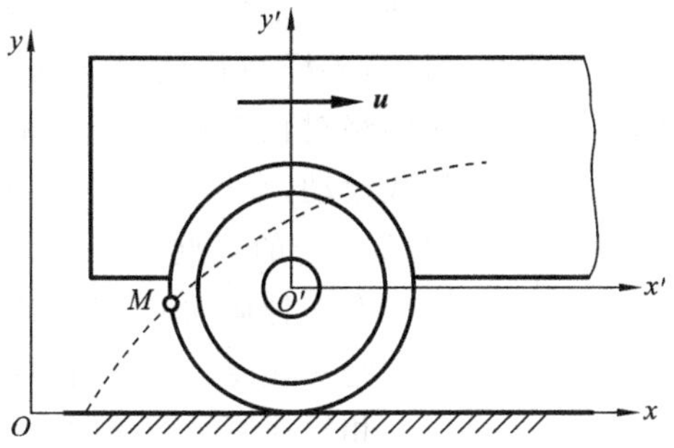

图 11-1

11.1　相对运动、绝对运动和牵连运动

为便于讨论，先介绍一些基本概念。

动点：质量可以忽略的几何点(与第 9 章定义相同)。

静参考系：固结于地面的参考坐标系，也称为定参考系或静系，如图 11-1 中的坐标系 Oxy。

动参考系：建立在相对于地面有运动的物体上的坐标系，简称为动系，如图 11-1 中的坐标系 $O'x'y'$。

绝对运动：动点相对于静参考系的运动。

相对运动：动点相对于动参考系的运动。

牵连运动：动参考系相对于静参考系的运动。

仍以图 11-1 所示小车轮缘上一点 M 为例，地面上观察到该点的运动(摆线)为绝对运动，小车上的坐标系 $O'x'y'$ 相对于地面的运动(此时为平动)为牵连运动，点 M 相对于 O' 轴的运动为相对运动。

动点在动参考系中既有相对运动又有牵连运动，因此绝对运动应是这两种运动的合成，称为合成运动或复合运动。

三种运动必有相应的轨迹、速度。

绝对轨迹：地面上观察到的点 M 的轨迹，如图 11-1 中的虚线(曲线)。

相对轨迹：图 11-1 中车轴 O' 上观察到的点 M 的轨迹，为一圆周。

牵连轨迹：图 11-1 中该瞬时动点 M 与车厢(动坐标系 $O'x'y'$)相重合的那一点(称为牵连

点)对于静参考系的轨迹。车厢作平动,则该点的运动轨迹与车厢的运动(此时为直线平动)轨迹相同。

注意,牵连点是动参考系上的一点,但此时与动点相重合,不同的时刻,牵连点不同。

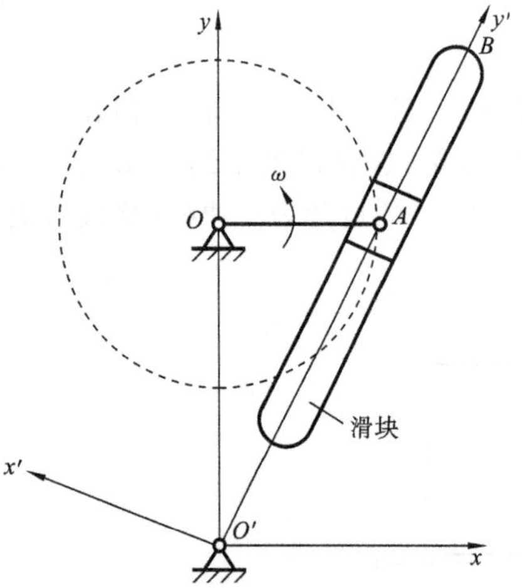

图 11-2

下面再分析曲柄滑块机构(见图 11-2)的运动。OA 可以绕 O 轴作整周旋转,滑块随 OA 转动,又可在摇杆(或称摆杆)中滑动,而摇杆 $O'B$ 可绕 O' 轴往复摆动。

选地面为静参考系,即坐标系 Oxy;动参考系在摇杆上,为坐标系 $O'x'y'$,动点为滑块的点 A。点 A 绕 O 轴转动为绝对运动,滑块在摇杆导槽中的滑动为相对滑动,摇杆 $O'B$ 绕 O' 轴作的往复摆动为牵连运动。点 A 的绝对轨迹为一圆周,相对轨迹为滑块在导槽中的直线运动,牵连轨迹是在图示位置时,摇杆上与滑块的点 A 重合的一点以 $O'A$ 为半径、O' 为圆心的圆周。

有三种运动、三种轨迹,则必有三种速度。

绝对速度 v_a:动点相对于静参考系的速度。

相对速度 v_r:动点相对于动参考系的速度。

牵连速度 v_e:牵连点相对于静参考系的速度,即该瞬时动参考系上与动点相重合的点相对于静参考系的速度。

显然,动参考系作平动时动参考系上各点的速度都是牵连速度,而动系作转动时,与动点重合的点——重合点的速度才是牵连速度。

11.2　速度合成定理

某瞬时动点的三种速度的关系为(推导过程略)

$$v_a = v_r + v_e \tag{11-1}$$

式(11-1)为矢量式,即动点的绝对速度是相对速度和牵连速度的矢量和。

例 11-1　图 11-3 所示为盘形凸轮机构。已知凸轮以匀速 v 水平向右运动,带动从动杆 AB 上升。在图示位置时作点 A 的速度矢量图。

解　选动点为 A(在从动杆 AB 上),动参考系为 $O'x'y'$(在凸轮上),静参考系为 Oxy(在地面上)。

绝对轨迹为点 A 随直线 AB 竖直向上。

相对轨迹为点 A 沿凸轮表面的曲线(此时为圆弧)。

牵连轨迹为凸轮上的重合点,随凸轮水平直线右移。

由以上分析知,牵连速度 $v_e = v$,水平向右。相对速度 v_r 为点 A 沿凸轮曲线的切线方向。绝对速度 v_a 为从动杆上升速度(竖直向上)。由此可作出速度合成图(见图 11-3)。

例 11-2　图 11-4 所示为曲柄摇杆机构。已知曲柄 $OA=r$,其角速度为 ω,转向如图示。$OO_1=c$,当机械运转到图示角位置 φ 时,$OA \perp OO_1$。求摇杆在该瞬时的角速度 ω_1。

解　取动点为杆 OA 上的点 A(杆滑块的连接点),动参考系为摇杆 O_1B,静参考系为地面

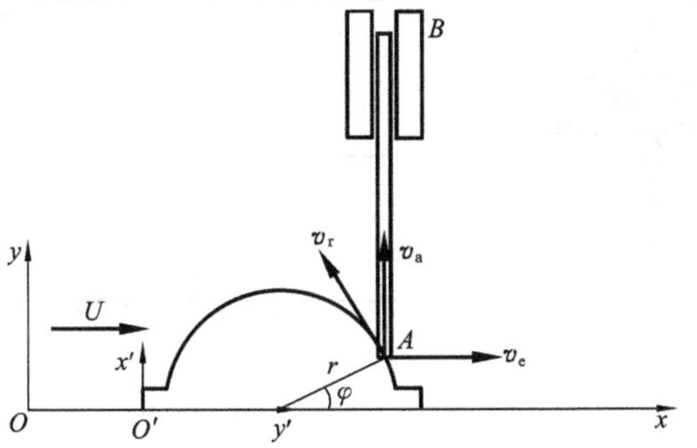

图 11-3

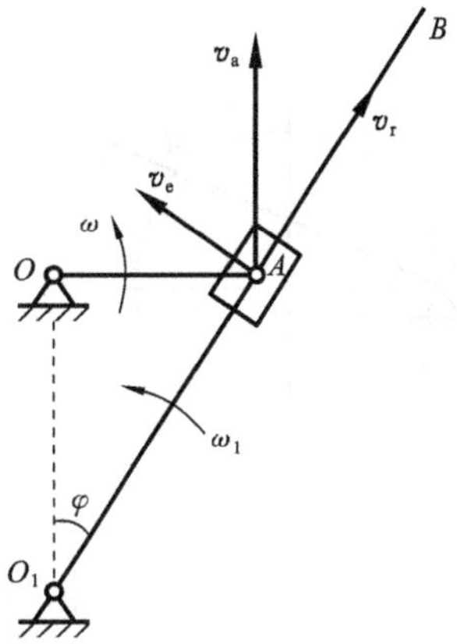

图 11-4

（机座）。

绝对运动为动点 A 绕 O 作圆周运动。

相对运动为动点 A 在摇杆上的直线运动。

牵连运动为摇杆 O_1B 上与点 A 重合的点的运动，轨迹为以 O_1 为圆心、O_1B 为半径的圆周。

作速度矢量图（见图 11-4）。因为

$$v_A = v_a = r\omega$$

故

$$v_e = v_a \sin\varphi, \quad \sin\varphi = \frac{r}{\sqrt{r^2+l^2}}$$

又

$$v_e = O_1A \cdot \omega_1, \quad O_1A = \sqrt{r^2+l^2}$$

得

$$\omega_1 = \frac{v_e}{O_1A} = \frac{v_a \dfrac{r}{\sqrt{r^2+l^2}}}{\sqrt{r^2+l^2}} = \frac{r^2\omega}{r^2+l^2}$$

求解速度合成问题时要注意以下几点：

（1）动参考系相对于静参考系要有运动，一般为平动或定轴转动。

（2）动点相对于动参考系、静参考系均有运动。动点相对于动参考系的运动轨迹应清楚，如直线、圆弧线等。

（3）牵连点不是动点，是动参考系上的点，该点在某瞬时与动点重合，而非固定的点。

习　题　11

11-1　分析图 11-5(a)、(b)中动点 M 的运动。

11-2　如图 11-6 所示，河水向东流，船 M 在水中向北岸行驶。分析船 M 的运动。

11-3　曲柄滑道机构如图 11-7 所示。曲柄 OM=20 cm，绕 O 轴转动，滑块 M 与曲柄用销钉连接，可在滑道中滑动并带动杆 AD 上下运动，设曲柄转速 n=90 r/min。求当 $\theta=30°$ 时曲杆 AD 的速度。

11-4　图 11-8 所示为摇杆滑道机构。当摇杆 OC 绕 O 轴转动时，滑块在摇杆 OC 上滑动并带动杆 AB 在滑道中上下运动，已知 $OK=l$，摇杆角速度为 ω。求当摇杆 OC 与水平成 φ 角时滑块相对于摇杆 OC 的速度。

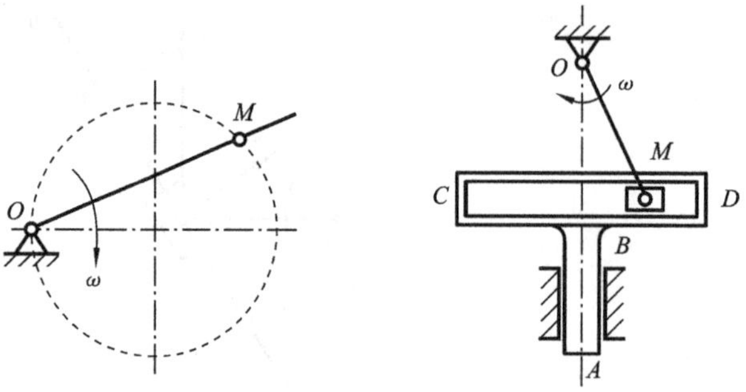

(a)　　(b)

图 11-5

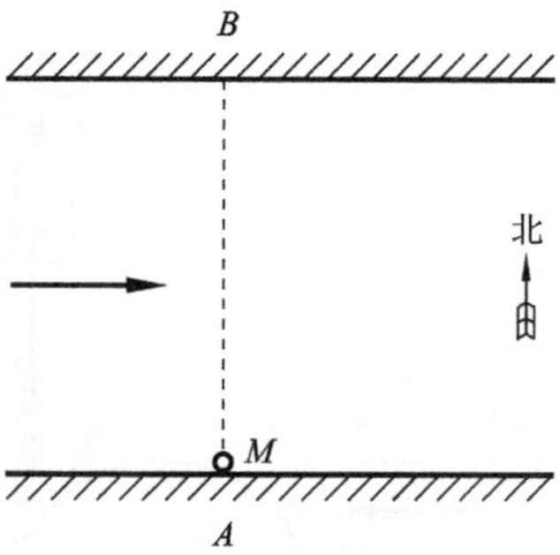

图 11-6

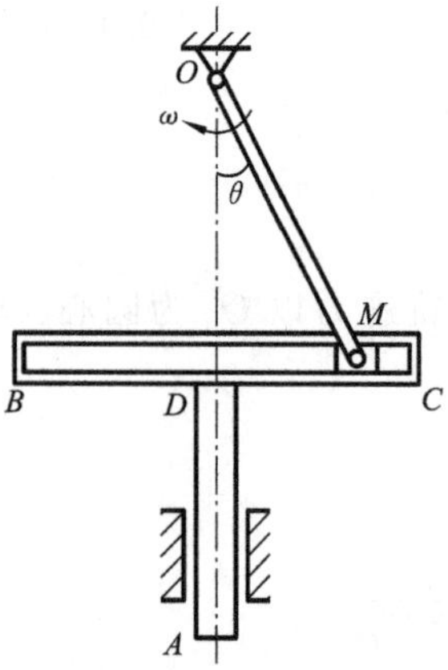

图 11-7

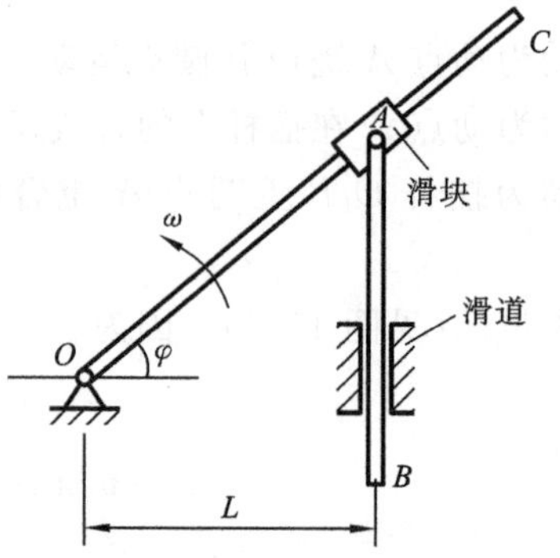

图 11-8

11-5　如图 11-9 所示，三角块沿水平方向平动，速度为 v_0，其斜边与水平面成 α 角，通过滚子 A 推动活塞杆在气缸内上下运动。求活塞 B 的速度。

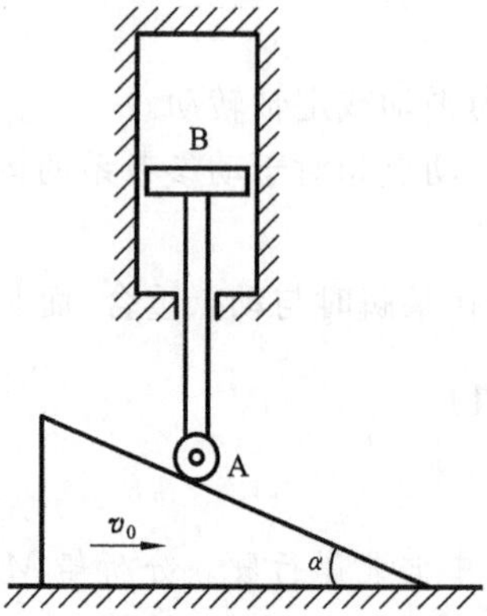

图 11-9

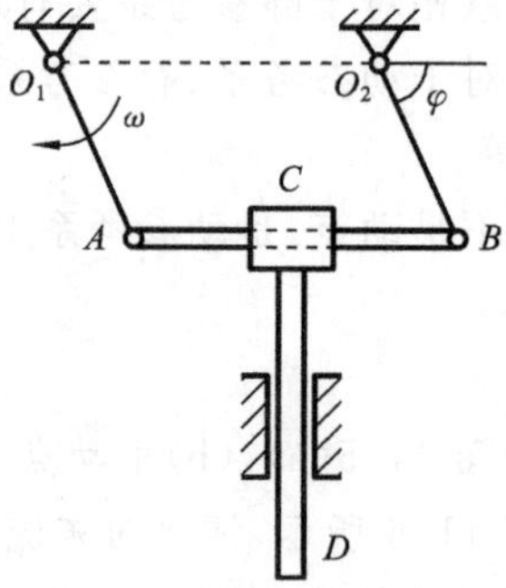

图 11-10

11-6　如图 11-10 所示铰接四杆机构，$O_1A=O_2B=0.1$ m，$O_1O_2=AB$，杆 O_1A 以等角速度 $\omega=2$ rad/s 绕 O_1 轴转动。杆 AB 上有一套筒 C 与杆 CD 连接，机构的各杆件都在同一竖直面内。求当 $\varphi=60°$ 时杆 CD 的速度。

第 12 章　构件的平面运动

本章讨论工程中常见的一种较为复杂的运动，即构件的平面运动。它以构件的基本运动为基础，应用运动的合成与分解的方法来进行研究。

12.1　平面运动概念

观察图 12-1 中各构件的运动：图(a)中，车轮滚动前进，既非平动也非转动；图(b)中，连杆机构中的连杆 AB 的运动，同样既没有固定转轴，也没有作平动。但从以上两例中可以发现，构件在运动时始终与某一固定平面保持平行。因此，构件的平面运动的定义是：构件在运动时，体内任一点与某一固定平面保持距离不变。

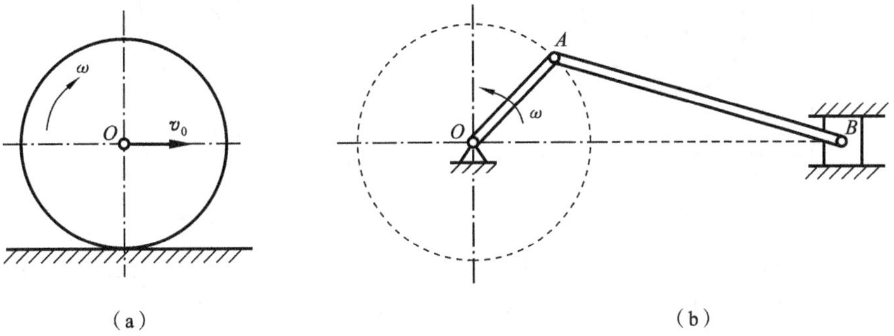

图 12-1

为了便于研究，对平面运动作如下简化：设有固定平面Ⅰ，构件相对于平面Ⅰ运动。运动时，体内某点 A 与平面Ⅰ的距离保持不变(见图 12-2)。过点 A 作平面Ⅰ的垂线 A_1A_2，再过点 A 作平面Ⅰ的平行平面Ⅱ。由定义知，构件运动时直线 A_1A_2 作垂直平动，平动构件上各点的运动都相同，构件又可看作由无数条直线 A_1A_2 组成，因此，构件的运动即可看作平面图形在自身平面内的运动。

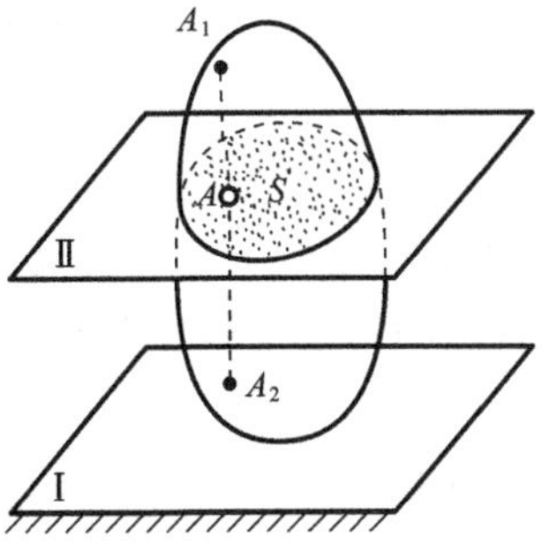

图 12-2

12.2 平面运动分解为平动和转动

平面图形 S 在坐标系中的位置,完全可以由图形中任一直线 AB 的位置来确定,如图 12-3 所示。

定义平面图形的运动方程即构件的平面运动方程为

$$x_A=f_1(t),\quad y_A=f_2(t),\quad \varphi=f_3(t)$$

各坐标均为时间 t 的单值连续函数。

现讨论图形的运动。取静参考系 Oxy,动参考系 $Ax'y'$ 固结于图形上,其坐标轴在运动中始终与 Oxy 平面保持平行。称 A 为基点,可以看出,构件的平面运动可分解为随基点 A 的平动和绕基点 A 的转动(见图 12-4)。

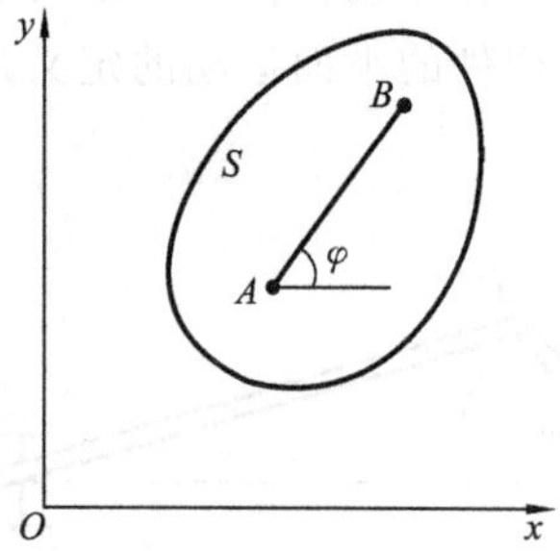

图 12-3

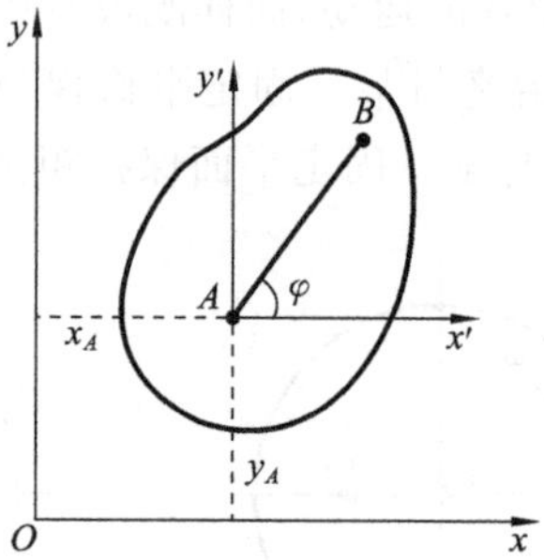

图 12-4

由于平面图形的基点是任选的,由图 12-5 可以看出选择不同的基点对运动分析的影响。假定图形从位置Ⅰ到位置Ⅱ,观察图形中任一直线 AB,当选点 A 为基点时,线段 AB 随基点 A 平动至 $A'B''$,然后绕基点 A' 转动,到达 $A'B'$ 位置;选点 B 为基点时,线段 AB 随点 B 平动(至 $A''B'$),然后绕点 B' 转动,到达 $A'B'$ 位置。显然,选择不同的基点,在相同时间间隔内,平动的位移 AA' 和 BB' 不同,但绕基点的转角相等,转向相同。

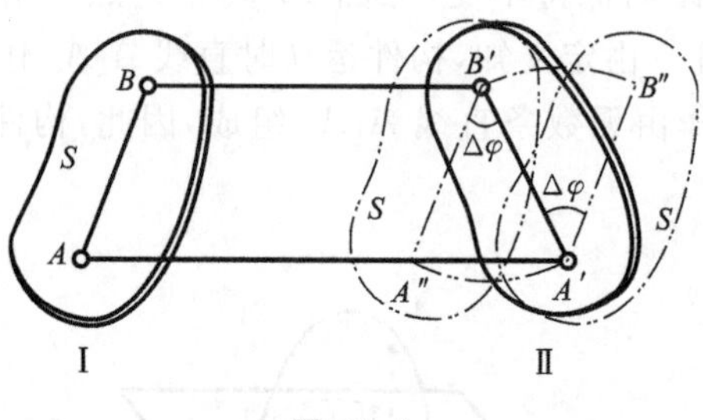

图 12-5

平面图形的运动可任取基点而将其分解为平动和转动,图形随基点平动的速度和加速度与基点的选择有关,而图形绕基点转动的角速度和角加速度则与基点位置的选择无关。

12.3 平面图形上各点的速度

因为平面图形的运动可以分解为随基点的平动和绕基点的转动,所以图形上任一点的速度可以用点的速度合成定理求解。

12.3.1　基点法

设图 12-6 上某点 A 的瞬时速度为 v_A，图形的角速度为 ω，求该图形上一点的速度 v_B。

取 A 为基点，则点 B 的速度可以看成是随基点 A 一起平动（牵连运动）和绕基点 A 的转动（相对运动）的合成。点 B 的牵连速度就等于基点 A 的速度，用 v_A 表示；点 B 的相对速度就是点 B 绕点 A 的转动速度，用 v_{BA} 表示，其大小为 $v_{BA}=AB\cdot\omega$，方向与 AB 垂直，指向与 ω 相同。由速度合成定理

$$v_B=v_e+v_r$$

可得

$$v_B=v_A+v_{BA} \tag{12-1}$$

平面图形上任一点的速度等于基点的速度与该点绕基点转动的速度的矢量和。这种求速度的方法称为基点法或速度合成法。

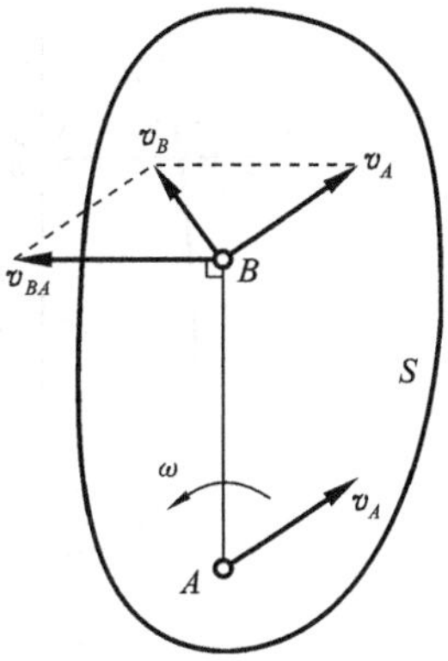

图 12-6

例 12-1　曲柄连杆机构如图 12-7 所示，已知曲柄 $OA=r$，连杆 $AB=\sqrt{3}r$，连杆的 B 端连接一滑块。曲柄 OA 作匀速转动，角速度为 ω。求当 φ 分别为 60°、0°、90°时滑块的速度。

解　连杆 AB 作平面运动，选 A 为基点，则滑块的速度为

$$v_B=v_A+v_{BA}$$

其中，v_A 的大小为 $r\omega$，v_B 的方向为水平向左，v_{BA} 方向与连杆 AB 垂直。由此可作速度四边形。

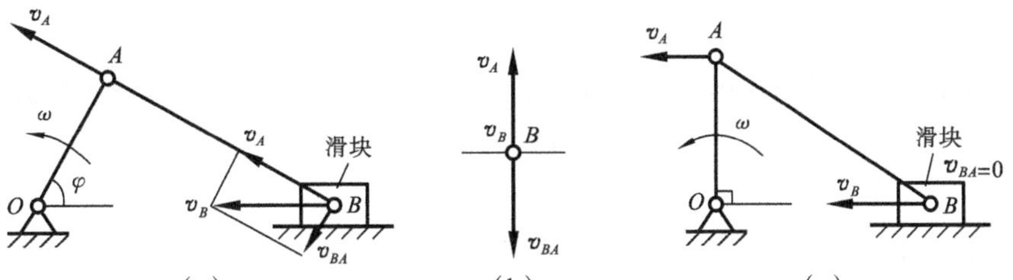

图 12-7

当 $\varphi=60°$时（见图 12-7(a)），有

$$v_B=\frac{v_A}{\cos 30°}=\frac{2\sqrt{3}}{3}r\omega$$

当 $\varphi=0°$时（见图 12-7(b)），滑块在水平方向上无速度，故 $v_B=0$。

当 $\varphi=90°$时（见图 12-7(c)），滑块的速度 v_B 与 v_A 同向，由矢量式知，此时 v_{BA} 的大小必为零，则 $v_B=v_A$。此时连杆 AB 作平动，通常称其为瞬时平动。

12.3.2　速度投影法

观察基点法的作图可以发现存在以下关系：因为 v_{BA} 垂直于 AB，其在连线 AB 上的投影为零，则有 v_B 在 AB 上的投影等于 v_A 在同一直线上的投影，写成

$$[v_B]_{AB}=[v_A]_{AB} \tag{12-2}$$

式(12-2)为速度投影定理：同一平面上任意两点的速度在这两点上的投影相等。

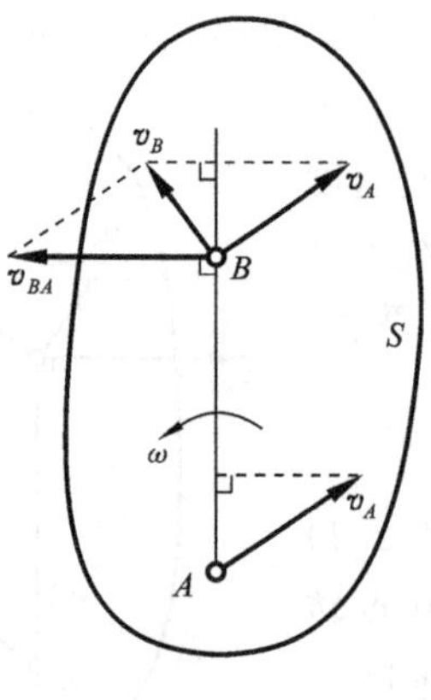

图 12-8

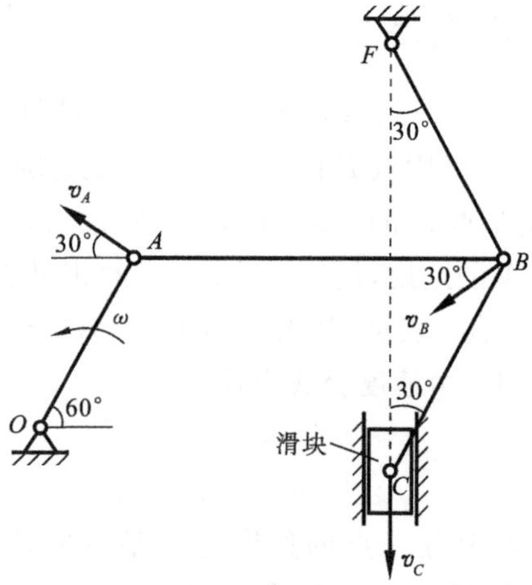

图 12-9

例 12-2　如图 12-9 所示机构，杆 BC 的 C 端与滑块连接。曲柄 OA 作整周转动，已知 $OA=r$，角速度 ω，杆长 $FB=BC$。求当图示位置时滑块的速度。

解　滑块沿竖直线作平动，OA 和摆杆 FB 均作定轴转动，连杆 AB 和 BC 作平面运动。有

$$v_A=OA\cdot\omega=r\omega$$

速度 v_A 垂直于 OA，v_B 垂直于 FB，由此可画出 v_A、v_B。由速度投影定理，有

$$v_B\cos30^\circ=v_A\cos30^\circ$$

即

$$v_B=v_A=r\omega$$

再对连杆 BC 进行讨论。因为 v_C 竖直向下，因此在连杆上也可建立速度投影式，即

$$v_C\cos30^\circ=v_B\cos30^\circ$$

$$v_C=v_B=r\omega$$

12.3.3　瞬心法

用基点法求平面图形上一点的速度时，若基点的瞬时速度为零，则图形上一点的速度就等于该点绕基点转动的速度，这可以使计算简化。

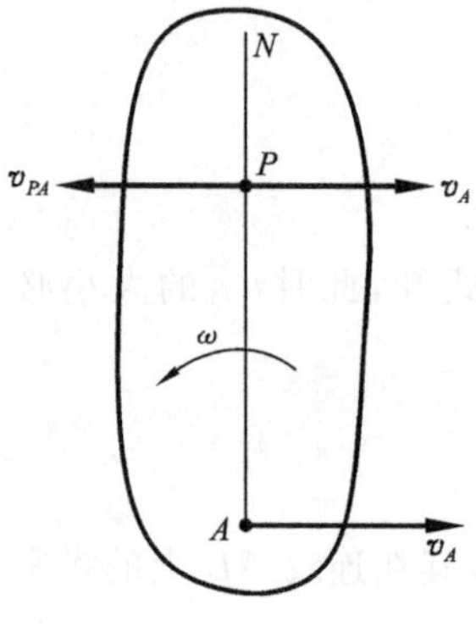

图 12-10

现在证明，在一般情况下，每一瞬时都存在唯一的速度为零的点。该点称为瞬时速度中心，简称速度瞬心。用速度瞬心来求平面图形上一点的方法称为瞬心法。

如图 12-10 所示，已知图形上点 A 的速度 v_A 和图形的角速度 ω，选 A 为基点，作垂直于速度 v_A 的直线 AN，在直线上必能找到一点 P，令

$$v_P=v_A+v_{PA}=0$$

亦即

$$v_{PA}=v_A=PA\cdot\omega$$

得

$$PA=\frac{v_A}{\omega}$$

此时点 P 的速度为零，可作为速度瞬心。

由此可见，速度瞬心在运动的图形上必然存在，但随时在改变，且不一定在图形内。

下面介绍几种不同情况下确定速度瞬心位置的方法：

(1) 已知 A、B 两点的速度方向，过点 A 和点 B 作速度矢量 v_A、v_B 的垂线，得交点 P（见图 12-11(a)）。

(2) 若 A、B 两点速度方向平行，且垂直于连线 AB，则 v_A、v_B 终端的连线必与连线 AB（及其延长线）交于点 P（见图 12-11(b)、(c)）。

(3) 若 v_A、v_B 平行且大小相等（见图 12-11(d)、(e)），则瞬心在无穷远处，该瞬时图形作瞬时平动。但应注意，此时各点的加速度并不相同，这种情况与构件的平动有所不同。

(4) 已知图形沿固定平面作无滑动的滚动，称为纯滚动（见图 12-11(f)），此时的速度瞬心为图形与平面的接触点为 P。

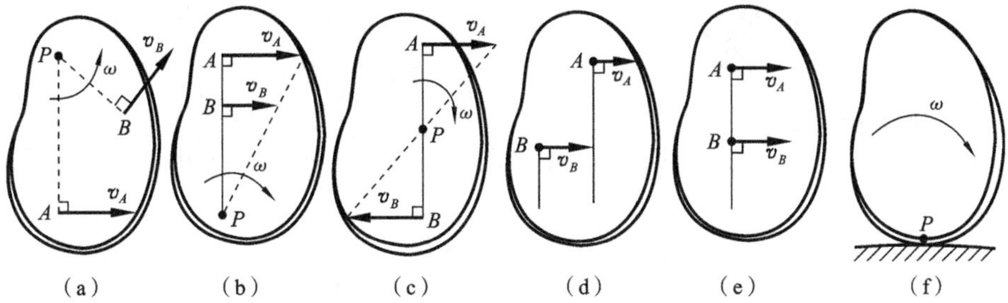

图 12-11

例 12-3　如图 12-12 所示，车轮沿直线轨道作纯滚动，轮心速度为 v_O，车轮半径为 R。求图示位置时轮缘上两点 A、B 的速度。

解　此时车轮的瞬心为 P，由瞬心法，有

$$v_O = PO \cdot \omega = R\omega$$

得车轮的角速度为

$$\omega = \frac{v_O}{R}$$

连接 PA、PB，可得 A、B 两点的速度大小分别为

$$v_A = PA \cdot \omega = \sqrt{2}R\omega = \sqrt{2}v_O$$

$$v_B = PB \cdot \omega = 2R\omega = 2v_O$$

v_A、v_B 的方向分别垂直于 PA、PB，指向沿 ω 的转向。

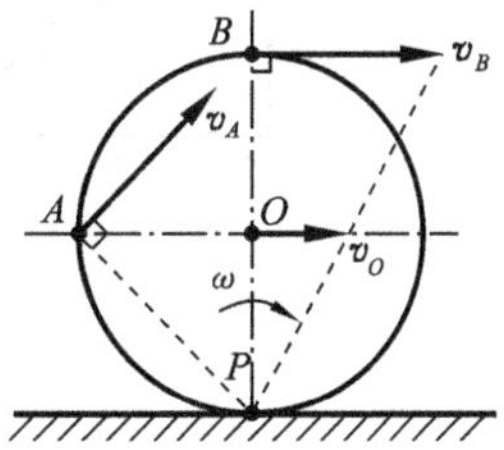

图 12-12

例 12-4　图 12-13 所示为一铰接四杆机构，OA 为曲柄，BC 为摇杆，AB 为连杆。曲柄 $OA=r=0.5$ m，角速度 $\omega=2$ rad/s，连杆 $AB=2r=1$ m，求图示位置时 B 的速度及杆 BC 的角速度。

解　连杆作平面运动，点 A 速度 v_A 的方向垂直于杆 OA，点 B 速度 v_B 方向垂直于杆 BC。过点 A、B 作 v_A、v_B 的垂线，相交于点 D，即点 D 即为杆 AB 的瞬心。由于

$$v_A = r\omega = 0.5 \times 4\ \text{m/s} = 2\ \text{m/s}$$

设连杆 AB 的角速度为 ω_{AB}，则 $v_A = AD \cdot \omega_{AB}$，因此

$$\omega_{AB} = \frac{v_A}{AD}$$

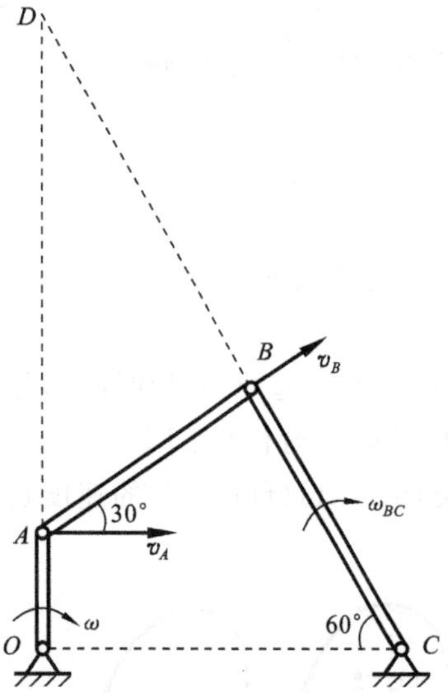

图 12-13

又
$$AD=\frac{BC}{\sin 30^\circ}=\frac{2r}{\sin 30^\circ}$$

则
$$\omega=\frac{v_A\sin 30^\circ}{2r}=\frac{2\times 0.5}{1}\ \text{rad/s}=1\ \text{rad/s}$$

由图 12-13 又可得

$$v_B=BD\cdot\omega_{AB}=\frac{2r}{\tan 30^\circ}\omega_{AB}=\frac{1\times 1\times 3}{\sqrt{3}}\ \text{m/s}=1.732\ \text{m/s}$$

则杆 BC 的角速度为

$$\omega_{BC}=\frac{v_B}{BC}$$

杆 BC 长度可由图 12-13 中的几何关系得出：作 $BC\perp OC$，得

$$BE=OA+AB\cdot\sin 30^\circ=r+2r\cdot\sin 30^\circ=2r$$

$$BC=\frac{BE}{\sin 60^\circ}=\frac{2r}{\sin 60^\circ}$$

则
$$\omega_{BC}=\frac{v_B}{BC}=\frac{1.732}{2\times 0.5}\times\sin 60^\circ\ \text{rad/s}=1.5\ \text{rad/s}$$

习 题 12

12-1 画出图 12-14 所示作平面运动的构件在图示位置时的瞬心。

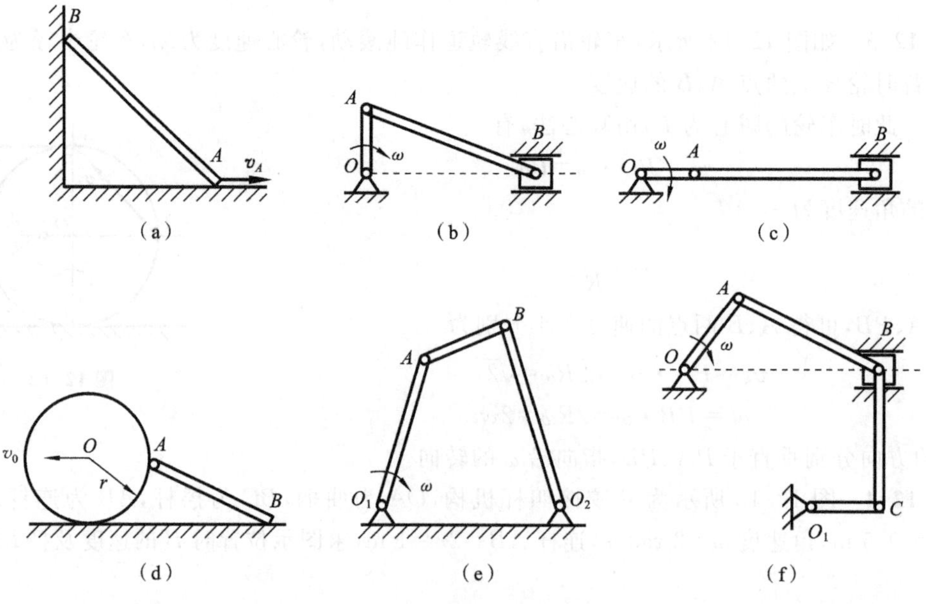

图 12-14

12-2 图 12-15 为一平板车，车轮 A 与垫轮 B 的半径均为 r。设各轮均作纯滚动，当拖车以速度 v 前进时，求两轮子的角速度。

12-3 如图 12-16 所示机构，已知 $OA=O_1B=\dfrac{AB}{2}=l$，曲柄 OA 的角速度 $\omega_0=3$ rad/s，当

OA 在水平位置而 O_1B 正好在竖直位置时，求杆 AB 及杆 O_1B 的角速度。

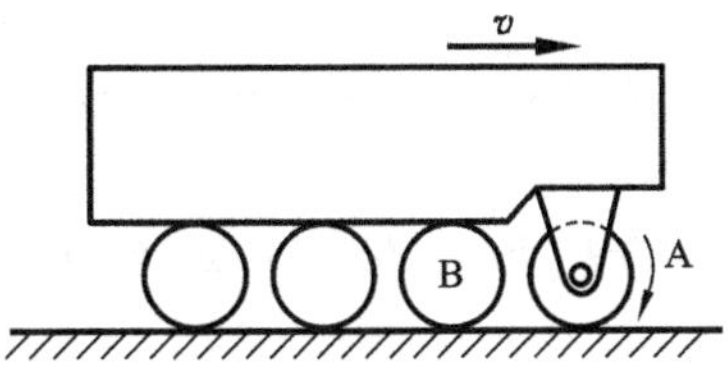

图 12-15

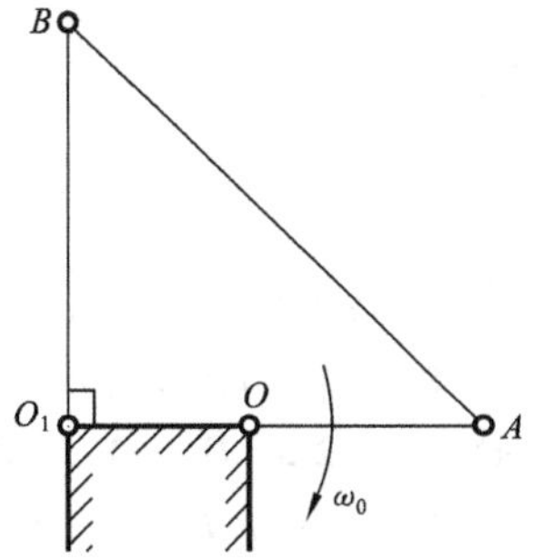

图 12-16

12-4　图 12-17 所示为一齿轮齿条机构，曲柄 $OA=R$，以匀角速度 ω_0 转动，齿条 AB 带动齿轮 Ⅰ 绕 O_1 轴摆动，齿轮 Ⅰ 半径 $O_1C=r=\dfrac{R}{2}$。当 $\alpha=60°$ 时，求轮 Ⅰ 的角速度。

12-5　图 12-18 所示为一行星轮机构。曲柄 OA 以 $\omega=2.5$ rad/s 匀速转动。大齿轮固定不动，半径 $r_2=15$ cm，小齿轮由曲柄 OA 带动在大齿轮表面滚动，$r_1=10$ cm。设 EF 与 BD 垂直，求小齿轮上 A、B、D、E、F 各点的速度。

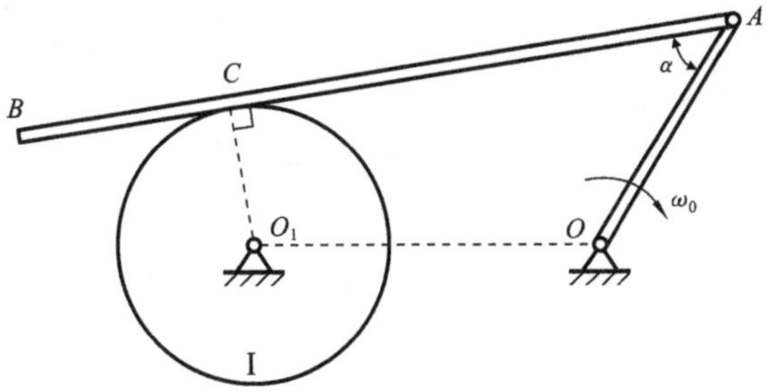

图 12-17

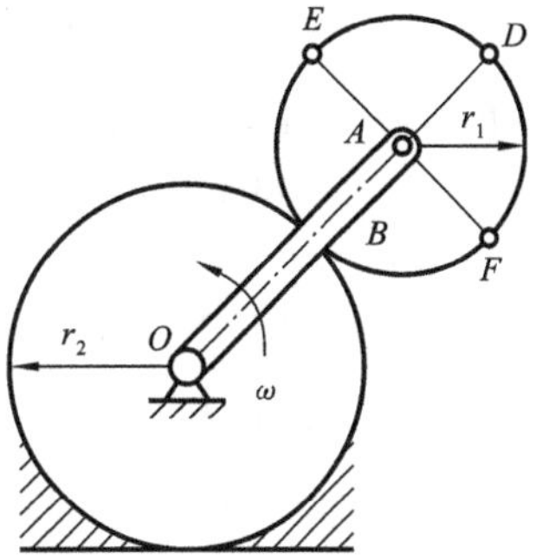

图 12-18

部分习题参考答案

第 2 章

2-1 (a) $F_{AB}=0.577P$(拉), $F_{BC}=1.155P$(压); (b) $F_{AB}=0.577P$(拉), $F_{AC}=0.866P$(压);
(c) $F_{AB}=F_{AC}=0.577P$(拉)。

2-2 23.08 kN。 **2-3** $F_{AO}=12.6$ kN, $F_{BO}=17.5$ kN。 **2-4** $F_R=322.5$ N, $\angle(\boldsymbol{F}_R,\boldsymbol{F}_2)=60°15'$。

2-5 $F_R=2.44$ kN, $\angle(\boldsymbol{F}_R,\boldsymbol{F}_1)=28°26'$。

2-6 (a) $F_A=15.8$ kN, $F_B=7.1$ kN; (b) $F_A=22.4$ kN, $F_B=10$ kN。

2-7 $F_{BC}=5$ kN(压)。 **2-8** $F_{AB}=4.85$ kN, $F_{BC}=10$ kN。

2-9 $F_{AB}=54.64$ kN(拉), $F_{CB}=74.64$ kN(压)。 **2-10** $F_B=141.4$ N, $F_2=193$ N。

2-11 $F_{CD}=5\ 000$ N, $F_B=3\ 162$ N。 **2-12** $F_{AB}=2.5$ kN, $F_{BC}=4.33$ kN。 **2-13** $F_{物}=\dfrac{Fl}{2h}$。

2-14 $F_1:F_2=0.816$。

2-15 (a) $M_O(\boldsymbol{F})=Fa\cdot\cos\beta$; (b) $M_O(\boldsymbol{F})=Fa$; (c) $M_O(\boldsymbol{F})=Fa\cos\alpha-Fl\sin\alpha$;
(d) $M_O(\boldsymbol{F})=F\sqrt{a^2+b^2}\sin\alpha$; (e) $M_O(\boldsymbol{F})=F\sqrt{a^2+b^2}\sin\alpha$。

2-16 (a) qa, $-\dfrac{1}{2}qa^2$; (b) $2ql$, $-4ql^2$。

2-17 $F_A=F_B=3$ kN。

2-18 (a) $F_{Ax}=2.13$ kN, $F_{Ay}=0.34$ kN, $F_B=4.23$ kN;
(b) $F_{Ax}=1.41$ kN, $F_{Ay}=-1.46$ kN, $F_B=2.87$ kN; (c) $F_{Ax}=6$ kN, $F_{Ay}=5$ kN, $M_A=3$ kN·m;
(d) $F_{Ax}=6.93$ kN, $F_{Ay}=1.8$ kN, $M_A=-1.1$ kN·m。

2-19 (a) $F_A=\dfrac{1}{3}qa$, $F_B=\dfrac{2}{3}qa$; (b) $F_A=-qa$, $F_B=2qa$; (c) $F_A=2.18qa$, $F_B=1.82qa$。

2-20 (1) 15 kN, (2) 36°52′, 12 kN。 **2-21** $F=P$, $M=Pl$。

2-22 $F_A=-10$ kN, $F_{Bx}=10$ kN, $F_{By}=25$ kN。 **2-23** $F_A=1\ 250$ N, $F_B=3\ 750$ N。

2-24 $F=277$ N。 **2-25** $F_A=53$ kN, $F_B=37$ kN。 **2-26** $P_3=333$ kN, $x=6.75$ mm。

2-27 $P_{4\max}=7.41$ kN。

2-28 (a) $F_A=\dfrac{1}{2}F(\downarrow)$, $F_B=F(\uparrow)$, $F_D=\dfrac{1}{2}F(\uparrow)$, $F_C=\dfrac{1}{2}F(\uparrow)$;

(b) $F_A=-\dfrac{3}{2}qa$, $F_B=3qa$, $F_D=\dfrac{1}{2}qa(\uparrow)$, $F_C=\dfrac{1}{2}qa(\uparrow)$;

(c) $F_A=F_B=qa(\uparrow)$, $F_C=F(\downarrow)$, $M_C=\dfrac{3}{2}qa^2(\downarrow)$;

(d) $F_A=qa(\uparrow)$, $F_B=F_C=qa(\uparrow)$, $M_C=qa^2(\uparrow)$。

2-29 $F_{Ax}=2\ 400$ N, $F_{Ay}=1\ 200$ N, $F_{BC}=848$ N。

2-30 $F_{Ax}=F_{Bx}=120$ kN, $F_{Ay}=F_{By}=300$ kN。

2-31 $F_A=-48.3$ kN, $F_B=100$ kN, $F_D=8.33$ kN。

2-32 $F_A=-5$ kN, $F_B=40$ kN, $F_C=5$ kN, $F_D=15$ kN。 **2-33** $M=63$ N·m。

2-34 $F_{工件}=8\ 013$ N。

2-35 $F_{Ax}=F$, $F_{Ay}=F$, $F_{Bx}=-F$, $F_{By}=0$, $F_{Cx}=F$, $F_{Cy}=F$, $F_{Dx}=-2F$, $F_{Dy}=-F$。

2-36 下滑, $F_s=329$ N。 **2-37** $F=65.4$ N, $\alpha=11.3°$。 **2-38** $F=100$ N。 **2-39** $h=4.5$ cm。

第 3 章

3-1 $F_{1x}=30$ N，$F_{1y}=0$；$F_{2x}=0$，$F_{2y}=0$，$F_{2z}=50$ N；$F_{3x}=0$，$F_{3y}=-40$ N，$F_{3z}=0$。

3-2 $F_{1x}=F_{1y}=0$，$F_{1z}=2$ kN；$F_{2x}=-1.06$ kN，$F_{2y}=1.7$ kN，$F_{2z}=-1.07$ kN；$F_{3x}=0$，$F_{3y}=-3.2$ kN，$F_{3z}=2.4$ kN。

3-3 $M_x(\boldsymbol{F}_x)=M_y(\boldsymbol{F}_x)=0$，$M_z(\boldsymbol{F}_x)=56.25$ kN·mm；$M_x(\boldsymbol{F}_y)=M_y(\boldsymbol{F}_y)=0$，$M_z(\boldsymbol{F}_y)=-300$ kN·mm；$M_x(\boldsymbol{F}_z)=-375$ kN·mm，$M_z(\boldsymbol{F}_z)=1\,000$ kN·mm，$M_z(\boldsymbol{F}_z)=0$。

3-4 $M_x(\boldsymbol{F})=-1\,224$ N·cm。

3-5 $F_x=354$ N，$F_y=-354$ N，$F_z=-866$ N；$M_x(\boldsymbol{F})=-259$ N·mm，$M_y(\boldsymbol{F})=966$ N·mm，$M_z(\boldsymbol{F})=-500$ N·mm。

3-6 $F_{DA}=-1\,410$ N，$F_{DB}=F_{DC}=707$ N。　**3-7** $F_{AD}=F_{BD}=31.5$ kN，$F_{CD}=1.5$ kN。

3-8 $F_{t1}=4$ kN，$F_{Ax}=148$ N，$F_{Az}=-703$ N，$F_{Bx}=-284$ N，$F_{Bz}=-115$ N。

3-9 $F_{T3}=4$ kN，$F_{T4}=2$ kN，$F_{Ax}=-6$ kN，$F_{Az}=2.598$ kN，$F_{Bx}=0$，$F_{Bz}=2.958$ kN。

3-10 $F_{Ax}=3.953$ kN，$F_{Az}=-1\,439$ N，$F_{Bx}=7\,766$ N，$F_{Bz}=2\,828$ N。

3-11 (a) $x_C=0$，$y_C=10.13$ cm；(b) $x_C=9.6$ cm，$y_C=4.9$ cm；(c) $x_C=0$，$y_C=23$ cm。

3-12 $x_C=\dfrac{r^2R}{2(R^2-r^2)}$，$y_C=0$。　**3-13** $BE=0.445a$。

第 4 章

4-2 (a) $F_{N1}=0$，$F_{N2}=2$ kN(拉)，$F_{N3}=-3$ kN(压)；(b) $F_{N1}=2$ kN(拉)，$F_{N2}=6$ kN(拉)；
(c) $F_{N1}=5$ kN(拉)，$F_{N2}=3$ kN(拉)，$F_{N3}=5$ kN(拉)；
(d) $F_{N}=-9$ kN(压)，$F_{N2}=-7$ kN(压)，$F_{N3}=-3$ kN(压)。

4-3 $\sigma_{L\max}=90.47$ MPa。　**4-4** $\sigma=65.7$ MPa。　**4-5** $\Delta l=-0.19$ mm，$\sigma=-20$ MPa。

4-6 $\sigma_{\max}=16.2$ MPa$<[\sigma]$，安全。　**4-7** $\sigma=3.18$ MPa$<[\sigma]$，安全。

4-8 $\sigma=123$ MPa$>[\sigma]$，强度不够。　**4-9** $\sigma=92.56$ MPa$<[\sigma]$。

4-10 AC 及 BC 杆：$b=15$ mm，AD 及 DB 杆：$b=13$ mm，CD 杆：$b=18$ mm。

4-11 (1) $\sigma=75.9$ MPa，$n=3.95$；(2) $n=14$。　**4-12** $F_{\max}=44.9$ kN。　**4-13** $b=116$ mm，$h=162$ mm。

4-14 $P=24$ kN。　**4-15** (1) $d\leqslant 2.3$ cm；(2) $A_{CD}\geqslant 833$ mm^2；(3) $P_{\max}\leqslant 15.7$ kN。

4-16 $\sigma_{30^\circ}=150$ MPa，$\tau_{30^\circ}=86.6$ MPa。　**4-17** $\Delta l=0.075$ mm。　**4-18** $E=208$ GPa，$\mu=0.317$。

4-19 $F=27$ kN。　**4-20** $P=1\,972$ N。　**4-21** $F_{cr}=138.8$ kN。

4-22 $F_{cr1}=820$ kN，$F_{cr2}=1\,206$ kN，$F_{cr3}=1\,100$ kN。　**4-23** $F_{cr}=261$ kN。

4-24 $n_w=4.01$。　**4-25** $n_w=3.58>[n_w]$，稳定。　**4-26** $[P]=236.6$ kN。

第 5 章

5-2 $l\geqslant 253$ mm。　**5-3** $\tau=41.7$ MPa$<[\tau]$，$\sigma_{JY}=125$ MPa$>[\sigma]_{JY}$；强度不够，可改用 $l=55$ mm 的键。

5-4 $[\tau]=70.7$ MPa$<[\tau]$，安全。　**5-5** $F_S=360$ kN。

5-6 $d=15$ mm，如用 $d=12$ mm 的铆钉，则 $n=5$。　**5-7** $F=771$ kN。　**5-8** $M=145$ N·m。

5-9 $F=177$ N，$\tau=17.6$ MPa。

第 6 章

6-3 (2) $\tau_{\max}=46.5$ MPa。　**6-4** $d=53$ mm。　**6-5** $P=18.9$ kW。　**6-6** 50%。

6-7 $d=28$ mm，$P=1\,120$ N。　**6-8** $\tau=56$ MPa$<[\tau]$，安全。　**6-9** $M=216$ kN·m。

6-10 $M_{钢}/M_{铝}=0.94$。

第 7 章

7-7 $\sigma_A=2.54$ MPa，$\sigma_B=-1.62$ MPa。　**7-8** $b=111.2$ mm。

7-9 $\sigma_a=23.1$ MPa，$\sigma_b=-3.47$ MPa。　**7-10** $\sigma_1=1.95$ MPa，$\sigma_2=3.91$ MPa，$\sigma_2/\sigma_1=2$。

7-11 $\sigma_{max}=87.3$ MPa。　**7-12** $\sigma_L=48$ MPa$>[\sigma]_L$，不安全。　**7-13** $a=2.55$ cm。

7-14 $[q]=15.68$ kN/m。　**7-15** $F=975$ kN。　**7-16** $[F]=20$ kN。　**7-17** 18 工字钢。

7-18 $a=1.8$ m。　**7-19** (1) 2 m$\leqslant x \leqslant$2.67 m；(2) 50b 工字钢。

第 8 章

8-1 16 工字钢，$\sigma_{ymax}=107$ MPa。　**8-2** $\sigma_{ymax}=9.32$ MPa$<[\sigma]$，强度足够。　**8-3** $h=21.2$ mm。

8-4 $F\leqslant 18.6$ kN。　**8-5** $\sigma_{xd3}=97$ MPa$<[\sigma]$，强度足够。　**8-6** $P\leqslant 903$ kN。

8-7 $d\geqslant 28.2$ mm，取 $d=29$ mm。　**8-8** $\sigma_{xd3}=81.9$ MPa$<[\sigma]$，强度足够。

8-9 $\sigma_{xd3}=28.6$ MPa$<[\sigma_{-1}]$，强度足够。

第 9 章

9-2 $v=16$ m/s，$a=0.4$ m/s^2，$t=40$ s，$s=320$ m。

9-3 $v=2\pi\cos\pi t$，$a=-2\pi^2\sin\pi t$；　$t=0$ 时 $x=0$，$v=2\pi$ mm/s，$a=0$；

$t=0.5$ s 时 $x=20$ mm，$v=0$，$a=-20\pi^2$ mm/s^2；　$t=1$ s 时 $x=0$，$v=-20\pi^2$ mm/s，$a=0$。

9-4 坐标原点取在凸轮最高点，y 轴向下，$y=8-\sqrt{64-t^2}$，$v_y=\dfrac{t}{\sqrt{64-t^2}}$。

9-5 (1) $x=y^2$，$v_x=16$ m/s，$v_y=2$ m/s，$a_x=8$ m/s^2，$a_y=0$；

(2) $x^2+y^2=5^2$，$v_x=-20\sin 4t$，$v_y=20\cos 4t$，$a_x=-80\cos 4t$，$a_y=-80\sin 4t$。

9-6 $a_\tau=6$ m/s^2，$a_n=1\ 800$ m/s^2。

第 10 章

10-3 $\omega=15$ rad/s，$\varepsilon=18$ rad/s^2。　**10-4** $\varepsilon=0.22$ rad/s^2，175 圈。

10-5 (1) $\omega=27\pi$ rad/s；(2) $t=3$ s；(3) $\varepsilon=-18\pi$ rad/s^2。　**10-6** $n_1=300$ r/min，$n_2=200$ r/min。

第 11 章

11-3 $v=942$ mm/s。　**11-4** $v=\dfrac{\tan\varphi}{\cos\varphi}\omega$。　**11-5** $v_B=v_0\tan\alpha$。　**11-6** $v=0.1$ m/s。

第 12 章

12-3 $\omega_{AB}=3$ rad/s，$\omega_{O_1B}=5.2$ rad/s。　**12-4** $\omega_{O_1}=\sqrt{3}\omega_0$。

12-5 $v_A=625$ mm/s，$v_B=0$，$v_D=125$ mm/s，$v_E=v_F=884$ mm/s。

参 考 文 献

[1] 上海化工学院,无锡轻工业学院.工程力学[M].北京:高等教育出版社,2002.

[2] 程嘉佩.材料力学[M].北京:高等教育出版社,1989.

[3] 韩向东.工程力学[M].2 版.北京:机械工业出版社,2010.

[4] 范钦珊,殷雅俊.工程力学[M].2 版.北京:清华大学出版社,2004.

[5] 张秉荣.工程力学[M].4 版.北京:机械工业出版社,2011.

[6] 朱熙然,陶琳.工程力学[M].2 版.上海:上海交通大学出版社,2005.

[7] 党锡康.工程力学[M].南京:东南大学出版社,2002.

[8] 牛玉林.工程力学[M].武汉:华中理工大学出版社,1989.

[9] 邱家骏.工程力学[M].北京:机械工业出版社,2006.

[10] 张斌,陈俊德.工程力学[M].2 版.北京:中国电力出版社,2011.

[11] 穆能伶.工程力学[M].北京:机械工业出版社,2011.

[12] 中华人民共和国国家质量监督检验检疫总局,中国国家标准化管理委员会.热轧型钢(GB/T 706—2008)[S].2008-08-19.

附录　型钢截面尺寸、截面面积、理论重量及截面特性(GB/T 706—2008)

附录 A　等边角钢截面尺寸、截面面积、理论重量及截面特性

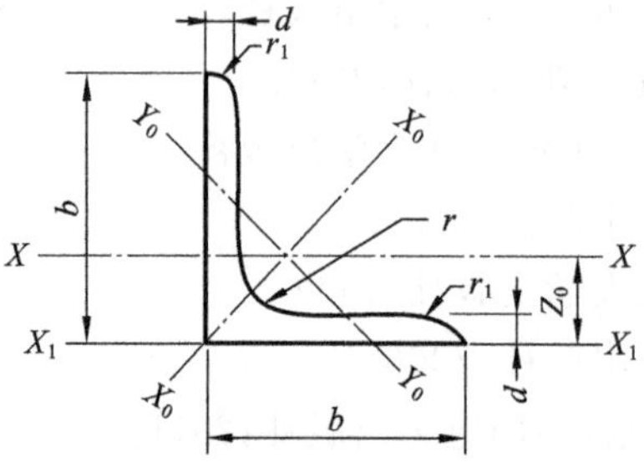

b——边宽度；
d——边厚度；
r——内圆弧半径；
r_1——边端圆弧半径；
Z_0——重心距离。

型号	截面尺寸/mm			截面面积/cm²	理论重量/(kg/m)	外表面积/(m²/m)	惯性矩/cm⁴				惯性半径/cm			截面模数/cm³			重心距离/cm
	b	d	r				I_x	I_{x1}	I_{x0}	I_{y0}	i_x	i_{x0}	i_{y0}	W_x	W_{x0}	W_{y0}	Z_0
2	20	3	3.5	1.132	0.889	0.078	0.40	0.81	0.63	0.17	0.59	0.75	0.39	0.29	0.45	0.20	0.60
		4		1.459	1.145	0.077	0.50	1.09	0.78	0.22	0.58	0.73	0.38	0.36	0.55	0.24	0.64
2.5	25	3		1.432	1.124	0.098	0.82	1.57	1.29	0.34	0.76	0.95	0.49	0.46	0.73	0.33	0.73
		4		1.859	1.459	0.097	1.03	2.11	1.62	0.43	0.74	0.93	0.48	0.59	0.92	0.40	0.76
3.0	30	3	4.5	1.749	1.373	0.117	1.46	2.71	2.31	0.61	0.91	1.15	0.59	0.68	1.09	0.51	0.85
		4		2.276	1.786	0.117	1.84	3.63	2.92	0.77	0.90	1.13	0.58	0.87	1.37	0.62	0.89
3.6	36	3		2.109	1.656	0.141	2.58	4.68	4.09	1.07	1.11	1.39	0.71	0.99	1.61	0.76	1.00
		4		2.756	2.163	0.141	3.29	6.25	5.22	1.37	1.09	1.38	0.70	1.28	2.05	0.93	1.04
		5		3.382	2.654	0.141	3.95	7.84	6.24	1.65	1.08	1.36	0.70	1.56	2.45	1.00	1.07
4	40	3	5	2.359	1.852	0.157	3.59	6.41	5.69	1.49	1.23	1.55	0.79	1.23	2.01	0.96	1.09
		4		3.086	2.422	0.157	4.60	8.56	7.29	1.91	1.22	1.54	0.79	1.60	2.58	1.19	1.13
		5		3.791	2.976	0.156	5.53	10.74	8.76	2.30	1.21	1.52	0.78	1.96	3.10	1.39	1.17
4.5	45	3		2.659	2.088	0.177	5.17	9.12	8.20	2.14	1.40	1.76	0.89	1.58	2.58	1.24	1.22
		4		3.486	2.736	0.177	6.65	12.18	10.56	2.75	1.38	1.74	0.89	2.05	3.32	1.54	1.26
		5		4.292	3.369	0.176	8.04	15.2	12.74	3.33	1.37	1.72	0.88	2.51	4.00	1.81	1.30
		6		5.076	3.985	0.176	9.33	18.36	14.76	3.89	1.36	1.70	0.8	2.95	4.64	2.06	1.33
5	50	3	5.5	2.971	2.332	0.197	7.18	12.5	11.37	2.98	1.55	1.96	1.00	1.96	3.22	1.57	1.34
		4		3.897	3.059	0.197	9.26	16.69	14.70	3.82	1.54	1.94	0.99	2.56	4.16	1.96	1.38
		5		4.803	3.770	0.196	11.21	20.90	17.79	4.64	1.53	1.92	0.98	3.13	5.03	2.31	1.42
		6		5.688	4.465	0.196	13.05	25.14	20.68	5.42	1.52	1.91	0.98	3.68	5.85	2.63	1.46
5.6	56	3	6	3.343	2.624	0.221	10.19	17.56	16.14	4.24	1.75	2.20	1.13	2.48	4.08	2.02	1.48
		4		4.390	3.446	0.220	13.18	23.43	20.92	5.46	1.73	2.18	1.11	3.24	5.28	2.52	1.53
		5		5.415	4.251	0.220	16.02	29.33	25.42	6.61	1.72	2.17	1.10	3.97	6.42	2.98	1.57
		6		6.420	5.040	0.220	18.69	35.26	29.66	7.73	1.71	2.15	1.10	4.68	7.49	3.40	1.61
		7		7.404	5.812	0.219	21.23	41.23	33.63	8.82	1.69	2.13	1.09	5.36	8.49	3.80	1.64
		8		8.367	6.568	0.219	23.63	47.24	37.37	9.89	1.68	2.11	1.09	6.03	9.44	4.16	1.68

续表

型号	截面尺寸/mm			截面面积/cm^2	理论重量/(kg/m)	外表面积/(m^2/m)	惯性矩/cm^4				惯性半径/cm			截面模数/cm^3			重心距离/cm
	b	d	r				I_x	I_{x1}	I_{x0}	I_{y0}	i_x	i_{x0}	i_{y0}	W_x	W_{x0}	W_{y0}	Z_0
6	60	5	6.5	5.829	4.576	0.236	19.89	36.05	31.57	8.21	1.85	2.33	1.19	4.59	7.44	3.48	1.67
		6		6.914	5.427	0.235	23.25	43.33	36.89	9.60	1.83	2.31	1.18	5.41	8.70	3.98	1.70
		7		7.977	6.262	0.235	26.44	50.65	41.92	10.96	1.82	2.29	1.17	6.21	9.88	4.45	1.74
		8		9.020	7.081	0.235	29.47	58.02	46.66	12.28	1.81	2.27	1.17	6.98	11.00	4.88	1.78
6.3	63	4	7	4.978	3.907	0.248	19.03	33.35	30.17	7.89	1.96	2.46	1.26	4.13	6.78	3.29	1.70
		5		6.143	4.822	0.248	23.17	41.73	36.77	9.57	1.94	2.45	1.25	5.08	8.25	3.90	1.74
		6		7.288	5.721	0.247	27.12	50.14	43.03	11.20	1.93	2.43	1.24	6.00	9.66	4.46	1.78
		7		8.412	6.603	0.247	30.87	58.60	48.96	12.79	1.92	2.41	1.23	6.88	10.99	4.98	1.82
		8		9.515	7.469	0.247	34.46	67.11	54.56	14.33	1.90	2.40	1.23	7.75	12.25	5.47	1.85
		10		11.657	9.151	0.246	41.09	84.31	64.85	17.33	1.88	2.36	1.22	9.39	14.56	6.36	1.93
7	70	4	8	5.570	4.372	0.275	26.39	45.74	41.80	10.99	2.18	2.74	1.40	5.14	8.44	4.17	1.86
		5		6.875	5.397	0.275	32.21	57.21	51.08	13.31	2.16	2.73	1.39	6.32	10.32	4.95	1.91
		6		8.160	6.406	0.275	37.77	68.73	59.93	15.61	2.15	2.71	1.38	7.48	12.11	5.67	1.95
		7		9.424	7.398	0.275	43.09	80.29	68.35	17.82	2.14	2.69	1.38	8.59	13.81	6.34	1.99
		8		10.667	8.373	0.274	48.17	91.92	76.37	19.98	2.12	2.68	1.37	9.68	15.43	6.98	2.03

附录 B　槽钢截面尺寸、截面面积、理论重量及截面特性

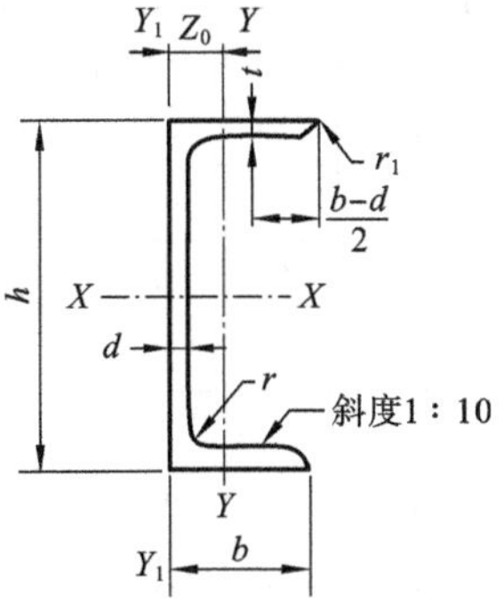

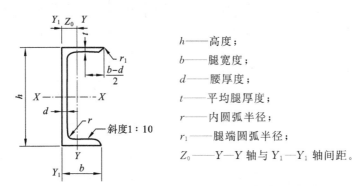

h——高度；
b——腿宽度；
d——腰厚度；
t——平均腿厚度；
r——内圆弧半径；
r_1——腿端圆弧半径；
Z_0——Y—Y 轴与 Y_1—Y_1 轴间距。

型号	截面尺寸/mm						截面面积/cm^2	理论重量/(kg/m)	惯性矩/cm^4			惯性半径/cm		截面模数/cm^3		重心距离/cm
	h	b	d	t	r	r_1			I_x	I_y	I_{y1}	i_x	i_y	W_x	W_y	Z_0
5	50	37	4.5	7.0	7.0	3.5	6.928	5.438	26.0	8.30	20.9	1.94	1.10	10.4	3.55	1.35
6.3	63	40	4.8	7.5	7.5	3.8	8.451	6.634	50.8	11.9	28.4	2.45	1.19	16.1	4.50	1.36
6.5	65	40	4.3	7.5	7.5	3.8	8.547	6.709	55.2	12.0	28.3	2.54	1.19	17.0	4.59	1.38
8	80	43	5.0	8.0	8.0	4.0	10.248	8.045	101	16.6	37.4	3.15	1.27	25.3	5.79	1.43
10	100	48	5.3	8.5	8.5	4.2	12.748	10.007	198	25.6	54.9	3.95	1.41	39.7	7.80	1.52
12	120	53	5.5	9.0	9.0	4.5	15.362	12.059	346	37.4	77.7	4.75	1.56	57.7	10.2	1.62
12.6	126	53	5.5	9.0	9.0	4.5	15.692	12.318	391	38.0	77.1	4.95	1.57	62.1	10.2	1.59

续表

型号	截面尺寸/mm						截面面积/cm^2	理论重量/(kg/m)	惯性矩/cm^4			惯性半径/cm		截面模数/cm^3		重心距离/cm
	h	b	d	t	r	r_1			I_x	I_y	I_{y1}	i_x	i_y	W_x	W_y	Z_0
14a	140	58	6.0	9.5	9.5	4.8	18.516	14.535	564	53.2	107	5.52	1.70	80.5	13.0	1.71
14b		60	8.0				21.316	16.733	609	61.1	121	5.35	1.69	87.1	14.1	1.67
16a	160	63	6.5	10.0	10.0	5.0	21.962	17.24	866	73.3	144	6.28	1.83	108	16.3	1.80
16b		65	8.5				25.162	19.752	935	83.4	161	6.10	1.82	117	17.6	1.75
18a	180	68	7.0	10.5	10.5	5.2	25.699	20.174	1 270	98.6	190	7.04	1.96	141	20.0	1.88
18b		70	9.0				29.299	23.000	1 370	111	210	6.84	1.95	152	21.5	1.84
20a	200	73	7.0	11.0	11.0	5.5	28.837	22.637	1 780	128	244	7.86	2.11	178	24.2	2.01
20b		75	9.0				32.837	25.777	1 910	144	268	7.64	2.09	191	25.9	1.95
22a	220	77	7.0	11.5	11.5	5.8	31.846	24.999	2 390	158	298	8.67	2.23	218	28.2	2.10
22b		79	9.0				36.246	28.453	2 570	176	326	8.42	2.21	234	30.1	2.03
24a	240	78	7.0	12.0	12.0	6.0	34.217	26.860	3 050	174	325	9.45	2.25	254	30.5	2.10
24b		80	9.0				39.017	30.628	3 280	194	355	9.17	2.23	274	32.5	2.03
24c		82	11.0				43.817	34.396	3 510	213	388	8.96	2.21	293	34.4	2.00
25a	250	78	7.0				34.917	27.410	3 370	176	322	9.82	2.24	270	30.6	2.07
25b		80	9.0				39.917	31.335	3 530	196	353	9.41	2.22	282	32.7	1.98
25c		82	11.0				44.917	35.260	3 690	218	384	9.07	2.21	295	35.9	1.92
27a	270	82	7.5	12.5	12.5	6.2	39.284	30.838	4 360	216	393	10.5	2.34	323	35.5	2.13
27b		84	9.5				44.684	35.077	4 690	239	428	10.3	2.31	347	37.7	2.06
27c		86	11.5				50.084	39.316	5 020	261	467	10.1	2.28	372	39.8	2.03
28a	280	82	7.5				40.034	31.427	4 760	218	388	10.9	2.33	340	35.7	2.10
28b		84	9.5				45.634	35.823	5 130	242	428	10.6	2.30	366	37.9	2.02
28c		86	11.5				51.234	40.219	5 500	268	463	10.4	2.29	393	40.3	1.95
30a	300	85	7.5	13.5	13.5	6.8	43.902	34.463	6 050	260	467	11.7	2.43	403	41.1	2.17
30b		87	9.5				49.902	39.173	6 500	289	515	11.4	2.41	433	44.0	2.13
30c		89	11.5				55.902	43.883	6 950	316	560	11.2	2.38	463	46.4	2.09
32a	320	88	8.0	14.0	14.0	7.0	48.513	38.083	7 600	305	552	12.5	2.50	475	46.5	2.24
32b		90	10.0				54.913	43.107	8 140	336	593	12.2	2.47	509	49.2	2.16
32c		92	12.0				61.313	48.131	8 690	374	643	11.9	2.47	543	52.6	2.09
36a	360	96	9.0	16.0	16.0	8.0	60.910	47.814	11 900	455	818	14.0	2.73	660	63.5	2.44
36b		98	11.0				68.110	53.466	12 700	497	880	13.6	2.70	703	66.9	2.37
36c		100	13.0				75.310	59.118	13 400	536	948	13.4	2.67	746	70.0	2.34
40a	400	100	10.5	18.0	18.0	9.0	75.068	58.928	17 600	592	1 070	15.3	2.81	879	78.8	2.49
40b		102	12.5				83.068	65.208	18 600	640	1 140	15.0	2.78	932	82.5	2.44
40c		104	14.5				91.068	71.488	19 700	688	1 220	14.7	2.75	986	86.2	2.42

注：表中 r、r_1 的数据用于孔型设计，不做交货条件。

附录 C　工字钢截面尺寸、截面面积、理论重量及截面特性

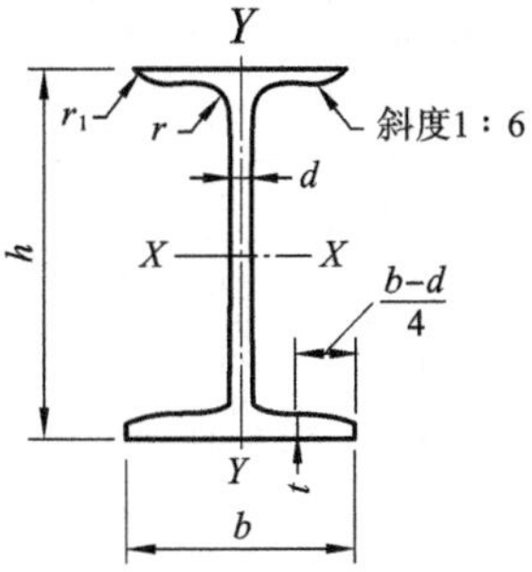

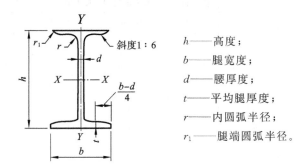

h——高度；
b——腿宽度；
d——腰厚度；
t——平均腿厚度；
r——内圆弧半径；
r_1——腿端圆弧半径。

型号	截面尺寸/mm						截面面积/cm^2	理论重量/(kg/m)	惯性矩/cm^4		惯性半径/cm		截面模数/cm^3	
	h	b	d	t	r	r_1			I_x	I_y	i_x	i_y	W_x	W_y
10	100	68	4.5	7.6	6.5	3.3	14.345	11.261	245	33.0	4.14	1.52	49.0	9.72
12	120	74	5.0	8.4	7.0	3.5	17.818	13.987	436	46.9	4.95	1.62	72.7	12.7
12.6	126	74	5.0	8.4	7.0	3.5	18.118	14.223	488	46.9	5.20	1.61	77.5	12.7
14	140	80	5.5	9.1	7.5	3.8	21.516	16.890	712	64.4	5.76	1.73	102	16.1
16	160	88	6.0	9.9	8.0	4.0	26.131	20.513	1 130	93.1	6.58	1.89	141	21.2
18	180	94	6.5	10.7	8.5	4.3	30.756	24.143	1 660	122	7.36	2.00	185	26.0
20a	200	100	7.0	11.4	9.0	4.5	35.578	27.929	2 370	158	8.15	2.12	237	31.5
20b		102	9.0				39.578	31.069	2 500	169	7.96	2.06	250	33.1
22a	220	110	7.5	12.3	9.5	4.8	42.128	33.070	3 400	225	8.99	2.31	309	40.9
22b		112	9.5				46.528	36.524	3 570	239	8.78	2.27	325	42.7
24a	240	116	8.0	13.0	10.0	5.0	47.741	37.477	4 570	280	9.77	2.42	381	48.4
24b		118	10.0				52.541	41.245	4 800	297	9.57	2.38	400	50.4
25a	250	116	8.0				48.541	38.105	5 020	280	10.2	2.40	402	48.3
25b		118	10.0				53.541	42.030	5 280	309	9.94	2.40	423	52.4
27a	270	122	8.5	13.7	10.5	5.3	54.554	42.825	6 550	345	10.9	2.51	485	56.6
27b		124	10.5				59.954	47.064	6 870	366	10.7	2.47	509	58.9
28a	280	122	8.5				55.404	43.492	7 110	345	11.3	2.50	508	56.6
28b		124	10.5				61.004	47.888	7 480	379	11.1	2.49	534	61.2
30a	300	126	9.0	14.4	11.0	5.5	61.254	48.084	8 950	400	12.1	2.55	597	63.5
30b		128	11.0				67.254	52.794	9 400	422	11.8	2.50	627	65.9
30c		130	13.0				73.254	57.504	9 850	445	11.6	2.46	657	68.5
32a	320	130	9.5	15.0	11.5	5.8	67.156	52.717	11 100	460	12.8	2.62	692	70.8
32b		132	11.5				73.556	57.741	11 600	502	12.6	2.61	726	76.0
32c		134	13.5				79.956	62.765	12 200	544	12.3	2.61	760	81.2

续表

型号	截面尺寸/mm						截面面积/cm^2	理论重量/(kg/m)	惯性矩/cm^4		惯性半径/cm		截面模数/cm^3	
	h	b	d	t	r	r_1			I_x	I_y	i_x	i_y	W_x	W_y
36a	360	136	10.0	15.8	12.0	6.0	76.480	60.037	15 800	552	14.4	2.69	875	81.2
36b		138	12.0				83.680	65.689	16 500	582	14.1	2.64	919	84.3
36c		140	14.0				90.880	71.341	17 300	612	13.8	2.60	962	87.4
40a	400	142	10.5	16.5	12.5	6.3	86.112	67.598	21 700	660	15.9	2.77	1 090	93.2
40b		144	12.5				94.112	73.878	22 800	692	15.6	2.71	1 140	96.2
40c		146	14.5				102.112	80.158	23 900	727	15.2	2.65	1 190	99.6
45a	450	150	11.5	18.0	13.5	6.8	102.446	80.420	32 200	855	17.7	2.89	1 430	114
45b		152	13.5				111.446	87.485	33 800	894	17.4	2.84	1 500	118
45c		154	15.5				120.446	94.550	35 300	938	17.1	2.79	1 570	122
50a	500	158	12.0	20.0	14.0	7.0	119.304	93.654	46 500	1 120	19.7	3.07	1 860	142
50b		160	14.0				129.304	101.504	48 600	1 170	19.4	3.01	1 940	146
50c		162	16.0				139.304	109.354	50 600	1 220	19.0	2.96	2 080	151
55a	550	166	12.5	21.0	14.5	7.3	134.185	105.335	62 900	1 370	21.6	3.19	2 290	164
55b		168	14.5				145.185	113.970	65 600	1 420	21.2	3.14	2 390	170
55c		170	16.5				156.185	122.605	68 400	1 480	20.9	3.08	2 490	175
56a	560	166	12.5				135.435	106.316	65 600	1 370	22.0	3.18	2 340	165
56b		168	14.5				146.635	115.108	68 500	1 490	21.6	3.16	2 450	174
56c		170	16.5				157.835	123.900	71 400	1 560	21.3	3.16	2 550	183
63a	630	176	13.0	22.0	15.0	7.5	154.658	121.407	93 900	1 700	24.5	3.31	2 980	193
63b		178	15.0				167.258	131.298	98 100	1 810	24.2	3.29	3 160	204
63c		180	17.0				179.858	141.189	102 000	1 920	23.8	3.27	3 300	214

注:表中 r、r_1 的数据用于孔型设计,不作为交货条件。